167

新知文库

XINZHI

The New Nature

Winners and Losers in Wild Australia

The New Nature

First Published by Penguin Random House Australia Pty Ltd.

This edition published by arrangement with

Penguin Random House Australia Pty Ltd.

自然新解

［澳］蒂姆·洛 著
林庆新 刘伟 毛怡灵 译

生活·讀書·新知 三联书店

图书在版编目（CIP）数据

自然新解 /（澳）蒂姆·洛著；林庆新，刘伟，毛怡灵译. -- 北京：生活·读书·新知三联书店，2025.4
（新知文库）
ISBN 978-7-108-07859-9

Ⅰ. ①自… Ⅱ. ①蒂… ②林… ③刘… ④毛… Ⅲ. ①动物—关系—人类—普及读物②植物—关系—人类—普及读物 Ⅳ. ① Q958.12-49 ② Q948.12-49

中国国家版本馆 CIP 数据核字 (2024) 第 112124 号

责任编辑 丁立松
装帧设计 陆智昌 李小棠
责任校对 张国荣
责任印制 卢 岳
出版发行 生活·讀書·新知 三联书店
（北京市东城区美术馆东街 22 号 100010）
网 址 www.sdxjpc.com
图 字 01-2022-0778
经 销 新华书店
印 刷 三河市天润建兴印务有限公司
版 次 2025 年 4 月北京第 1 版
2025 年 4 月北京第 1 次印刷
开 本 635 毫米 × 965 毫米 1/16 印张 24
字 数 294 千字 图 17 幅
印 数 0,001－5,000 册
定 价 59.00 元
（印装查询：01064002715；邮购查询：01084010542）

新知文库

出版说明

在今天三联书店的前身——生活书店、读书出版社和新知书店的出版史上，介绍新知识和新观念的图书曾占有很大比重。熟悉三联的读者也都会记得，20世纪80年代后期，我们曾以“新知文库”的名义，出版过一批译介西方现代人文社会科学知识的图书。今年是生活·读书·新知三联书店恢复独立建制20周年，我们再次推出“新知文库”，正是为了接续这一传统。

近半个世纪以来，无论在自然科学方面，还是在人文社会科学方面，知识都在以前所未有的速度更新。涉及自然环境、社会文化等领域的新发现、新探索和新成果层出不穷，并以同样前所未有的深度和广度影响人类的社会和生活。了解这种知识成果的内容，思考其与我们生活的关系，固然是明了社会变迁趋势的必需，但更为重要的，乃是通过知识演进的背景和过程，领悟和体会隐藏其中的理性精神和科学规律。

“新知文库”拟选编一些介绍人文社会科学和自然科学新知识及其如何被发现和传播的图书，陆续出版。希望读者能在愉悦的阅读中获取新知，开阔视野，启迪思维，激发好奇心和想象力。

生活·讀書·新知 三联书店

2006 年 3 月

目 录

中文版序言

我正在观赏那些令我耳目一新的中国北方鸟类，忽然看到一只在澳大利亚见过的灰鹡鸰，这种鸟能长途迁徙。我获邀参加2019年吉林国际写作计划项目，项目结束后，吉林省作家协会在长白山山脚的黄松蒲农场为我订了一间房，那是一个森林环绕的胜地。

在那逗留的三天时间里，我每天都能看到灰鹡鸰，但不是在森林，而是在黄松蒲的垃圾场。它们在装着食物残渣的垃圾袋上面兜兜转转，捕食被臭气吸引过来的苍蝇。它们不是出现在垃圾堆，就是在附近的土道上。我沿着那条穿过森林和田野的路走了很长一段，离那个臭气熏天的垃圾场50米之外就再也看不到灰鹡鸰了，苍蝇一定是其出现的主因。虽然灰鹡鸰捕食腐败肮脏食物残渣周围的苍蝇，我却没发现这些鸟儿有什么不舒服的迹象。我猜想，它们之所以喜欢这个地方，是因为在开始前往南方迁徙越冬的漫长而危险的旅途之前，它们需要把身体养胖点。我是8月份去的长白山，它们可能会在下个月开始迁徙。

这个垃圾场里非常忙碌，东方斑鸠和乌鸦是这里的常客，鸽子则啄食裂开的垃圾袋里掉出来的米粒。有一天，我看到了40多只鸟，三五成群地在那里啄食。乌鸦吃饱后喜欢在附近的水坑饮水，它们嘎嘎地叫着，非常喧闹。一天早上，我看到鸟群在空中盘旋，有50多只。据此推算，大概有超过100只鸟在这个垃圾场附近觅食。旁边森林里倒是不太容易看到鸟儿。另一个鸟儿频繁出现的地方就是黄松蒲，数百只叽叽喳喳的家燕和栖息在电线上的金腰燕，使整个黄松蒲生机盎然。它们把巢筑在屋檐下，以躲避雨水和猛禽。

有一段时间，我每年都要去圣诞岛当一个星期的导游。这是一个偏远的热带岛屿，距澳大利亚大陆西部1400公里，位于爪哇岛以南，以海鸟著称，也是澳大利亚唯一一个常有灰鹡鸰出没的地方。冬天，灰鹡鸰经长途飞行从北亚迁徙到东南亚，其中有一小部分继续往南飞，停留在这个海岛上。这是一座孤岛，只有14公里宽，周围没有其他陆地，是爪哇岛南飞小鸟的一个小目标。我怀疑，许多继续往南飞的灰鹡鸰在找不到陆地的情况下，或掉头往回飞，或命丧大海。

长白山是一座休眠火山，在它遥远南方的圣诞岛也是一座火山，一座死火山，地面覆盖着一层多孔石灰岩。它与长白山的共同点就是那里也有一个垃圾场。我在岛上看到的大多数灰鹡鸰都在土路边觅食昆虫，但一篇关于圣诞岛鸟类的详细文章解释说，在南方的夏天，灰鹡鸰经常成群地聚集在垃圾场周围，文章中还50多次提及该垃圾场对来自亚洲的各种鸟类的重要性。有些鸟被垃圾场边缘的杂草吸引，因为低矮的植被比覆盖海岛的高大森林更适合它们；其他鸟则喜欢苍蝇。我猜测，雏鸟是在中国的这处垃圾场学习而获得的技能，为它们的长途迁徙助了一臂之力。

这本书讲述的是动植物如何适应人造环境的故事。作为澳大利亚人，我在书里用的例子主要来自澳大利亚；以我对中国的了解，我知道书中所用的某些概念同样适用于中国。我到长白山之前住在长春的一家酒店，酒店后面有一个垃圾桶，每天都有一群长着蓝色翅膀的喜鹊前来啄食。我知道北京、上海和中国其他城市里都有城市西伯利亚黄鼠狼（黄鼬），它们以捕鼠为生，经常爬上屋顶，有时甚至进入房屋。北京有西伯利亚花栗鼠和东北刺猬，它们生活在市中心的公园里。上海郊区有浣熊犬。

人们往往认为，动物闯入城市是因为它们失去了自然栖息地，但只要仔细观察就会发现，城市也可以成为益于它们生长的栖息地。2021年，香港《Well》杂志的一篇文章写道：

> 至少在过去十年里，曾经局限于郊野公园的动物开始越来越频繁地进入最城市化、最不寻常的栖息地：从火炭和中环的街道到购物中心、地铁站都有。这类野生动物目击事件在香港司空见惯，以至于新闻报道、社交媒体以及口头传说中野猪和豪猪在城市街道游荡的消息已经不新鲜了。

人们曾在繁忙的购物中心抓拍到野猪，它们的数量从20世纪60年代全香港约6窝剧增到今天的1800至3000只左右。市民给它们投食，它们也从垃圾桶里觅食。豪猪啃食菜地里的蔬菜。这两种动物都引起了关注，它们在大都市成功繁衍的故事令人鼓舞，当然也有问题出现。

早在20世纪70年代，生态学的研究都是关于动植物如何适应自然栖息地的。今天，生态学家将“生态系统”这个概念的范围扩大到农田和城市。这样做的一个目的是帮助保护生活在这些地方的物种。香港就是一个典型例子，城市周围种植水稻的传统已经衰亡，留下了许多能为鸟类、青蛙和昆虫提供栖息地的废弃稻田。有两位生物学家观察了生活在这些“半自然沼泽”中的无脊椎动物，发现很多甲壳动物、昆虫和蠕虫出现在有水牛或黄牛放牧的沼泽，远较没有放牧的沼泽多。通过食用沼泽中的植物，水牛和黄牛可以阻止水塘变成陆地，并使所有享用沼泽的动物受益。生物学家们意识到，拯救沼泽和生活在这里的动物的最好方法是短期放牧。这是一个有价值的信息，因为生物学家认识到旧农田可以成为动植物的栖息地，而且某些非自然的行动，如放牧，可能带来益处。如果没有这项研究，所有人都会觉得应该把牛赶走，而这将铸成大错。

关于把农场作为栖息地，这本书有很多相关论述，还有很多关于动物从人类垃圾中受益的故事，以及很多其他内容。书中提及的大部分现象都可以用中国的例子来说明。这些现象确实具有全球性，我希望中国的读者能从这本书中采撷到更多有趣和有价值的内容。

蒂姆·洛

2022年8月

序 言

我们赋予自然美丽和纯洁的特性，并因而对其倍加呵护。但我们若是过度热衷于自然的完美，就会对其他物种产生不切实际的幻想，而对一些严重的环境问题视而不见。这些问题需要我们的关注，这就是十多年前我写这部书的缘由。在某种程度上，本书的结论最终连我自己都感到惊讶，我以前从未想过要颂扬污水，或批评意在保护野生生物的园艺工作。

我们有时应当将自己视为大自然的一部分，而非总是超然于自然之外。这既能带来满足感，同时也帮助我们更多地了解所见的事物。本地动物并没有“非自然”的概念，因此它们不一定会畏避人化景观。大多数情况下，本地动物栖居在城市里，并不是因为丧失了栖息地，而是因为城市满足了它们的需求。我们不应该假定：“自然”顾名思义就一定想保持其“自然的”状态。“自然”、“自然的”和“荒野”这些词最终可能误导我们对自然世界的看法。人类创建的环境通常为能够利用它们的生物提供充沛的资源。这个观点看似异端邪说，但城市和农场为某些物种提供了比任何自然条件都更好的生活环境，它们在这些地方的高密度分布就充分说明了这一点。像人类一样，帚尾袋貂（*Trichosurus vulpecula*）、虹彩吸蜜鹦鹉（*Trichoglossus haematodus*）和蓝舌蜥（*Tiliqua scincoides*）的种群密度在城市中最高。

关注这一点大有裨益，原因之一是许多澳大利亚人对任何环境危机都不屑一顾，因为他们看到鹦鹉和其他胆大的本地鸟类就在城市中繁衍生息。当听到“大自然在遭受苦难”这类环保信息时，澳大利亚人很容易认为是夸大其词，并不予理睬。为了让更多的澳大利亚人参与进来，环境保护运动需要更多地讲讲生存赢家——以确保人们认为关于生存输家的信息是可靠的。

在生存竞争中取得优势的物种也很重要，因为其中一些可以产生强大的生态效应。蓬勃发展的本地动物会对濒危物种或栖息地造成损害，这样的例子不断涌现。一个臭名昭著的实例是，喜食珊瑚虫的棘冠海星（*Acanthaster planci*）泛滥成灾，将大堡礁的大片区域啃食得只剩下白色的珊瑚骨骼。类似的例子还有很多，预计未来会更多。我们必须承认，响应了人类的本地物种代表了澳大利亚的重大议题之一，否则人们就无法正确处理环境问题。

在我撰写本书后的15年间，气候变化已经成为一个中心问题，也近乎完美地检验了我在书中所写的内容。如果有物种因人类活动而获益，我们预计会看到，在气候变化中赢得生存优势的生物将会成为新的环保关切事项。我因本书而受邀加入澳大利亚联邦环境部长主持的生物多样性咨询委员会，并有机会对此事项进行评估。2006年，我在堪培拉举办了关于气候变化和入侵物种的研讨会，议题包括本地动物、植物和疾病。在会上，引人注目的故事出现了。

在塔斯马尼亚海域，由于长刺海胆（*Centrostephanus rodgersii*）大肆吞噬海藻，原本生产力极高的海床正在变成海洋生物稀少的“海胆荒漠”。随着东澳大利亚暖流的升温，海胆与各种鱼类一起从澳大利亚新南威尔士海域向南迁移。塔斯马尼亚大学海洋和南极研究所（IMAS）将海胆评估为对塔斯马尼亚浅水珊瑚礁系统的“重大威胁”。造成这个问题的部分原因是人类过度捕捞海胆的主要捕食者——岩龙虾。

在澳大利亚阿尔卑斯山脉，栖息地扩展到更高海拔处的笑翠鸟（*Dacelo novaeguineae*）捕食高山蜥蜴，而这些蜥蜴尚未将笑翠鸟视为危险的天敌。澳大利亚环境部认定，笑翠鸟对濒危的古特加雪山石龙子（*Liopholis guthega*）来说是一个威胁。黑尾袋鼠（*Wallabia bicolor*）和红颈袋鼠（*Macropus rufogriseus*）也在向更高海拔处移动，威胁着高山草场的未来。疏花桉（*Eucalyptus pauciflora*）还没有向高海拔地区扩张，但是它们一旦蔓延到山坡，就会取代高山植物。世界各地的实验表明，高山灌木和草本植物能够耐受高温，但遮蔽它们的树木（和干燥的土壤）会对它们造成损害。山上的许多物种都有自己的海拔下限，这并非直接由温度决定，而是因为在温度足够高的地方，会有其他物种对它们造成限制。气候变化带来的问题经常表现为对本地物种造成危害。这方面的证据是可信的：在澳大利亚，至今很少有物种因气候变暖而迁移，但确实有几个物种已经发生了问题。

然而，当谈及气候变化时，物种向南和向上坡迁移几乎总是被描述为可取的策略。大多数时候的确如此，但例外情况表明，我们应该更多地了解本地物种导致的问题，这非常重要。在第11章和第13章中，我提到琴鸟（*Menuridae*）和毛霉菌扩展到塔斯马尼亚、露兜树飞虱扩展到昆士兰南部，以及这些现象造成的负面问题。它们向南扩散与气候变化几乎没有关系，但表明（向任何方向及出于任何原因的）物种迁移是会带来问题的。至于人为迁移物种以帮助它们在气候变化中生存，我很高兴地看到，澳大利亚人已经认识到了应当首先对此进行风险评估。

我不愿直接讲另一个凄凉的故事，但我必须提起过去10年间一个令人惊讶的重要发现——有证据表明，人们在19世纪30年代带到塔斯马尼亚的蜜袋鼯（*Petaurus breviceps*）（第12章）对濒危的雨燕鹦鹉（*Lathamus discolor*）和橙腹鹦鹉（*Neophema chrysogaster*）（第23章）造成了灾难性的影响。最近的一项研究表明，在运动触发相机监控的70个鸟巢中，蜜袋鼯这种小巧可爱的滑翔动物竟侵入了20个鸟巢并吃掉了雌鸟。澳大利亚国立大学的研究人员警告说，这两种鹦鹉即将灭绝，他们发起一项众筹，购买了1000个防蜜袋鼯的鸟巢箱。很多人都知道蜜袋鼯，但在相机陷阱[1]投入使用之前，人们并不知道它们会吃鸟或鸟蛋。如果气候变化证明向南迁移蜜袋鼯是合理的，仅在10年前进行风险评估的任何人都不会预料到这种结果。这说明我们在转移物种时必须格外小心。我并不是说，永远都不要迁移物种，而是认为设计这类方案的人都应当对曾经存在的问题有充分了解。事实证明，蜜袋鼯的情况错综复杂，相机陷阱显示，维多利亚州的蜜袋鼯和鼠袋鼯还捕食濒临灭绝的王吸蜜鸟。

在离开气候变化这个话题之前，我提个醒，人们有时会在没有仔细查证的情况下援引气候变化来解释澳大利亚所有的物种南迁现象。2005年，有人提出，导致狐蝠（*Pteropus dasymallus*）迁入墨尔本的原因不是我在第8章中提到的果树问题，而是气温升高。有两篇学术论文对这种断言进行了批评：一篇指出狐蝠南迁速度太快，不符合气候变化的规律；另一篇则强调了我指出的果树原因。想要了解气候变化（如何影响生态）的人应当考虑物种迁移的所有原因，而不是只关注其中的一个。到目前为止，在澳大利亚，生境的变化（包括水坝）似乎比气候变化更能解释物种分布的变化，至少在陆地上是如此。气候当然不能解释为何贝利氏相思树（*Acacia baileyana*）、皇后澳洲茶（*Leptospermum laevigatum*）和长嘴凤头鹦鹉（*Cacatua tenuirostris*）的栖息地向北扩展了很远的距离。

这篇新序除了提供一些信息更新之外，还使我有机会指出重读本书时发现的一些错误。我曾提出，大多数鞭鸫（*Psophodes*）以马缨丹属（*Lantana spp.*）植物为食，但此观点夸大了事实，很可能是由于我在昆士兰南部的见闻所致。有充分的研究表明，有噪钟鹊的花园里，小型鸟类的数量往往较少（见我的书《歌声开始的地方》），但我将噪钟鹊描述为超高效的捕食者则是言过其实了。我提到的布尔根树林虽然仍存在不利因素，但事实证明它作为鸟类栖息地具有一定的价值。

我还重写了本书的结尾，更新了有关狐蝠的信息。我在这里还提出一些其他章节的更新要点。圣诞岛（位于澳大利亚西北方印度洋上）的伏翼属动物（第6章）和珊瑚裸尾鼠（第1章）现已灭绝。白胸绣眼鸟（*Zosterops albogularis*）似乎也不复存在（第10章）。濒危的橙腹鹦鹉（第2章）的数量已降至70只以下，当您阅读本序言时，该物种可能仅存在于人工圈养环境中。汉密尔顿岛（南北大堡礁的中心位置）上圈养的袋狸（第2章）未能幸存，不过人们将继续努力，最终将它们放归到维多利亚州的野外，哪怕只能放归到有围栏的地方。濒危的四十斑啄果鸟（*Pardalotus quadragintus*）面临的主要威胁并非来自嘈杂的采矿业，而是能够杀死幼鸟的本地寄生蝇（*Passeromyia longicornis*，可能是气候变化的受益者）。我提到的一些受胁植物在清单上的位置发生了变化。我可能提到了许多其他“濒危的野草”[2]，例如挪威苜蓿（*Daviesia microcarpa*），人们一度认为它们已灭绝，直到在路边又发现了其踪迹。我今天要提到的濒危动物包括一种田螺（*Notopala hanleyi*），其分布范围现仅限于一些地下灌溉管道；以及一种隐鼓蜥（*Tympanocryptis condaminensis*），主要栖身于棉花、高粱、小麦、玉米和向日葵等作物中。

2013—2014年，近700只极度饥饿的树袋熊（即考拉，*Phascolarctos cinereus*）在开普奥特威（Cape Otway）地区被实施了安乐死，这证实了关于灾难逼近的预测（第18章）。澳大利亚广播公司（ABC）的新闻报道中，数百英亩的枯树弥漫着死亡的气息。值得一提的本地植物病害（因为它们正在增加）包括桃金娘枯萎病（发生在桃金娘山毛榉中）和班克木溃疡病（由真菌*Zythiostroma*引起）。令人惊讶的是，第2章中提到的未命名的啮齿类物种仍然没有名字。

也有一些好消息。豪勋爵岛（Lord Howe Island）现在有了适当的防疫隔离措施，在至少9个地点发现了濒危的天鹅绒独行菜（第2章），与我曾提到的2个地点相比有所增加，而斑长脚鹬（*Cladorhynchus leucocephalus*）（第4章）的状况尚未严重到濒临灭绝。塔斯马尼亚州的林业部门正在开展研究，旨在限制花粉在人工桉树林和野生树木之间的散播。昆士兰州的情况则很糟糕，那里的林务员正在培育杂交柠檬桉（*Corymbia citriodora*）和毛叶桉（*Corymbia torelliana*），几乎完全忽略了对原生桉树的影响。

一些生态学家提出，由原生和引进物种稳定混合而构成的生态系统与完整的生境应当得到同等的重视。虽然我认同当今新型生态系统能拯救某些物种免于灭绝的观点，但对它们在价值上堪比原生生态系统的观点则深恶痛绝。

在这本书中，我批评了荒野的概念，因为它使我们看不清正在发生的现象。我质疑的是围绕“荒野”这个概念的浪漫情怀，而不是生境完好无损的价值。我们比以往任何时候都更需要这种生境，不仅因为它们保存了数量庞大的物种，还因为它们帮助我们设定管理目标。澳大利亚的大部分地区都有土地修复的需求，而“荒野区域”是实现景观恢复的参照依据。从定义上即可看出，“荒野区域”保存了澳大利亚在生态退化之前的地貌信息，而这些信息是我们不可或缺的。

我建议把将人类自身定位为大自然的一部分作为一种思维练习，但我们不可能总是采取这种立场。我们不应纵容推倒成片森林的非自然过程，也不应接受园林杂草侵入森林。有时人类可以将自身视为独一无二的物种，但有时将自身视为众多动物之一更有益。

这本书作为《野性未来》(*Feral Future*，企鹅出版集团，1999年)的姊妹篇而撰写(《野性未来》着眼于被引进的害虫)。我在写作中使用日常语言，同时保持了生物学上的合理性。尽管我使用了科学家避免使用的词语(“自然”“赢家”)，我的写作方式仍在生态学范式之内，我是一名实践生物学家。

我写的大部分内容都通过“来源注释”和“参考文献”提供参考资料的出处。“来源注释”提供的额外信息可支持正文中的陈述。为便于阅读，文中并未提及每一位作者。除非另有说明，几乎所有被引用者皆为生物学家。在多人撰写的论文中，我有时会说“某某及其同事”。我的目标并非贬低年轻作者，而是为保持句子的流畅。我非常感谢澳大利亚的生物学界，他们创作了如此之多的优秀作品可供借鉴；我还要向本应在正文中提及，但最终出现在“来源注释”中的所有作者表达诚挚的歉意。关于原住民何时抵达澳大利亚，尚无一致意见，我使用了“5万年前”，因为它广为接受，但我并不能断定这个年代是正确的。

很多人向我提供了帮助，其中大部分人出现在正文中，其他人则出现在“来源注释”中。我对所有人表示感谢，但这并不是说，本书得出的结论与他们有所共谋。我非常感谢卡罗尔·布斯(Carol Booth)，因为她分享了许多关于环境保护和哲学的重要文章，并与我讨论了“自然”问题。杰夫·卡尔(Geoff Carr)提醒我注意维多利亚州的许多例子，并慷慨地提供了他的专业知识。道格·莱恩(Doug Laing)带我参观了堪培拉并提供了有用的信息。我还要感谢欧文·弗利(Owen Foley)、特里西娅·沃辛顿(Tricia Worthington)、朱莉娅·普莱福德(Julia Playford)、杰克·克劳(Jack Craw)、史蒂夫·哈里斯(Steve Harris)、斯蒂芬·佩奇(Stephen Page)、珍妮·道林(Jennie Dowling)、科里·霍伍德(Kory Horwood)和凯特卢·帕帕西奥多鲁(Katelou Pappatheodoru)。

企鹅出版集团的编辑温迪·艾略特(Wendy Elliot)总能给人带

来快乐；在出版的后期阶段，梅雷迪思·罗斯（Meredith Rose）给了我不少帮助；而克莱尔·福斯特（Clare Forster）是位能力卓著的出版人。

我不相信有所谓最终答案，只相信正在展开的故事。本书讲述的就是这样的故事。

蒂姆·洛

1 相机陷阱：用于隐蔽拍摄野生动物而不会干扰其活动的装置，通常由安装在适当高度的摄像机和红外传感器组成，当感应到动物经过时，红外传感器会激活摄像机。——译注（以下无特别注明，皆为译注）

2 本书中的weed意为在妨碍人类生存和活动之处繁茂生长的植物，包括草本和木本植物，不局限于“野草”或“杂草”，为全书术语统一起见，书中weed一般情况下统一译为“野生植物”，有时也根据上下文译为“野草”“野生树种”“野生树木”“野生木本植物”，参见第15章。

引　言

“人类和自然相互建构。”

——亚历山大·威尔逊（Alexander Wilson），《自然的文化》（1992）

一条褐蛇造访了我在布里斯班的花园。这条雌蛇约1米长，光溜溜地闪着幽光，下颌里的毒液足以杀死我家那条街上的所有居民。我在9年间只见过它5次，所以我知道它大部分时间都在别人的花园里度过。邻居们有时会看到它。我很惊奇它从未被棍棒击中、被狗咬伤或被汽车碾扁。它秉性宽厚优雅，从不伤害任何人，也从不伤害自己。它过去常从我家前门台阶下的一个洞里滑出来，直到它长得太大，洞对它来说已经太小了。我确信它是雌性的，因为有时我会发现有褐色的幼蛇在我的草坪上滑行（有一次在洗衣房，这条蛇对我凶相毕露。我想，我家的门阶就是它的孵化场）。

没有人想这样说，不过褐蛇如今生活得相

当好，非常感谢。它们当前的数量很可能比以往任何时候都多。当推土机推倒森林，形成对鼠类有吸引力的草地时，褐蛇就会因此受益。今天，大多数褐蛇生活在农场里，靠捕食外来的啮齿动物为生。

如今，野生生物灭绝的消息常有传开，仿佛整个大自然已陷入万劫不复的境地，但真相却是另一番景象。其实，许多本地物种通过依附人类而蓬勃发展。海鸥、渡鸦、喜鹊、红背蜘蛛和芦苇过着前所未有的好日子。当人们来到南半球的澳大利亚大陆，这些动物的前途也光明起来。

每当人类破坏栖息地时，就会有物种因此受益。在这个故事中，我称它们为"生存赢家"（许多赢家是外来入侵物种，但在本书中我只关注澳大利亚物种）。我用反讽的方式使用"赢家"这个词，是想传递一个想法：许多受胁物种，即"生存输家"并没有受到人类的直接威胁，更多的威胁是来自"生存赢家"的活动。例如，稀有的滨鸟产下的鸟蛋成了海鸥和渡鸦的食物。每当我们建造城市或道路、在河流上筑坝或迁移物种时，我们都会使一部分物种成为生存赢家，而生存赢家的行为继而造就了生存输家。即便如此，赢家和输家并无清晰界限，这个世界并不都能划分为截然对立的事物，此处的赢家很容易成为别处的输家。

去年，我前往霍巴特（Hobart）市中心附近的林地保护区——女王领地寻找稀有植物。地图显示了一些珍稀植物的热点地区，其中之一竟然是美洲柏松荫蔽下的人行道。一条道路沿着柏松一侧延伸，另一侧是停车场。我在柏松下找到了三株稀有植物——两株雏菊和一株独行菜。然后我漫步到附近的多枝桉（*Eucalyptus viminalis*）林地，那里没有珍稀植物。

生存输家和生存赢家都与我们生活在同一个世界。悉尼有一种濒危的青蛙，据称受益于重金属。我们的厕所冲水可为大量鸟类和鱼类提供养料。我们通过改造地球来满足需求，而许多其他物种发现，它们的需求也随之得到了满足。

变化普遍存在。人们将“自然”构想为一个平衡、和谐、永恒的整体，然而这是一个可以追溯到早期希腊宇宙学的浪漫神话。1930年，杰出生物学家查尔斯·埃尔顿（Charles Elton）宣称，“自然的平衡”并不存在，或许从未存在过。包括保罗·埃尔利希（Paul Ehrlick）和查尔斯·伯奇（Charles Birch）在内的一些著名科学家不断重复这种论点，但自然平衡的观念仍持续存在，成为许多生态思想和日常思想背后的隐含假设。即使自然平衡曾经存在，它也不可能持续很长时间。地球刚刚渡过了更新世冰川纪，经历了气候剧烈震荡。当今的物种刚刚经历了那个创伤性的时代而幸存下来，现在又面临新的竞争力量——智人。有些物种应对得相当出色，它们的策略并不是藏身于荒野。

我们觉得大自然是一种独立事物，存在于离我们很遥远的野外，而实际上它就在我们身边，它与我们的互动比我们料想的更多。荒野就始于我们生活的地方。《自然新解》讲述的故事，实际上是关于动物和植物如何应对最新的环境挑战——我们人类。

第一部分
自然与人

喜鹊喜欢收集电线，因为用金属线筑的巢比用树枝搭的巢更经久耐用；游隼从电信塔上滑翔而下，猛扑向公园里倒霉的鸽子；人类把荒野变成松树种植园以生产木料，濒危的短嘴黑凤头鹦鹉如今依赖园内的松子为食……

大自然充满机会主义行为，比我们想象的还要多；动物并不总是恪守固有行为，它们会利用人类提供的机会。

第1章
自然生物利用人类
——占便宜的自然生物

“怎能忘记旧日朋友……”

——罗伯特·彭斯（Robert Burns），
《友谊地久天长》（1788）

动物利用人类有悠久的历史。人类在澳大利亚种植的第一批谷物就受到了澳洲国王鹦鹉（*Alisterus scapularis*）、玫瑰鹦鹉（*Platycercus*）、园丁鸟（*Ptilonorhynchinae*）和噪钟鹊（*Strepera*）的掠夺。博物学家乔治·凯利（George Caley）记录了这一点，他于1800年抵达悉尼，当时该殖民地已建立12周年。蓝鹪鹩在他的花园里跳动，霸鹟在他的屋顶上舞蹈。鸟儿忙着探索新的住所和田野。

受人欢迎的燕子很快发现，人类的房屋是绝佳的筑巢地点。凯利写道：“这些老房子是定居者废弃的小屋，他们离开了荒芜的农场；燕子的家建在（殖民地的人们所称的）墙板上。”房屋给燕子带来了轻易可得的食物，废弃耕地引来了大量飞虫。燕子得到了想要的生存资源，至今依然如此。围场的棚舍和澳洲椭圆形橄榄球场看台的顶棚非常适合燕子筑巢。1834年，博物学家乔治·贝内特（George Bennett）已经认定，燕子“似乎总是更喜欢人类社会和人类的保护”。人们常去除建筑物上凌乱的鸟巢，但“这不能阻止这种勤劳的小动物在原处重建”，贝内特指出，“直到鸟巢遭到反复摧毁，燕子才被迫寻找另一处庇护所”。一个多世纪后的1948年，博物学家亚历克·奇泽姆（Alec Chisholm）得出结论：“除了偶尔选中矿井的‘台阶’或洞穴外，燕子基本上都在建筑物上或涵洞中筑巢。”

燕子不断突破它们与人类之间的边界。它们在洛坎普顿（Rockhampton）火车站内繁育后代，由于传感器前常有燕子盘旋，自动门总会不停地开合。这是一个有据可查的真实故事。1912 年，鸟类杂志《鸸鹋》中讲述的一则故事与之类似：一列火车每天两次从墨尔本附近的莫宁顿（Mornington）驶向史东尼角（Stony Point），而燕子就在火车上筑巢。奇泽姆曾讲道：“西澳大利亚的一名观察员说，燕子经常在一艘6吨重的小快艇上筑巢，这艘艇停泊在距大陆两英里的海域。有一次，一对燕子跟着小艇往返，飞了35英里，在此期间还给巢中的雏鸟喂食。”我的朋友特里·雷斯（Terry Reis）看到，莫吉尔附近布里斯班河的汽车渡轮上有燕子在筑巢。新西兰的一位渡轮司机告诉我，每年都有燕子在他的双体船上筑巢。在罗托鲁阿湖（Lake Rotorua）上，燕子跟随他飞出半公里远，然后在船返航时迎接他。

当燕子在建筑物和船上筑巢时，它们并不是铤而走险或流离失所，而是对有利的信号做出响应。在很久以前，英格兰的家燕（*Hirundo rustica*）就喜欢上了谷仓和大厅，而与家燕密切相关的澳洲本地鸟类也纷纷效仿。建筑物能够防雨和抵御捕食者，而且通常位于昆虫丰富的农田附近。与洞穴和空心树等传统筑巢地相比，人类居所更安全，因为蛇和巨蜥不太可能爬上墙壁或钻进船只。

出于对掠食动物的恐惧，黄腹花蜜鸟（*Cinnyris jugularis*）这种小型热带鸟类也可能选择在游廊上筑巢。它们悬吊的纤维质鸟巢通常挂在晾衣绳或电线上，或许是为了避雨并靠近花园的花卉，但很可能也是为了避开敌害。这些小鸟几乎不怕人。在大凯珀尔岛（Great Keppel Island）上，有只鸟把巢筑在了门道中，恰好在人眼的高度，住户只有低下头才能走进自己的家。鸟儿后来将这个巢一块一块地搬到了客厅。雀类经常在黄蜂群附近筑巢以吓阻捕食者，黄腹花蜜鸟可能在以同样的方式利用人类。

除此之外，我们还能用什么方式解释虹彩吸蜜鹦鹉非凡的夜间栖息地呢？我知道布里斯班有个繁忙的十字路口，那里有成百上千只虹彩吸蜜鹦鹉睡在几棵瘦骨嶙峋的树上。它们泰然自若，喧嚣的车流、炫目的超市灯光和附近酒吧传出的刺耳音乐都不会惊扰它们。它们为什么睡在这里，而不是几千米外的森林中？在昆士兰州的马鲁基多尔（Maroochydore）也有一处鸟类栖息地，位于一条繁忙道路上的麦当劳外卖店屋顶上。业主们竭力驱赶他们的“房客”，因为这些鸟弄脏了汽车，遮挡了重要的汉堡包广告，散落的羽毛堵塞了通风口。我见过的最大的鸟类栖息地位于弗雷泽岛（Fraser Island）上的翠鸟湾度假村附近。每天晚上，成百上千只吸蜜鹦鹉离开荒野，成群飞入度假村，在建筑物旁边的一些零散生长的树上睡觉。

一位生物学家向我解释说，这些地方是它们的传统栖息地，可追溯到数百年前，而这些鸟的行为只是条件反射。我难以理解这种说法。昆士兰州的汤斯维尔（Townsville）是历史悠久的城镇，主街上有两处鸟类栖息地，一处位于麦当劳外卖店周围的外来小树上。我凝视着树上的这些鹦鹉，它们栖息在我头顶上方仅3米高的地方，旁边是明亮的灯光。我想知道，它们为什么不去更僻静的树上休息——只需扇动几下翅膀就能做到。在商场和十字路口处，它们很可能感到安全，觉得不会受到苍鹰和蛇的攻击。在我家附近火车站外的人行道上，黑额矿吸蜜鸟（*Manorina melanocephala*）就栖息在小豹树上，可能是出于同样的原因。它们就睡在红公鸡外卖店和一个酒吧之间的大十字路口处，离地下人行道出口仅几米远，在人们头顶2至3米高的稀疏树叶间。我注视着这些鸟思索良久，但无法理解这一切。

那么狐蝠的情况如何呢？在19世纪，约翰·古尔德（John Gould）曾写到，这些灰头的“吸血鬼”睡在“林中隐蔽处”。现在已今非昔比，悉尼和墨尔本内城区的植物园里都有蝙蝠的大型营地。布里斯班的郊区范围内有十多个蝙蝠栖息地，而周围的森林中虽然有很多僻静的溪谷，但根本没有蝙蝠宿营地。蝙蝠也栖息在伊萨山（Mt Isa）、赫维湾（Hervey Bay）、格莱斯顿（Gladstone）、多尔比（Dalby）、巴利纳（Ballina）和许多其他城镇。小红狐蝠（*Pteropus scapulatus*）为什么喜欢约克角半岛上的科恩小镇？小镇周围都是荒野，可为什么小红狐蝠要睡在城里？它们选择城镇，很可能是因为那里有丰富的水果和花蜜，也没有人拿猎枪威胁它们，并且在城里易于导航。蝙蝠专家莱斯·霍尔（Les Hall）认为，蝙蝠在夜间利用灯光导航回家。这是个令人惊奇的想法。我们应该在国家公园里挂起蝙蝠灯吗？灯光当然有助于鸟类在夜间觅食。天黑后，海鸥和笑翠鸟经常在光线充足的橄榄球场和购物中心觅食，我就曾看到过一只黑白扇尾鹟（*Rhipidura leucophrys*）在必胜客停车场的灯光下觅食。在果园里，人们曾尝试使用明亮的灯光来吓阻蝙蝠，但（毫不奇怪）这个试验并未持续很长时间。

蝙蝠并不总是好邻居。2000年12月，大约1.5万只小红狐蝠涌入昆士兰州中部的采矿小镇——莫兰巴（Moranbah）。蝙蝠本可在小溪沿岸或附近更僻静的广阔林地中挖掘洞穴，但它们选择了城镇。它们弄脏了洗过的衣物，吵醒了孩子，令人们噩梦连连。小镇居民对操作重型机械、睡眠不足的矿工表示担忧。《今日今夜》（*Today Tonight*）的克里斯·布莱克本（Chris Blackburn）将莫兰巴描述为“被围困的昆士兰小镇；空降敌人勒索赎金，当地居民不堪重负”。居民们用矿井警报器和喇叭驱赶蝙蝠，结果却使它们在学校周围定居下来。像这样的冲突正变得司空见惯。

蝙蝠在城市中栖居就像燕子在建筑物上筑巢一样，都是有选择的行动。大约70年前，生物学家弗朗西斯·拉特克利夫（Francis Ratcliffe）探访了坦博林山（Mt Tamborine）顶“丛林”中的一个大型蝙蝠栖息地。他写到，要穿过棕榈树林和无花果树林才能抵达那里。坦博林山上的老人告诉我，那片“丛林”还在，位于一个国家公园内，但蝙蝠已经离开了。距此最近的蝙蝠永久栖息地现位于黄金海岸，其中一处在住宅区旁边，另一处在布罗德海滩（Broadbeach）木星赌场附近的公园里。一些布罗德海滩蝙蝠就栖息在距离繁忙的四车道黄金海岸公路仅8米的地方。拉特克利夫一定深感震惊。

世界各地的城市都是鸟类所珍视的栖息地。欧洲的椋鸟和鹡鸰成群结队地在建筑物上睡觉，椋鸟尤其喜欢哥特式和维多利亚式建筑。在津巴布韦的首都哈拉雷，有成千上万只红脚隼（*Falco amurensis*）飞进城镇，栖息在贫民区的3棵澳洲桉树上。澳大利亚外交官道格·莱恩（Doug Laing）带我去看了那里，还向我展示了一处市区水鸟栖息地，成百上千只白鹭、苍鹭、鸬鹚和朱鹭聚集在6棵受到鸟粪污染的巨桉（*Eucalyptus grandis*）上。桉树比大多数非洲树木长得更高，因此鸟类喜欢在上面睡觉和筑巢。这些大树足以容纳大量鸟类，它们苍白的树枝在昏暗的光线下格外显眼。

这些例子说明了什么？大自然充满机会主义行为，比我们想象的还要多；动物并不总是恪守固有行为方式，它们会利用人类提供的机会。这当然也适用于使用人造物品的鸟类。

喜鹊喜欢收集电线，何乐而不为呢？用金属线筑的巢比用树枝搭的巢更经久耐用。喜鹊会飞到谷仓和院子里，孜孜不倦地寻找长度适宜的电线。我知道的一个喜鹊巢是由243股电线筑成的，连起来总长度可达100米。人们知道鸬鹚会使用带刺铁丝网。鹊鹨（*Grallina cyanoleuca*）有时会从窗框上偷走太多的新鲜腻子，以致窗门玻璃都会掉下来。其他鸟类会选择更柔软、安全的东西，如纸、线绳、布、脱脂棉等。白耳吸蜜鸟（*Lichenostomus leucotis*）喜欢收集人类的头发。它们会落在秃顶人的头上，试图去啄两侧的头发，结果总是在光头上踉跄滑倒。

雄性缎蓝园丁鸟（*Ptilonorhynchus violaceus*）会用羽毛、浆果和花朵将它们建造的求偶亭装饰成蓝色，不过现在它们更常将蓝色的钢笔、吸管、衣夹、瓶盖和食品包装纸作为装饰品。这些鸟会互相盗抢这些装饰品，蓝色的塑料就这样被带进了深山中。现在，大部分求偶亭都以塑料制品招徕异性。雄鸟获得了同每一只被人造色彩诱惑的雌鸟交配的机会。因此可以说，塑料在当今塑造了物种的遗传选择，对它们未来的进化历程产生了影响。这种情况的发生并不是因为蓝色的花朵、羽毛和浆果变得稀缺，而是因为园丁鸟欣赏现代技术。工业制造的蓝色比大自然的短暂产物更丰富、更耐用。

斑园丁鸟（*Ptilonorhynchus maculatus*）也会寻找人工制品。这些生活在澳大利亚内陆的鸟类会偷取玻璃球、珠宝、钉子、电线、子弹壳、铝箔和易拉罐拉环，但主要依靠羊骨（挂在求偶亭边缘）和玻璃碎片（放置在稍靠近内部的地方）。研究人员杰拉尔德·博吉亚（Gerald Borgia）解释说："羊骨的主要功能是将雌鸟吸引至求偶亭；玻璃可增强雌鸟到达后交配的意愿。"换言之，破碎的挡风玻璃是园丁鸟的催情物。

亚历克·奇泽姆写道，有只斑园丁鸟每天来营地偷东西："伐木工的小儿子承担起一项职责，即在每顿饭前蹒跚地走到雄园丁鸟搭建的求偶亭前，捡回一个被鸟偷走的破旧胡椒罐，这只异想天开的鸟特别珍爱这罐子。"澳大利亚北部的大亭鸟（*Chlamydera nuchalis*）已成为世界上最热衷于收藏人工制品的鸟。一个求偶亭里可藏有数百个铝制瓶盖，还有玩具茶杯、瓶塞、玻璃碎片、牛奶瓶盖、牙刷、塑料兔子、玩具圣诞老人、拉链、安全别针、玩具叉子、红色布料和金属丝。有时还会出现蛋白石和黄金。

缎蓝园丁鸟（*Ptilonorhynchus violaceus*）甚至会有意在人多的地方筑巢，向潜在配偶展示自己。它们在野营地周围建造求偶亭，靠近小径但又巧妙隐藏起来。在昆士兰州南部的拉明顿高原，我发现一只缎蓝园丁鸟把求偶亭建在了厕所楼梯旁——人流最密集的地方*。汤斯维尔的大亭鸟在花园里筑巢，直接面对繁忙人行道附近的前围栏。在詹姆斯·库克大学，一个求偶亭就立在行政大楼附近，距往来繁忙的小径仅1.5米。这些鸟肯定是在炫耀。就像詹姆斯·迪恩（James Dean）将汽车飞速开到悬崖边停下一样，它们是在努力给雌鸟留下深刻印象："看我，不怕人类！"

关于园丁鸟的古老故事非常有趣，暗示早在欧洲人到达澳大利亚之前，鸟类就在偷人们的东西。下文是人类学家唐纳德·汤姆森（Donald Thomson）在1935年对大亭鸟的评价：

> 大亭鸟的求偶亭建造得庞大而精致复杂，其中形成侧壁的细枝常在中间过道上交汇，亭内还装饰着大量灰色和白色鹅卵石、陆地软体动物的外壳……当地水果、树叶碎片、虫瘿和类似玫瑰花的植物，以及从原住民营地收集的零碎物品。虽然这些鸟常将求偶亭建在靠近原住民营地的地方，但人们不会伤害这些鸟。原住民不将园丁鸟视作食物，也不会肆意破坏它们的生活。

在当时，雄园丁鸟就在人类附近筑巢，来给雌鸟留下深刻印象——这显然是它们数千年来一直在做的事情。

缎蓝园丁鸟也从原住民那里偷东西。古尔德在1865年指出：

> 这些园丁鸟会捡起任何有吸引力的物品带走，原住民熟知它们的这种习性，总是在灌木丛中寻找丢失的物品，因为园丁鸟可能在飞行途中不小心掉落物品。我自己就在灌木丛的一个入口处发现了一把小巧精致、长1.5英寸的印第安石斧，还有几条

* 缎蓝园丁鸟还会模仿人工声音，例如手机铃声。琴鸟和伯劳鸟也会这样做。

蓝色碎棉布。这些东西肯定是园丁鸟在一处废弃的原住民营地捡到的。

英国定居者将棉布卖给了原住民，而园丁鸟又从原住民那里偷了这些布。

我仔细研读了许多旧书，寻找有关动物利用原住民的其他故事，结果发现了大量实例。其中，昆士兰州南部的原住民和宽吻海豚（*Tursiops truncatus*）之间的信任关系当属最引人注目的例子。在摩顿湾（Moreton Bay），温顺的海豚将成群的扁鲹（*Pomatomus saltatrix*）和鲻鱼（*Mugil cephalus*）驱赶到浅滩，而人类捕鱼者在那里张网以待。有几位殖民地定居者见证了这种非凡的团队合作，亨利·斯图尔特·罗素（Henry Stuart Russell）就是其中之一：

> 在友谊角（Amity Point），当警觉的原住民发现海面上出现一群鱼时，几个渔民会立即走进水中，用矛来刺鱼。
>
> 机敏的海豚会立刻从外海游过来，它们充满活力并且习惯了这种召唤。海豚将鱼群赶向缓斜坡海滩，几十个部落的人已经准备好带着捞网冲过去捕捉尽可能多的鱼。不过，那些召集海豚帮手的人总是先用矛刺中一些大小适宜的鱼，伸过去喂给就近的海豚。

一头背上插着一根刺的友好的老年海豚被认为是这群海豚的头儿。我在斯特德布鲁克岛（Stradbroke Island）遇到的原住民妇女说，她们的父辈记得这段奇妙的关系。地理学家大卫·尼尔（David Neil）收集了许多古老故事，他认为人与海豚的合作捕鱼发生在从弗雷泽岛到考夫斯港的海岸附近。在摩顿岛的一个度假村里，游客可以亲手给温顺的海豚喂鱼，人们很容易想到，这种行为模式在某种程度上来源于人类和海豚合作捕鱼的古老关系。

当原住民沿着“干涸”的河床挖井时，动物也会从中获益。在澳大利亚北领地的北端地区（Top End），探险家路德维希·莱卡特（Ludwig Leichhardt）看到栗色羽毛的原鸽（*Columba livia*）聚集在一口井中，“就像苍蝇聚集在一滴糖浆周围”。他的同行者还见到一条鳄鱼在一座小黏土坝的水坑处啜饮；原住民挖的其他井吸引了大黄蜂前来。在整个澳大利亚内陆地区，这些人工设施必定在干旱时期拯救了动物的生命，就如同当今的水坝帮助了袋鼠和鸽子一般。

在昆士兰州中部的荒野中，莱夏特与长着翅膀的食腐动物斗争。他将它们比作希腊传说中的哈比（鸟身女妖）。“成群的乌鸦和鸢”聚集在他的营地周围，试图偷窃他正在风干的牛肉，对此他总结道：“它们的确胆量非凡。”在一处营地，黑鸢（*Milvus migrans*）的行为令人难以置信：“我们吃饭时，它们在周围悬垂的树枝上栖息，甚至俯冲下来扑到我们手握的餐盘上，抢夺我们的晚餐。”随同探险队的博物学家约翰·吉尔伯特（John Gilbert）采购了一只珍贵的吸蜜鸟，但这只新买的鸟却命丧鸢口。在另一处营地，人们挥舞着鞭子，驱赶鸢远离正在风干的鹇鹋肉；而在第三处营地，一只鸢从莱夏特手中偷走了一小块鸨肉。莱夏特途经每个大型潟湖旁无人照管的土著营地时，这些鸟显然知道，人类总是携带着食物。

查尔斯·斯特（Charles Sturt）在1845年徒步穿越澳大利亚内陆时也受到了鸢的骚扰。

> 我们在平原的中心，布朗先生忽然指示我注意高空的一些小黑点，就在我们和山丘之间。这些小黑点瞬间增大，显然它们正在迅速接近我们。霎时间，我们被数百只鸢包围了，它们俯冲至离我们几英尺远的地方，坚定地审视我们，然后转身飞走。数百只鸢距我们如此之近，以至于它们竭力回撤以避免接触，我见到它们张开的喙和利爪。

这读起来就像阿尔弗雷德·希区柯克（Alfred Hitchcock）导演的电影《群鸟》（*The Birds*）的剧本。不过，几个星期过去了，斯特与这些鸟建立了密切的联系："仍有大约50只鸢和同样多的乌鸦盘旋在我们周围，这些鸟为了吃到羊内脏而跟随着我们，还变得非常温顺。尤其是哨声响起时，鸢从树上飞过来，人们非常开心地向空中扔肉片，而鸢能在肉片落地之前抓住它们。"

唐纳德·汤姆森（Donald Thomson）于1928年徒步穿越约克角（Cape York），当时他发现原住民在一个水池里（用压碎的植物）下毒捕鱼，中毒的鱼安全可食用。一大群鸢在水池上方呼啸着"如云般升起"，这是汤姆森见过的数量最多的猛禽。1832年，博物学家乔治·贝内特游历了澳大利亚的大雪山地区（Snowy Mountains），那里的原住民会在热沙中成批地烘烤数百万只冬眠的布冈夜蛾，结果引来了苍蝇般的渡鸦群。这些鸟偷走了相当多的食物，原住民向它们投掷棍棒作为回应，还经常将渡鸦添加到菜单中。

第一舰队[1]的军官大卫·柯林斯（David Collins）听说悉尼的原住民会使用一个诡计："一个本地人伸展着躺在岩石上，手里握着一条鱼，仿佛在阳光下睡着了。鹰或乌鸦等鸟类看到猎物和一动不动的人，于是猛扑向鱼；在抓住鱼的瞬间，猛禽被原住民突然出手抓住，然后架到火上迅速烤熟，成为一道美食家都艳羡的佳肴。"在我知道的其他故事中，乌鸦、渡鸦和鸢在原住民营地周围游荡，尽可能偷走残羹剩饭，还从废弃的营地里拾荒觅食。原住民会定期搬家，在澳洲野犬捷足先登后，营地里还剩有充裕的垃圾可供鸟类捡拾。探险家莱卡特评论道："在原住民的营地里常可见到袋鼠和沙袋鼠的骨头，以及成堆的贻贝壳。"

我们今天在身边看到的乌鸦和在乡村垃圾场上空盘旋的鸢扮演着非常古老的角色。悉尼垃圾场的渡鸦追随着5万年前其祖先拾荒的生活方式。无数代以来，乌鸦一直在教它们的后代利用人类，它们的眼中闪烁着古老的狡黠。莱卡特的日记暗示，乌鸦和鸢将黑人和白人都看作无差别的利用对象。6000年前，随着农业的兴起，欧洲人与麻雀的接触就日渐增多而我们与这些鸟类的联系已有成千上万年历史，比欧洲人与麻雀之间的联系要古老得多。

在鸟类与人类的关系中，还有一种非常重要，不过可能在约一个世纪前就结束了。当时拓荒者詹姆斯·道森（James Dawson）成为了维多利亚州西部原住民的朋友和保护者，他在一本书中提到："鹰因攻击幼儿的习性而备受憎恨。"有人告诉他，一次，一个婴儿在家门口的地上爬，结果被鹰叼走，该地位于当今的卡拉穆特村附近。我们不应该对这样的故事感到惊讶。捕食袋鼠和沙袋鼠的鹰没有理由不捕食儿童，因为世界其他地方的其他鹰也会这样做。

鸟类与人类之间最古老的关系可追溯至数百万年前的非洲。我小时候读的一本书讲述了其貌不扬的大响蜜䴕（*Indicator indicator*）如何与蜜獾（*Mellivora capensis*）形成共生互惠关系。这种导蜜鸟非常喜爱蜂蜡，但无法自己打开蜂巢，因此它们引诱蜜獾（偶尔也会引诱狒狒或人类）来完成这项工作，然后在其取蜜时收获蜂蜡。书中解释说："导蜜鸟飞在它的伙伴前方并发出重复的叫声，从而引导伙伴前往蜂巢。"一张照片显示，一只饱足的蜜獾缓步离开后，一只导蜜鸟安顿下来进食。

这个故事并不真实。从来没有人见过导蜜鸟领着蜜獾去找蜜源。它的历史可追溯到探险家安德斯·斯巴曼（Anders Sparrman）在18世纪70年代根据二手资料的记录。1990年，三位非洲生物学家纠正了这个记录。迪恩（Dean）、齐格弗里德（Siegfried）和麦克唐纳（MacDonald）写道："博物学家和生物学家在200多年的时间里在非洲积极从事研究，据我们所知，生物学家、博物学家、业余爱好者或专业人士在此期间均未观察到大响蜜䴕带领蜜獾前往蜂巢的现象。"蜜獾大多在夜间活动，视力和听力不佳，并且对导蜜鸟的叫声不感兴趣。这个故事的根据实际上是导蜜鸟与人类之间的古老关系。

在津巴布韦的林地里，曾有一只导蜜鸟向我飞过来。这些鸟非常热衷于招揽人类伙伴，它们会飞到篝火的烟雾上方，追逐汽车和船只，跟随劈柴声进入繁忙的村庄和城镇。当肯尼亚的博兰人（Boran）想要蜂蜜时，他们会吹口哨招来导蜜鸟，然后可能在鸟的带领下走到两公里外的“蜂蜜宝藏”处。寓言和禁忌表明，这种关系非常古老。迪恩、齐格弗里德和麦克唐纳认为，这“可能是世界上最高级的鸟类和哺乳动物间的关系”。这种关系的遗传基础很可能要追溯到早期人类，也许追溯到直立人（*Homo erectus*）。伊恩·麦克唐纳（Ian MacDonald）告诉我：“我自己的直觉是，这种行为是一种本能，但可能需要一个强化过程。”他说这些鸟非常难以追踪。如今，这种关系正在消失，因为大多数导蜜鸟现生活在禁止采蜜的国家公园中。我在国家公园里看到的那只导蜜鸟可能从未尝过蜂蜡的味道。蜜獾与导蜜鸟合作采蜜的不实传说之所以盛行，是因为人类向来不将自己视为生态系统的组成部分。

我还知道人与动物间存在着其他一些可能很古老的联系。每当我修剪草坪时，伯劳鸟都会不知从哪儿冒出来，捕捉受惊的蚱蜢和石龙子。大卫·爱登堡（David Attenborough）在BBC纪录片《鸟类的生活》中提出，欧亚鸲（*Erithacus rubecula*，别名知更鸟）之所以易于信任人类，是因为它们的祖先学会了与从事狩猎采集的人类祖先交往，捕捉被棍棒和锄头惊扰的昆虫。同样，我很容易想象到，在澳大利亚，黑白扇尾鹟和伯劳鸟跟随着挖山药的妇女，以便捕食昆虫的幼虫和蠕虫。黑白扇尾鹟很快就能与拓荒者成为朋友。英国鸟类学家约翰·古尔德于1865年写道：“就性情而言，这种小鸟是人们能想象的最温顺的鸟之一，它们允许人类走近而不会表现出丝毫胆怯，甚至会飞入丛林居民的房屋追捕蚊蚋和其他昆虫。”我母亲铲草时，一只黑白扇尾鹟落在了她的铲子上，这意味着一种古老的关系行将恢复吗？

黑隼（*Falco subniger*）有时会和人一起捕猎，这可能也是一种古老关系。鸟类观察家克劳德·奥斯汀（Claude Austin）指出，一只黑隼“会懒洋洋地飞越一群牛或一个骑马的人，直到一只小鸟突然从隐蔽处快速飞出，此时黑隼会以惊人的速度俯冲，扑向猎物”。在上古时代，黑隼很可能在双门齿兽[2]群的上方捕猎。

在古旧的原住民营地里，腐烂的小木屋一定为蜘蛛、老鼠和蛇提供了家园。我没有这方面的证据，但确实在《托雷斯海峡群岛》中读到过类似的情节。1845 年，“布兰布尔”号军舰（HMS Bramble）在新几内亚以南仅50千米处大堡礁北端的一个小岛上停靠，船员发现了大量海龟壳。新几内亚的村民在吃完海龟肉后，将大约60只壳头尾相接，整齐地铺在一起。船员J. 斯威特曼写道：“我们无法想象村民们摆放海龟壳的目的是什么，但我猜这不过是无所事事中的突发奇想罢了。当把壳翻过来时，很多大老鼠从下面窜出来，逃之夭夭。”他讲道：“由于是星期天，我们放了一个下午的假，可上岸收集鸟蛋以改善伙食。船员们使用从伊鲁布（Erub）当地人那里得到的弓箭射这些老鼠，并以此为乐！”这些老鼠是一个新物种，名为珊瑚裸尾鼠（*Melomys rubicola*），它们仅生活在这一片布满沙子和岩石的日渐缩小的珊瑚礁上，栖息地长340米，宽近170米。这种濒临灭绝的动物只有数百只。珊瑚裸尾鼠必定因空海龟壳而受益匪浅：巨大的“圆顶房屋”使它们有了休息之所，无须再受烈日和暴雨之苦。

当原住民吃完水果、丢掉果核时，原生植物的种子获得了传播的机会。在昆士兰州北部，可根据红灌木苹果（*Syzygium suborbiculare*）和凹叶人心果（*Manilkara kauki*）树林确定古时原住民营地的位置。当时，原住民可能是蒲桃（*Syzygium moorei*）、红橙（*Capparis mitchellii*）和红灌木苹果等大果实树木种子传播的主要媒介。时至今日，原住民仍在帮助果树传播种子。他们营地周围的肥沃土壤有利于植物发芽。第一舰队定居者从他们的洞穴避难所中取出堆肥，来给农场施肥。

原住民挖出食物后会回填土壤，创造了适于发芽的环境，一些植物必定因此获益。在西澳大利亚，探险家乔治·格雷（George Grey）偶然间发现了“面积达几平方英里的大片土地，上面密布着地洞，很难行走，这是过去当地人挖山药（*Dioscorea*）的地方”。诸如天鹅绒独行菜之类的外来植物可能已经在这些地方生根发芽了。

原住民放的火也帮助了大量动植物，但另一些当然会因此受难。火对于猛禽而言非常重要，它们会捕捉因火焰炙烤而匆忙奔逃的鼠类和爬行动物。探险家莱卡特曾见到黑鸢利用原住民放的火进行狩猎。如今，当农民烧甘蔗时，这些猛禽依然会出现。在昆士兰州北部，我看到过大群黑鸢在火焰上空盘旋，伺机捕捉逃命的小动物，这意味着人和猛禽之间的一种古老关系得到了延续。能够在大火中生存下来的白茅（*Imperata cylindrica*）在悉尼周围的长势非常好，过去的罪犯会收割它们，用于制作茅草屋顶。如今，白茅在频繁起火的土地上蓬勃生长。原住民纵火烧草，引诱袋鼠前来吃新长出的嫩草，以便捕获它们，这也有助于解释为什么褐蛇在人类聚居地生活得如此自在。褐蛇喜欢短草环境，它们的捕猎行为经常与原住民的狩猎游戏相得益彰。我家街道上的蛇擅长躲避人，这是否因为它们在数千年的适应中磨炼了这种技能？

我可以提供更多例子，但我认为我的观点已经很清楚了：动物经常利用人类创造的机会，它们不仅很快就能学会如何利用这些机会，而且很久以前就在这样做了。罗杰·罗森布拉特（Roger Rosenblatt）曾在《时代》杂志上就2000年的世界地球日讲道：“与自然保持有用联系的真正困难……来自于自然并不寻求与我们建立联系这一事实。这是一个难以接受的真理，但大自然并不在乎我们是生是死。”罗森布拉特对我们周围发生的联系以及寻求利用人造机会的所有动植物视而不见。他的想法既是错误的，也是悲观的。大自然并非是一个隐藏在荒野中的独立领域，动物和植物全都生活在我们周围，并会尽可能地利用我们。

1 第一舰队（First Fleet）是指英国运送第一批前往澳大利亚定居殖民者的船队，乘员多数为罪犯。他们于1788年抵达今澳大利亚新南威尔士州，建立了第一个欧洲人定居点。——编注

2 双门齿兽（Diprotodon）是最大的有袋类、草食性动物，早在几万年前灭绝，化石在澳大利亚很多地方都有发现。——编注

第 2 章
“濒危的野草”
——珍稀物种就在我们身边

“自然总是向我们发出暗示，它暗示得如此频繁，突然间，我们终于明白了。”

——罗伯特·弗罗斯特（Robert Frost）

绿底金纹的绿纹树蛙（别名*Litoria aurea*，绿金雨滨蛙）令人过目难忘。它们的体色浓艳、饱和度很高，就像塑料玩具上的颜色。该物种不仅披着“人造色”，其生活方式也离不开人工环境：如今它们主要栖息于灌满水的采石场、矿坑、农场水坝和高尔夫球场的池塘中。绿色和金色也是澳大利亚的奥运色，这是个巧合，因为绿纹树蛙也出现在悉尼康宝树湾（Homebush Bay）的奥林匹克公园里。

澳大利亚博物馆的格雷厄姆·派克（Graham Pyke）将这种蛙称为“濒危的野草”。该物种曾经大量出没于新南威尔士地区，现在成为了主要栖息于非自然环境中的濒危物种。它们的分布范围从格拉夫顿（Grafton）延伸到吉普斯兰（Gippsland），但在新南威尔士州的30处已知栖息地中，除了两处之外，所有其他栖息地都是人工环境，大多聚集于悉尼周围。绿纹树蛙似乎更喜欢在人们挖掘的水池，尤其是芦苇和野草环绕的水池中休憩。它们还躲在垃圾、棚屋和砖堆下。“它们真的非常喜欢雀稗（一种禾本植物），”格雷厄姆告诉我，同时向我指示一处绿纹树蛙的栖息地。“这对它们而言是很棒的东西，”他指着乱糟糟的一大丛异域杂草、三叶鬼针草（*Bidens pilosa*）和唐古特大黄（*Rheum tanguticum*）说道。他将绿纹树蛙称作“野草”，是因为这个物种的习性就像野草一样，会在土壤被翻动过的人为环境中大量出现。

悉尼康宝树湾曾经是一处大型工业区，里面有政府开设的砖厂和屠宰场。工人们挖掘页岩，后来是砂岩，为悉尼的许多建筑物提供混凝土细料。1992 年采石作业结束时，留下的巨大“砖坑”底部积满了水。我们发现，绿纹树蛙很快就进入了“砖坑”，因为1993年末进行的奥运会前动物群调查表明，它们已经在那里繁衍生息。它们可能来自采石场的旧沟渠、附近潮湿的垃圾填埋场，或是附近屠宰场的营养物处理池，不过在20世纪90年代，它们在所有这些地点都不多见。康宝树湾周围是红树林和绵延很多英里的房屋，没有天然池塘。事实证明，这处新的栖息地是悉尼最大，也是现存最大的绿纹树蛙栖息地之一。

澳大利亚奥运会协调委员会（OCA）曾承诺过举办绿色奥运会，并保证拯救这些树蛙。事实证明，帮助一个濒临灭绝的物种在澳大利亚最大的建筑工地内生存堪称一项挑战。原计划建在“砖坑”之上的奥林匹克网球场不得不搬迁到别处。在填平“砖坑”地基以实现另一项绿色目标——节水之前，人们为树蛙开挖了19个新池塘（耗资近100万美元）。工地周围架起了防蛙围栏，持怀疑态度的工人们接受了关于友善对待树蛙的培训。澳大利亚博物馆的特伦特·彭曼（Trent Penman）讲道：“他们无法理解，一种会利用卡车制造的坑洼的树蛙怎么会成为濒临灭绝的物种。”其他人也并未真正理解这一点。这个地方的生境如此退化，以至于乔治·米勒（George Miller）的后末世电影《疯狂的麦克斯：末日战士勇破雷电堡》（*Mad Max: Beyond Thunderdome*）选它作为布景地。

绿纹树蛙成为了奥运会的知名生物，欧洲、北美、中国、日本和韩国的媒体均有报道。奥运会协调委员会获得了一项重要的环境保护奖。这些树蛙栖息的新池塘现在是千禧公园（Millennium Parklands）的一部分，该公园很快将成为悉尼最大的城市公园。绿纹树蛙的数量已达到了1500只。

生物学家很难解释，为何现在这种蛙很罕见。过去，人们在悉尼周围一桶桶地收集它们，用于给学生做解剖。格雷厄姆·派克归咎于东部食蚊鱼（*Gambusia holbrooki*），这种鱼会吞食绿纹树蛙的蝌蚪。东部食蚊鱼因人类的引进行为和洪水而广泛传播，现在占据了澳大利亚东部的大部分池塘。然而，在康宝树湾，隔离在工业区内的池塘中没有这种鱼。另一个问题可能是来自条纹沼蛙（*Limnodynastes peronii*）的生存竞争，这种沼蛙喜欢生活的池塘环境与绿纹树蛙相同。第三个问题是壶菌（chytrid fungus），这种致命的外来疾病与雨林蛙类的灭绝有关。蛙类专家亚瑟·怀特（Arthur White）告诉我，能够在土壤中存活的壶菌在绿纹树蛙的栖息地很少见。他说："壶菌不耐受重金属，而绿纹树蛙的大多数栖息地都遭受了土壤污染。"事实上，化学教授本·塞林格（Ben Selinger）将康宝树湾地区描述为"南半球工业污染最严重的地方之一"。工业污染是绿纹树蛙的救星吗？

南方咆哮草蛙（*Litoria raniformis*）也是稀有而神秘的物种，它们在人工环境中生活得最好。格雷厄姆·派克在滨海沿岸（Riverina）的农场中发现了巨大的（或许是世界上最大的）咆哮草蛙栖息地，它们在那里种群兴旺。他解释道："这种蛙确实很喜欢水稻田。我们人类来到这里并创造出广阔的湿地区域，在春季和夏季让稻田充满水，然后在冬季停水，由此创建了大片季节性湿地。"墨尔本的咆哮草蛙正在灭绝，唯独在韦勒比（Werribee）的污水处理场中繁衍生息。我曾看见它们跳入腐臭的下水道中。

“濒危的野草”是个反常的措辞，我发现它可以用来描述许多生长在奇怪地方的稀有植物。此类植物的存在挑战了流行观念，即稀有和受胁物种通常生活在远离我们的偏远的国家公园中。（稀有和受胁物种根据受威胁程度可分为三个类别：濒危、易危和稀有。其中“濒危”是最岌岌可危的类别，“易危”次之。本书遵循这些官方分类，不过我也使用“稀有”，作为易危和濒危物种的统称，因为它们无不是稀有的。）

天鹅绒独行菜（*Lepidium hyssopifolium*）是迄今为止我偶然发现的最有趣的“濒危的野草”。自1893年以来，人们再没在维多利亚州见过它们，于是一直认为这种植物已在当地灭绝，只知它们仅存在于塔斯马尼亚州的几个地点。但在1984年，内维尔·斯卡雷（Neville Scarlett）沿着贝弗里奇（Beveridge）附近的墨尔本—悉尼铁路线采集植物，他忽然发现围栏旁的一棵南美胡椒树，树下有六株兔子咀嚼过的灌木：天鹅绒独行菜又重新出现了。

两年后，西蒙·克罗珀（Simon Cropper）来到维多利亚州的博瓦拉（Bolwarrah）附近探望父母，他发现父亲在花园棚子旁踩踏一株灌木，把它压到割草机下。“我发现它纯属巧合。”西蒙在谈到他发现独行菜时说道。沿着棚子的一侧，20多株独行菜生长在野草丛中。“我往远处望去，发现它们占据了近处路旁的大部分地区。”西蒙共发现了400株独行菜，其中最大的一群足有250株，占据了一处杂草丛生的马场，而马场建在一片被推平的学校废墟上。没有一株独行菜生长在树林附近，博瓦拉周围也没有任何森林。

西蒙游说当地人在马场上建立自然保护区。“我们还要求他们牵走那匹马，他们照做了。”但是这匹马一直在吃杂草，而没有伤害独行菜。马走后，野草接管了场地。“重新引入马匹很可能是最明智的做法。”西蒙在2000年对我说道，但那时已经太晚了。由于政府未照管好这个草场，所有250株濒危的独行菜全都消失了，这可是世界上最大的天鹅绒独行菜群落。不过，一些生长在保护区外柏树下的植株将种子散播到一片空旷的围场中，结果种群膨胀到了590株。

内维尔在贝弗里奇附近发现的6株独行菜也消失了，它们淹没于野草丛中，它们的根部因澳大利亚电信公司（Telstra）布设光纤电缆而毁坏（尽管承包商收到指示，要避开南美胡椒树）。不过，内维尔收集了一些种子，它们长成的幼苗在乐卓博大学（La Trobe University）幸存了下来。

1991年，更多的独行菜出现在维多利亚州墨尔本西北部的特伦特姆（Trentham），一个名叫凯尔·多尔莫斯（Kale Dormouse）的人在那里的主街上发现了6株独行菜，它们蜷缩在道路和人行道之间的有机玻璃遮阳篷下。另有20多株散布在童子军大厅后面的厕所周围，其他一些则长在路堑上的蒙特雷柏树下。除此之外，在维多利亚州没有发现更多的独行菜。

天鹅绒独行菜十分令人惊奇：这种在全澳大利亚范围内濒临灭绝的植物生长在杂草丛生的地方——路边、草坪、围场，就混在外来野草间。内维尔·斯卡雷在墨尔本出于自然保护目的种植独行菜，结果这种植物传播开来。现在，这种濒危的植物在他走过的人行道的裂缝间萌出。市政委员会每年都会向它们洒药，但它们的种子会再度萌发，沿着人行道爬得更远。

为了看到这种极为奇特的植物，我前往塔斯马尼亚州的历史文化名镇——奥特兰兹。我来到一个公园，那里的半人工湖边长满了新西兰辐射松（*Pinus radiata*）和蒙特雷柏树。锁车之前，我就在主干道旁的草坪上看到了我要寻找的目标，它们被割草机拦腰剪断。其他一些植株掩映在松针下或正从针叶树下的泥土中冒出来，这证明这里是独行菜的主要栖息地。它们毫不起眼——脆弱的绿色植物像野草一样生长，但我对它们印象深刻。我所在的小镇由麦格理（Macquarie）总督于1821年建立，距一座建于1837年的风车磨坊仅一箭之遥。我跪在美洲树木下的泥土上，凝视着这种全国范围的濒危植物。后来我去了霍巴特，当我看到在异域针叶树下生长的另外三种稀有植物时，我的眼光变了。如今，我在公园里一看到松针，便不由得期待发现稀有植物。

一份报告称，天鹅绒独行菜存活在塔斯马尼亚州的28处地方，大多长在“路边的外来树种下”，“在农场院子里，它们的数量也不算很少”。在庞特维尔（Pontville），它们生长在圣玛窦教堂旁的松树下，该教堂建于1867年，毗邻橄榄球场。不过，我前去查看时，并未在庞特维尔发现独行菜。在罗斯（Ross）附近，独行菜在一座废弃的砂岩房子周围发芽。这种独行菜及其近亲拟塔斯马尼亚独行菜（*Lepidium pseudotasmanicum*）很久以前就成为丛生的野草了，博物学家罗纳德·古恩（Ronald Gunn）1844年将它们描述为“彭奎特（Penquite）附近的一种非常普通的野草，生长在植物根部、树篱、栅栏等的周围，以及荒野岩石间”。只有在一个地方，这种植物仍然与自然生境联系在一起。在塔斯马尼亚州的坦布里奇（Tunbridge）附近，它生长在橡树和金合欢树脚下的林地中，更偏爱树木的南侧和东侧。

这个故事变得更加奇怪了。天鹅绒独行菜已成为一种外来野草，在新西兰惠灵顿、基督城和达尼丁的公路和铁路沿线发芽生长，甚至扩散到了偏远的克马德克群岛（具有讽刺意味的是，前文提到的两种树蛙也占据了新西兰，生活在农场水坝中，它们的祖先在19世纪60年代迁移到那里）。独行菜很可能是附在羊毛上漂洋过海的，它们的种子非常适于通过羊毛传播。在受胁的独行菜属（*Lepidium*）物种中，有5种已经出现在欧洲或新西兰［直到最近，人们还认为其中一种奇异独行菜（*Lepidium peregrinum*）已灭绝，现已知该物种存在于两个地点，其一为布里斯班以西的一处花园］。

那么，所有这一切意味着什么？牛和羊（但不包括马）十分喜欢吃独行菜，它们把其生活的大部分范围内的种株都消灭了。独行菜不能耐受茂密的草丛，而是在裸地上生长。在坦布里奇附近，它们生长在原生树木下的抑制区——这里可能是过去它们的主要栖息地。在树下的抑制区，草的生长状况很差，因为树根会抢走水分，树叶会遮蔽阳光。难以解释的是，为何如今独行菜偏爱外来针叶树下的抑制区。或许是桉树掉落的垃圾太多，而丛林大火不再能将垃圾清除掉。林火被扑灭，以及侵占裸地的外来野生植物，都有可能损害这种植物。在罗纳德·古恩的时代，独行菜是一种繁盛的野草，但自那时起，大量外来野草入侵了塔斯马尼亚。外来树种可能最适合独行菜，因为它们可投下更多阴影，而天鹅绒独行菜比大多数野草更能耐受阴暗。

保护这种稀有植物并不难。人们可以将它们的种子播撒在空地和铁路沿线。杰米·柯克帕特里克（Jamie Kirkpatrick）和路易丝·吉尔费德（Louise Gilfedder）在一篇期刊文章中指出："这种植物特别适于引种在路边，以及城市公园、公墓、大型乡间别墅和用于生态保护的长满草的林地遗迹。"杰米在霍巴特地区的一棵外来种橡树下种下了独行菜的种子，结果独行菜在树荫下茁壮成长，直到一位热心的护林员砍倒了这棵橡树，导致泛滥的野草淹没了独行菜。就像许多十字花科植物一样，天鹅绒独行菜味道辛辣。我在奥特兰兹尝了它的一片叶子，这是我吃过的唯一一种濒危植物。我们可以将其引入香草种植园，来拯救它们吗?

塔斯马尼亚有另一种稀有植物，危害性很大，至少对农民大卫·阿莫斯（David Amos）而言是这样。他在生长着澳洲茶树（*Melaleuca pustulata*）的几个山谷之一安家，而这成为了他的困境。这种灌木的外观令人愉悦，开着蓬松的黄色花朵，但它们正偷走大卫的土地。他带我登上崎岖的小径，到达一片僻壤。在那里，这种稀有的灌木一丛紧挨着一丛，密密麻麻长在一起，你几乎无法从树丛中挤过去。

他告诉我："我们的祖先于1821年来到这里，此后一直在放羊。"在过去，澳洲茶树不成问题。大卫的父亲雇用伐木工清理土地并砍掉再生的枝干，但今天的劳动力成本更高，这种灌木便抓住了机会。当这片土地还是森林的时候，澳洲茶树无法茁壮成长。“当然，当你砍伐木材时，它们会生长得茂密起来，”大卫承认。澳洲茶树与许多稀有野生植物不同，羊不喜欢它们，而是吃掉与它们竞争的植物，从而助力它们的入侵。

澳洲茶树的长势超出了大卫的控制能力。用火烧或推土机推都达不到目的。“如果你放火烧它，你就会得到一大片新生的茶树。”澳洲茶树只生长在塔斯马尼亚东部的牡蛎湾周围，主要分布于一片长宽仅为25千米的地带。它们只在两个农场中泛滥成灾。这是一种受保护的稀有植物，大卫伤害它就触犯了法律。他在我拜访那天才得知这一点。这是一个艰难的抉择：这种植物应当得到保护，但不能放任它吞没整个农场。

生物学家欧文·弗利（Owen Foley）向我展示了生长于澳大利亚东北部达令草地（Darling Downs）上的另一种稀有“野草”——南方漏芦（*Stemmacantha australis*），这种本土蓟草在维多利亚州和新南威尔士州早已灭绝，在昆士兰州被列为易危物种。“自从第一次见到，我就一直对漏芦感到好奇，”欧文讲道，“作为野草，它是个失败的物种，但它似乎又具有成为野草的大部分条件。我们漏掉了什么？”他很困惑，因为南方漏芦本应蓬勃发展。我们看到的3个漏芦生长地位于围场旁的路边，主要在天然草原的残余带之内，但也生在野草间。这些植物看起来很绚丽，洋蓟般的球顶部生有粉红色花瓣，但如果你经常看到它们出现在芜菁和非洲草丛中，它们反倒像异域来的野草了。其中有两株南方漏芦生长在土路上，过往的车辆使它们弯下腰，但它们的花朵仍在盛开。欧文表示：“你不能把这种植物看作一种需要保护的精致、敏感的小东西。”它们甚至喜欢在工地倾倒的砾石（“青金石”）堆中生长。

虽然漏芦在路边小草地上生长得足够好，但是它无法在奶牛群的脚下幸存，这就是它的问题所在。我们看到它的第4个地点是一块田地的角落，幸好没有被犁过并种植谷物。我们停车时欧文说：“看起来漏芦的状态不太好，它们被牧群啃过了。”欧文两年前发现这个重要地点时，这里已经很久没有放牧活动了。那天，地上到处都是粪。“这地方有达令草地上所有种类的草，茂密而且完好无损。”我们确实找到了一些漏芦幼苗，但所有较成熟的漏芦都消失了——到了奶牛的胃里。欧文说：“这儿能拍张好照片。”他蹲在一团干牛粪旁，牛粪上有3根漏芦幼苗正冒出头来。像独行菜一样，漏芦喜欢在裸地上生长。间歇性放牧可去除一些草，有助于漏芦的生存，但若是持续放牧，漏芦就会消失。它们现在赖以生存的小草地很可能在干旱时期经历了时不时的放牧。离开了围场，我们思考着它的未来。没有人告诉过这位农民，他拥有昆士兰南部最好的草地遗迹之一，估计将来也没人会告诉他。这里是澳大利亚的乡村，我们不希望他开着拖拉机，把过去犁为尘土。

我做顾问的时候，经常会在奇怪的地方发现稀有植物。我曾在昆士兰州卡伦德拉（Caloundra）的旧垃圾弃置场的边缘附近，发现一株易危的细枝金合欢树（*Acacia attenuata*）在被推平的、野草环绕的土地上盛放鲜花。我还标记出了另一种金合欢（*Acacia perangusta*）的群落，它们也是易危物种，通常长在道路两侧和围场里，但会避开完好的原始林地。有一次，为了让车离开山上的灌木丛，我不得不倒车，碾过数十株稀有的棕鼠麹属植物（*Acomis acoma*），它们只沿着小路发芽。推土机挖掉周边灌木丛后，许多稀有植物会沿着林地边缘发芽，这个现象有点反常。

珍稀蛙类和植物行为古怪，有袋动物又如何呢？东袋狸（*Perameles gunnii*）是一种长鼻子、贴地而行的哺乳动物，生活在维多利亚州西部的草原上，但到1976年，狐狸和农民几乎使它们灭绝了。东袋狸在澳大利亚大陆上的最后栖息地集中于汉密尔顿（Hamilton）市镇。20世纪70年代，当约翰·塞贝克（John Seebeck）开始在那里工作时，他经常看到袋狸在花园中嬉戏欢跃，或迅速穿过公路，或在当地足球场和公墓里咀嚼食物。他讲道：“袋狸在花园中出没只是当地生活方式的一部分。它们会在花园的垃圾堆里筑窝；它们也会在室外建筑下、房子下、花坛下和灌木丛下筑窝。”约翰无法说明为何它们会一直待在那里而不是其他地方。他说：“整个汉密尔顿真的没有什么像大自然的地方，这里只不过是个乡村小镇，从综合购物中心到轻工业、公园、花园等，就这些。”研究证实，市郊周围密布的带刺的外来荆豆是重要的袋狸庇护所，市区的垃圾弃置场也是如此。在那里进行的一项调查发现，袋狸在“电线和金属碎片、水泥涵洞、铁路轨枕、汽车轮胎和镀锌铸铁槽”上搭窝。

当市民发现他们的市镇栖息着濒临灭绝的物种时，意见出现了两极分化。约翰讲道：“有些社区成员对我们在他们的后院诱捕袋狸非常乐意，其他人坚持认为诱捕器都是胡扯，应该被扔掉……人们会把我们布设的捕捉器搬出来，用汽车碾压后再放回去。或者把它们当球踢。我们让人拆掉栅栏，剪断锁链并打开大门。有人把围栏里捕到的袋狸换成了猫。我们张贴了告示牌，上面写着‘此处向前禁止割草’，拖拉机操作员会走过来拔掉告示牌，然后继续往前割草。”

约翰坚持不懈地完成自己的工作，在维多利亚州建立了7个新的袋狸栖息地。但袋狸在城市生活中养成的习惯很难改掉。在汉密尔顿附近的一处保护区，袋狸会在晚上来到门前，从防蝇网上摘取飞蛾。在斯基普顿（Skipton）附近的澳大利亚国家信托财产穆蒙（Moomong），袋狸在家宅花园中找到了旱季避难所。比起天然林地，施肥的花园提供了更多昆虫，干旱期间尤其如此。

仍留在汉密尔顿的袋狸生活状况不佳。约翰·塞贝克预计它们很快就会消失。他将此归咎于某些城市化趋势：空地上的汽车和房子多了起来。他说：“汉密尔顿的人也执着于城镇整洁，所以如今袋狸不再能像过去那样轻易找到现成的避难所了。”花园变得更整洁，城镇边缘也不再那么野草丛生。“荆豆曾是主要的环境野草，对袋狸非常有益，”他解释道，“我们的一个小型研究种群因其所在的围场所有权易手而被破坏了。新的所有权人勤勉认真，下决心赶走袋狸，结果真的做到了。他破坏了袋狸的生存环境。那片荆豆丛曾是五六只袋狸的家园，而且已经存在很长时间了。”

塔斯马尼亚州也让袋狸难以生存。岛上没有狐狸，它们的生存状况要好得多。尽管如此，它们的习性已经改变了。袋狸在岛上最初的主要栖息地是中部地区长满草的林地，但现在，它们在那里非常罕见。一些栖息地仍留存在有刺野草带中，其中之一位于奥特兰兹。令我惊讶的是，这个历史悠久的小镇既生长着濒临灭绝的独行菜，也生活着珍稀的有袋动物。袋狸在小镇郊外的荆豆丛下筑窝。塔斯马尼亚岛的边缘曾经覆盖着一片茂密的森林，岛的中部是长满草的林地（袋狸地）。中部地区现已成为嘈杂的牧羊场，袋狸向南北迁徙，可无论往哪走，农场都取代了森林。今天，它们的主要栖息地是霍巴特以南的休恩山谷（Huon Valley）。

如今在一些北方农场，随着农民从饲养肉牛转变为饲养奶牛，荆豆和黑莓遭到了清除，袋狸也因此陷入了困境。人们为了清除黑莓引入的一种真菌加剧了它们的苦难。在霍巴特西郊，袋狸住在距离未垦林区一两个街区的花园里。一天夜里，我看到一只袋狸在草坪上挖食物，一条狗就在附近游荡。现在，被禁止的袋狸大多生活在农场的野草间或花园的灌木丛中，靠捕食外来种蚯蚓填饱肚子。很久以前，袋狸就表现出对花园的喜爱：东袋狸（*Perameles gunnii*）以罗纳德·古恩（Ronald Gunn）的名字命名，而古恩曾抱怨说，他在朗塞斯顿（Launceston）附近的花园“损失惨重”，因为袋狸挖走了他的番红花球茎和整排的小鸢尾。

稀有物种还生活在什么地方？小麦田怎么样？即使在天马行空的梦境中，也没有人会想到去小麦田间寻找新动物。但在1984年，人们在昆士兰中部发现一种全新的啮齿动物正在伤害农作物，时至今日该物种仍未命名。当时，这些啮齿动物正在咀嚼小麦秸秆以获取水分，它们破坏了多达90%的秸秆。它们涌入向日葵、玉米和高粱地，吞食正在生长的种子。农作物损失高达数百万美元。啮齿动物还入侵了棉花田，并在自己舒适的洞穴里铺上了棉桃。农民放置了数百吨谷物诱饵来反击。鼠患消退了，近年来很少再见到。国家公园的护林员从靠近农作物的路边草地上捕获了这些啮齿动物，但在自然环境中未发现它们的大规模种群。农作物已经取代了它们的原始栖息处。

农场为许多生存资源匮乏的物种提供了救助。星雀（*Neochmia ruficauda*）是一种小巧精致的鸟，头部为鲜红色，身上散布着星状斑点。大约在1839年，鸟类学家约翰·古尔德在新南威尔士州发现了这种鸟。出于尚不清楚的原因，如今星雀在汤斯维尔以南几乎灭绝。在昆士兰州中部，星雀处于“极危”状态。近来有份报告指出：“最近三次目击发生于人工清理过的环境中，甚至在郊区。”不过，在西澳大利亚，星雀在水源充足的城镇和灌溉农田里收获野草种子，因而生活得很好。林地里的奶牛吃掉了种荚，星雀便不得不依赖城市、路边和农田的野草为生。在罗伯恩（Roebourne）附近的路边野餐点，我见过这些可爱的小鸟跳来跳去，采集水牛草（*Cenchrus ciliaris*）的种子。

当今的一个普遍假设是，稀有物种隐藏在偏远的地方——比如沙漠中或雨林覆盖的山峰上。这是电视节目兜售的信息，听起来也合乎情理。人类导致了物种灭绝，所以稀有物种应当躲避、远离我们。但实际上，珀斯的公园里就有濒危的黑凤头鹦鹉（*Calyptorhynchus funereus*），矿井里有稀有蝙蝠，西澳大利亚州巴瑟尔顿的花园里有受胁的环尾袋貂（*Pseudocheirus peregrinus*），采石场里有稀有植物，凡此种种，不胜枚举。大量实例表明，我们对自然的印象可能需要改观。澳大利亚是地球上物种灭绝记录最为糟糕的国家之一（世界自然保护联盟将澳大利亚排到第五位），我们需要知道我们的稀有生物正在做些什么。我们的灭绝名单中包括一种独行菜（*Lepidium drummondii*，最后一次见于1879年）、3种袋狸和大约10种蛙。生态记者克莱尔·米勒（Claire Miller）曾在《世纪报》（*The Age*）中写道：“当化工厂和垃圾倾倒取代了红树林和盐沼”，悉尼康宝树湾的蛙类就被“锁在了它们的自然环境之外”，但是她完全不明白实际情况，很可能大多数人也不明白。绿纹树蛙无法在红树林和盐沼中生存。稀有生物往往藏在奇怪的地方，因为造成物种受胁过程的往往并非人类本身，而是外来入侵者——某种鱼、狐狸或疾病。城市却能帮它们抵御这些威胁。

前文所讨论的稀有生物都是在人为环境中发现的。然而，即便我们将目光转向一些非常不同的稀有生物，比如偏远的国家森林公园里的一种鸟，事情也远非看起来的那样。濒临灭绝的橙腹鹦鹉约有200只，无疑是我们最稀有的鸟类之一。这种漂亮的鸟呈草绿色，翅膀为海军蓝色，腹部有橙色斑点。它们不会在采石场中或松树间出没。在夏季，橙腹鹦鹉躲藏在塔斯马尼亚西南部的偏远荒野中，尽可能远离人类，在纽扣草（*Gymnoschoenus sphaerocephalus*）荒原上觅食。

塔斯马尼亚岛的纽扣草荒原正在迅速发生变化，来自附近雨林的灌木和树种正在入侵。这片荒原是塔斯马尼亚西南部的主要生境，为了拯救这里，国家公园的护林员放火焚烧。火烧死了入侵植物，但纽扣草得以幸存，重新发芽。纽扣草极易燃，即使在寒冷潮湿的条件下也是如此。塔斯马尼亚很少发生雷电火灾，之前阻挡热带雨林扩张的火必定是人为点燃的。早期探险家在这条路上观察到了许多火烧现象。J. 古德温于1828年从戈登河附近经过，他看到“山上燃起了许多自然火”，并观察到“最近草地似乎经常被烧毁”。每一条证据都表明，占地100万公顷的纽扣草荒原是人为纵火的产物。因此，橙腹鹦鹉也是人化景观中的另一个濒危物种。

在冬季，厚层积雪覆盖了荒原，橙腹鹦鹉则返回澳大利亚大陆。经年累月，它们的迁徙路线发生了变化。许多鹦鹉飞往澳大利亚南部，在那里采食海滨芥（*Cakile maritima*）的种子，这是一种来自欧洲的海滩野草。另一些鹦鹉聚集在维多利亚州南部海岸沿线的海蓬子滩和灌丛带中。专家表示，它们的聚集地还包括“高尔夫球场的草坪球道”、“污水过滤场、污水处理池边缘或盐沼附近的草地，偶尔也包括改良牧地”。我在墨尔本的污水处理场见到过它们。在维多利亚州，它们喜欢3种野草的种子：猫耳草、滨藜和车前草。所有这些都表明，橙腹鹦鹉的生活方式完全依赖人工环境。有半年时间它们在原住民建造、公园管理员维护的景观中度过；另一半时间在欧洲人建造的景观中度过，通常以外来野草为食。它们之所以能幸存下来，或许全因为20世纪40年代矿工点燃的大火阻挡了雨林扩张，保留了大片的纽扣草荒原。如今，橙腹鹦鹉又依赖机载燃烧装置点燃的人工火保护它们的生境。

橙腹鹦鹉代表了一个未解之谜。在人类带来火之前，它在哪里生活？塔斯马尼亚西南部的消防管理官员乔恩·马斯登–斯梅德利（Jon Marsden-Smedley）说，无处可去。他相信这种鹦鹉是在原住民开始放火之后演化而来的。他接受人类在10万多年前到达澳大利亚的理论，认为这种鹦鹉自那时起就与习性不同的相关鹦鹉发生了分化。也许是这样。我认为，更可能的情况是，这种鹦鹉赖以生存的草原类型不复存在。该物种或许注定会因自然气候变化而灭绝，但它通过入侵人工生境，暂缓了自身的生存困境。人们拯救了橙腹鹦鹉，使其免于灭绝。它与另一种稀有鸟类——地栖鹦鹉（*Pezoporus wallicus*）共享这片荒原。

世界各地的稀有物种都在利用人工栖息地。在美国加州圣迭戈附近，我曾看到濒危的捕蚋鸟（*Polioptila californica*）在路边的野草中跳跃。在门边种植着玫瑰的茅草屋周围，英格兰稀有的鲜红色孔雀石甲虫（*Malachius aeneus*）的生存状况最佳。在北海，在国际上列为濒危物种的多孔冠珊瑚（*Lophelia pertusa*）生长在石油钻井平台上，当平台准备退役时会引发棘手的冲突。由于不愿接受非自然环境的生态保护价值，绿色和平组织批评了一些科学家，因为他们想将1.6万吨的布兰特史帕尔（Brent Spar）储油设备基座沉入北大西洋海底，以支持珊瑚生长。

第1章赞扬了自主利用人类的动物。但如果形势窘迫，燕子、园丁鸟和乌鸦也能够在没有人类的情况下生存下去。第2章的故事主角就没那么幸运了：它们的命运现在与我们人类息息相关。如果智人（*Homo sapiens*）收拾行装离开澳大利亚，某些物种可能无法继续生存。这再次表明“自然并不寻求与我们建立联系”“自然并不在乎我们是生是死”这类假定的危险性。动物和植物竭尽所能地生存。如果这意味着接受采石场或垃圾场，那又有何妨？我们不应将此判断为“不自然”。如果我们感到惊讶，那只能说明我们的自然观是错误的。我们需要对看到的事物做出新的解读。

第3章

远离荒野

——质疑一种无益的想法

"唯一的荒野仅存在于环境保护主义者的头脑中。"

——维多利亚州的汽车保险杠贴纸

在8月一个细雨蒙蒙的寒冷日子里，一位名叫约瑟夫·诺尔斯（Joseph Knowles）的美国人脱下衣服，赤身裸体走进了波士顿北部的森林，在荒野中游荡了两个月。他采摘浆果，捕捉鳟鱼，用木棍生火，还给自己做了一件熊皮斗篷。他在厚树皮板上用木炭潦草地记录了他取得的进展。诺尔斯从荒野中走出时受到了人们的热烈欢迎，他的书《独自在荒野》（*Alone in the Wilderness*）售出30万册。他在这次显然是伪造的冒险中表现得很好。这发生在1913年，当时美国正卷入了一场荒野浪漫的热潮之中，早于当今的"荒野情怀"足足有50年之久。

长期以来，荒野一直影响着美国人的思

想。对第一批开拓者而言，荒野在道德上令人厌恶，是一个煽动残暴行为、削弱美德的野蛮领域。清教徒努力将上帝之光带到荒凉的野外，但在边疆最终消失之后，城里长大并受欧洲浪漫主义理想影响的几代美国人开始将荒野理想化。他们从荒野中看到了上帝对他的工作最纯粹的表达：一座远离腐化城市的精神复兴圣殿。19世纪的荒野也承载着美国的爱国主义信仰。美国人没有可以夸耀的大教堂或城堡，也没有丰富的文学或艺术传统。不过，他们拥有原始景观，拥有远胜欧洲那种平淡无奇地形的崇山峻岭及陡峭峡谷。历史学家罗德里克·纳什（Roderick Nash）评论道："如果正如许多人怀疑的那样，荒野是上帝表达旨意最清楚的媒介，那么与欧洲相比，美国拥有明显的道德优势，欧洲数个世纪的文明在上帝的作品上沉积了一层人造之物。"在19世纪，许多美国人给荒野赋予了"养育"的意涵，哲学家亨利·戴维·梭罗（Henry David Thoreau）就是其中之一。他写道："诗人必须不时地穿越伐木者的小路和印第安人的小径，来到一些新鲜、令人精神焕发的缪斯之泉处畅饮，这泉源远在旷野的隐秘处。"

在遥远的澳大利亚，人们从未赋予荒野这些意义。第一批开拓者是服刑罪犯，他们无须顾及美德。澳大利亚距离欧洲很遥远，殖民地定居者更想强调与母国的联系，而不是吹嘘它的差异。古老而遭受侵蚀的澳大利亚大陆缺乏壮丽景观，其单调的灰暗森林令英国人感到乏味。原住民的物质生活简单，这表明澳大利亚的荒野一点也不高贵。那里的动物群很古怪。北美拥有高贵而常见的野牛、熊和鹿，而澳大利亚则充斥着鸭嘴兽（*Ornithorhynchus anatinus*）之类的滑稽生物：模棱两可，似是而非。探险家德克·哈托格（Dirk Hartog）在1616年总结道："这片土地受到了诅咒。动物会跳而不是跑，鸟会跑而不是飞，天鹅是黑色而不是白色的。"如果荒野曾是上帝的圣殿，那么澳大利亚一定是上帝在建造技术尚未成熟时的早期作品。

在19世纪的艺术和文学中，美国和澳大利亚对森林的看法不同。澳大利亚孕育了伟大的风景画家，但他们从未像美国人那样将画中场景沐浴在宗教光芒中。在澳大利亚，海滩寻宝者E. J. 班菲尔德（Banfield）是比肩梭罗的大师，他虽然受到梭罗作品的启发，但从未以崇敬的语气描绘他隐居的邓克岛（Dunk Island）。在20世纪40年代末，伯纳德·奥莱利（Bernard O'Reilly）也没有援引荒野的浪漫主义理念来描绘他心爱的拉明顿（Lamington）雨林，尽管那里确实是荒野。当“荒野”这个词出现在19世纪的澳大利亚时，它古老、黑暗的含义占了上风。澳大利亚的第一个国家公园——悉尼皇家国家公园建立时，知名人士抱怨它“只不过是荒野”。1881年，亨利·帕克斯（Henry Parkes）爵士在议会中反驳一位批评者时说道：“尊敬的议员阁下说这是一片荒野，必须经过多年才能有用处，但彼时它是否依然是荒野？……当然，它不应当一直是一片荒野，而我们却不做任何尝试去改善它。”人们在澳大利亚荒野里开辟了野餐场地，种植了外国树木，放生了鹿，还在河里放养了鳟鱼、鲈鱼和丁鲷。

关于澳大利亚荒野的现代观念可追溯到20世纪初悉尼的步行俱乐部。徒步旅行者希望步行穿越没有路的大片土地。当环境保护主义者迈尔斯·邓菲（Myles Dunphy）听说20世纪20年代美国林务局保留了“原始地区”时，他游说要在新南威尔士州也划出“原始”地区。塔洛瓦（Tallowa）原始地区于1934年宣布成立，4年后莫顿（Morton）原始地区成立。到了20世纪60年代，“原始”地区已演变为“荒野”。

但直到20世纪70年代，澳大利亚的“荒野”才发生精神上的转变。在塔斯马尼亚，顽固且盲目的水电委员会为了创造一种无人需要的电力来源，淹没了天然的佩德湖，然后计划在偏远的富兰克林河上筑坝。失望的丛林徒步者和环境保护主义者们发现，美国人对荒野的看法最能表达他们想要保护的事物。1976年，西南塔斯马尼亚行动委员会更名为塔斯马尼亚荒野协会。摄影师彼得·东布罗夫斯基斯（Peter Dombrovskis）开始出版他的《塔斯马尼亚荒野日历》。他拍摄的富兰克林河在岩岛湾（Rock Island Bend）周围神秘盘旋的壮丽画面，这比任何事物都更能赋予“荒野”某种意义。澳大利亚联邦科学与工业研究组织（CSIRO）的期刊《搜索》（*Search*）于1977年发表了一篇文章，该文通过大量引用美国《荒野法案》的内容，对“荒野”一词进行了定义。文章作者为林务员保罗·史密斯（他曾与鲍勃·布朗一起在富兰克林河上漂流）。他后来解释说：“我们在这里选取的是美国人对‘荒野’这个词的用法。”事实证明，以美国人的荒野理念定调的拯救富兰克林河运动赢得了胜利。澳大利亚的环境保护主义者发起了其有史以来第一次运用社交媒体的运动。在1983年的选举中，支持荒野的态度帮助工党上台，虽然新总理鲍勃·霍克（Bob Hawke）从未完全接受荒野的理念，但他叫停了大坝建设。后来，他对环保人士罗杰·格林（Roger Green）讲道：“‘荒野’这个词本身并没有任何意义。重要的是，我们的物质遗产、自然遗产的某些部分具有特殊特征，应当尽可能得到保护。”

尽管如此，“荒野”还是成为澳大利亚历史上影响最大的流行词之一。它鼓励环境保护主义者与政府争夺大片土地，这与过去经常围绕小公园的交锋不同。它对自然的理想化观点强烈地吸引着对城市价值观感到幻灭的人们。繁荣的荒野产业由此诞生，产出了大量日历、日记、书籍、海报和生态旅游度假项目。

20世纪70年代荒野运动的真正起源是20世纪60年代的新左派运动，当时大学生反叛那个时代的物质主义、从众行为和技术乐观主义。蕾切尔·卡森（Rachel Carson）的书《寂静的春天》对他们很有影响，书中讲述了官僚在森林中喷洒有毒制剂以杀死飞蛾和火蚁，却殃及儿童的可怕故事。人们对自然的感情受到了反主流文化价值观的消极影响，这些价值观主张通过对性、毒品和东方宗教的探索，实现个人解放和“摆脱异化”。荒野变成了实现精神超越的一种途径。当保护富兰克林河运动的英雄鲍勃·布朗（Bob Brown）谈及他（在富兰克林河上）的第一次荒野经历时，他仿佛是在讲述一次嗑药之后的迷幻之旅或一种宗教狂喜的升华之叹：“我对其他一切都失去了意识——我的木筏，我的朋友，我的义务，我自己。”接着，“使我成为困惑而超然的宇宙观察者的30年历程，被彻底逆转了，我融入了自然那无法言说的奥秘中。”反主流文化的拥趸不相信科学在设计破坏性技术方面所起的作用。他们不像传统博物学家那样通过识别和观察来实证地观察自然，而是从整体上吸收自然，他们会在山顶上冥想，拥抱树木。享受大自然从右脑活动转变为了左脑活动。荒野——这曾经的基督教殿堂，成为一个新世纪圣地。

人们今天理所当然地认为，拯救荒野就意味着拯救野生生物。但“荒野”并非生态学术语。荒野协会首先将其定义为大片的自然疆界，“在那里，人们可以完全沉浸在大自然中，不受现代技术的干扰”。这里并没有提到生态系统或物种。保罗·史密斯给荒野下定义的文章强调自由和挑战，而不是生物多样性。荒野，就像“原始地区”一样，是为了人们的享受而发明的概念，它根植于自私的想法。正如社会心理学家唐纳德·迈克尔（Donald Michael）所说，“我们根据自己的心理需求选择社会事业”。

尽管荒野这一措辞暗示了某种价值观，但大多数荒野活动家都曾是坚定的生态环境保护主义者。保护大片土地确实可以拯救很多动植物，但往往会错过那些最需要帮助的物种。珍稀物种往往藏在不太可能出现的地方。塔斯马尼亚岛西南部被视为荒野的圣地，然而从某种标准上看，这里是生物多样性的荒漠，哺乳动物、鸟类、爬行动物、蛙类、鱼类和植物的多样性均较低。游荡在我家后院的爬行动物物种（12种）比整个塔斯马尼亚西南部还多。我家当地的小溪野草丛生，那里生长着更多种类的热带雨林树木，包括濒临灭绝的桃金娘科植物。冰川参与塑造了富兰克林河沿岸的壮美景观，也削弱了它的生物多样性。该地区古老的石英岩地质和寒冷的冬天也限制了多样性。如果我们想要认真对待植物，须知塔斯马尼亚最濒危的生境是天然草原，而最重要的草原遗迹隐藏在岛屿中部地区的牧羊场中。稀有草药的分布热点包括坦布里奇的垃圾弃置场和耶利哥（Jericho）公墓。公墓的墓碑可追溯至1831年，那里是地球上生长着濒危的薄喙金绒草

（*Leptorhynchos elongatus*）的两个地方之一。但是，由于地处绵羊群的包围圈，这里很难让环保主义者神魂颠倒。随着荒野价值的下降，稀有物种的数量往往会增加，在植物中尤其如此，而且比生活在碎片化景观中的动物要好很多。植物学家杰米·柯克帕特里克和路易斯·吉尔费德指出："受胁物种的趋势与伐木、梢枯、放牧和焚烧的干扰有关……"荒野概念并不能帮助我们理解（或保护）这类植物。

荒野这一措辞意味着，只有宏大、偏远、原始的自然才真正重要。正如美国历史学家和自然爱好者威廉·克罗农（William Cronon）所言："如果一个地方没有绵延数百平方英里，如果它不能给予我们上帝视角的壮丽景观，如果它不能给我们以这个星球上只有我们存在的幻觉，那这里便称不上是自然。它太小、太平淡、太拥挤，不足以成为真正的荒野。"以大为尊的自然观对长满稀有植物的公墓来说不是好消息。我们可以更多地借鉴英格兰的做法，那里并无"荒野"议题，环保主义者在为树篱而战。英国皇家鸟类保护协会坚称，矮树篱"构成了非常重要的野生动物栖息地"。有些人追溯到1000年前的盎格鲁–撒克逊时代，当时人们为狼提供庇护所。

在美国，荒野的观念饱受抨击。威廉·克罗农意识到"荒野这一概念毫不自然"。对原始景观的幻想否认了一个明显的事实：所有地方（除南极洲外）的荒野都有人居住和管理。正如科瓦尼阿马（Kowanyama）的长者科林·劳伦斯（Colin Lawrence）在他位于约克角半岛的家中告诉我的那样："以前这片土地上有人，有原住民，后来人都没了。当这片土地上不再有人，它又成为了荒野。"澳大利亚荒野协会承认这个问题，并将荒野的定义改为：未被"现代工业文明和殖民社会"改变的土地。换言之，荒野的土地曾被非工业者操纵过。考古学家约瑟芬·弗洛德（Josephine Flood）曾将澳大利亚的景观描述为"原住民用打火棒创造的人工制品"，这一观点得到了不少人类学家和生态学家的认同，不过我认为他说得有些过分。如果没有林火管理，有两种情况可能会发生：要么是可燃物载荷量不断累积，直到毁灭性的大火席卷而来；要么是对火敏感的植物取得优势，生境亦会随之改变（见第19章）。这些事件正在全澳大利亚（以及世界其他地方）的国家公园引发冲突。与“自然平衡”概念相矛盾的“荒野”经证明是非常不稳定的。

在澳大利亚的两个主要荒野地区——昆士兰湿热带（Wet Tropics）和约克角半岛，濒临灭绝的动物正因植被变化而输掉生存竞争。昆士兰湿热带不断扩张的热带雨林吞噬了一半的湿硬叶植物[1]，杀死了数千棵古桉树，并使濒危的盖氏袋鼠流离失所。在约克角，濒危的金肩鹦鹉（*Psephotus chrysopterygius*）正陷入困境，因为千层树阻塞了它们觅食的平原。我亲眼见过小树林从草地上长出来。在塔斯马尼亚岛的荒野中，濒危的橙腹鹦鹉现在需要人类放火，才能维持它们觅食的开阔荒原。在该岛的西南部荒野，消防员乔恩·马斯登–斯梅德利的工作与其说是灭火，不如说是保证火继续燃烧。

我们被一个悖论所束缚。荒野被假定为我们不去干涉、不去操控的一种环境。但我们必定会去操控它，我们需要放火、消除野草并驱逐野生动物，无所作为反而会破坏荒野。“荒野管理”是个必要的矛盾体。正如美国荒野生物学家大卫·科尔（David Cole）承认的那样，在必需的主动管理下，“所有荒野生态系统在某种程度上都是人为构建的——有意识地重建人类认为是自然的东西”。具有讽刺意味的情况比比皆是。在卡卡杜（Kakadu）国家公园，人们挂上了杀虫药带，以阻止涂抹泥土的壁泥蜂（*Sceliphron laetum*）污损原住民洞穴艺术。国家公园里用毒药来保护人造物品免受本地动物侵害。

那么狩猎和采集呢？在一些国家公园，原住民行使获取食物和药物的权利。记得在中部沙漠地区的乌鲁鲁（Uluru），我告诉一位皮坚加加拉（Pitjantjatjara）原住民妇女说，我在卡塔丘塔（Kata Tjuta，即奥尔加山）附近的一处平地上看到了一大堆本地烟草。当我给她看一片烟草叶时，她睁大了眼睛。我敢肯定，她会跑上一趟，收割大把烟叶回来。千万年来，原住民已经明显掌控了大量的树袋熊、袋熊、袋鼠、树袋鼠、鸸鹋、灌丛火鸡、巨蜥、鳄鱼、蟒蛇等许多动物。他们取代了最近灭绝的掠食动物所起到的作用，而这些掠食动物的灭绝很可能是原住民促成的。他们还收获大量植物。你不能对这些视而不见地去谈论荒野（当然你也可以这样做，但不太恰当）。正如科林·劳伦斯所言："在早期，人们就一直在利用荒野——狩猎、采集和焚烧。但现在荒野已脱离了人们的控制。"成倍繁殖的袋鼠和树袋熊正在许多国家公园里剥夺植被，就像大象在非洲所做的那样。澳洲野犬（*Canis lupus dingo*）呢？在国家公园，我们将它们视为原生动物，但我们知道它们实际上是4000年前从印度尼西亚带过来的野狗。我们需要它们来维持生态稳定，但它们符合荒野的理念吗？它们可比数万年前就移居澳大利亚的智人晚近得多。

原住民对荒野有自己的看法，不过并不总是带有善意。人们可能会把他们对这片土地的强烈感情与对荒野的热爱相混淆，但许多原住民并不相信"荒野"这个观念。未被人类污染的土地与无主土地（*terra nullius*）的概念太接近了，而后者曾被用来辩护白人占领黑人土地的行为。科林当然不喜欢荒野这个词："荒野就是没有人居住的土地，只有动物生活在其中。这是很久以前人们在这里生活的地方，但现在没有人，只有动物。白人才用这个说法，但它仍然是部落的土地。热带雨林也是部落的土地。人们曾住在那里。"正如人类学家黛博拉·罗斯（Deborah Rose）所说：

> 荒野的定义排除了人类的积极存在，这定义可能契合了当代人对和平、自然美和精神生活的渴望，这种追求并未受到人们自身文化的污染。但这些定义声称这些景观是"自然"的，这就忽略了澳大利亚地貌赖以形成的全部要点。这片大陆的每一寸土地，原住民都先于殖民定居者抵达。整个国家的所有地方都是由原住民的土地管理实践塑造并保持生产力的。

原住民的景观是文化景观，那里栖居着有意识的动物、树木和山丘。北方土地委员会前主席西拉斯・罗伯茨（Silas Roberts）写道："我们认为，地球上的所有事物都是人类的一部分。"人类学家W. E. H. 斯坦纳（W. E. H. Stanner）写道，原住民进入的"不是一片山水，而是充满意义的人化领域"。如果可能的话，原住民会认同更古老的欧洲荒野概念：缺失有效管理的混乱荒地。当黛博拉・罗斯参观维多利亚河附近被侵蚀的沟壑时，她的原住民同伴达利·普尔卡拉抱怨道："这是荒地。只剩荒地了。"罗斯指出："我们正在望向一片荒野：人类和牛造成的荒野。'荒'是说这里的生机都落入沟壑并被雨水冲走了。"

欧洲人也参与塑造了这片土地。所有荒野地区都带上了外来的动物、植物和疾病的标记，荒野中布满了小径、营地、垃圾、火疤和旧矿。迁徙的布冈夜蛾从摄食的作物中吸收了有毒的工业砷，并将其带到澳大利亚阿尔卑斯山脉高处，造成高山草地枯萎凋亡。所有荒野地区也受到了气候变化的微妙影响。正如美国生态学家保罗・埃尔利希（Paul Ehrlich）指出的那样，"生物圈的每一立方厘米都已经被优势动物的新陈代谢改变了，即被智人的经济活动所改变"。另一位美国生态学家大卫・路德维希（David Ludwig）宣称："生物圈本身就是一个人类系统。自然的约束是我们强加的。如今进化是对人类管理特殊性的回应。"比尔・麦金农（Bill McKinnon）在《自然的终结》一书中由此得出结论：自然已死。"与动植物一样，一个理念、一段关系也会消失。这里我们说的理念就是'自然'，一个独立而狂野的地域，一个与人类不同的世界，而人类适应了这个世界，生与死皆遵循其规则"。麦金农提到了"自然"，不过他说的其实是荒野。

这个严峻的结论表明，给自然或荒野一个与文化相对立的定义有诸多限制，我们很难与那些易将自身定义为不存在的东西建立互信关系。荒野即便存在，也是罕见的。我们可以参观它并受到它的启发，但永远不会真正属于它。而且要参观并不容易，因为它隐藏在偏远的地方。荒野太少了，过度利用（尤其是在塔斯马尼亚）也是一个大问题。我们大多数人每年只能在假期去荒野朝圣（当其他人也去朝圣时）。然而，与大自然的关系就像与情人的关系一样，在经常表达爱意时效果最好。荒野只提供短暂的接触，最终可能不会令人满意。正如威廉·克罗农所说："荒野的核心问题在于，它令我们与它教我们去珍视的事物相隔甚远。"它使我们与自然的分离永久化。我们应当更加重视生活在我们周围的植物和动物。对我而言，我花园里的褐蛇比荒野中的任何爬行动物都更重要，我们是邻居，彼此之间没有距离，也没有定义能将我们分隔开。

关于荒野和自然的观念导致我们认为，动物更愿意生活在远离人类的地方。顾名思义，我们假设自然想要变得"自然"。因此，当鸟类和蝙蝠成群涌入农场并掠夺作物时，生物学家通常将其解释为自然食物短缺时孤注一掷的反应。我在书中一次又一次地读到过这种说法，但都没有任何证据支持。很多果农都知道，这是无稽之谈。另一个有问题的说法是，人们假定生活在城市和废墟的动物是生境丧失、无家可归的受害者，它们并不愿意生活在这种地方。但真相却是另一番景象：燕子、吸蜜鹦鹉和褐蛇喜欢人类提供的资源。实际上，许多动物都希望与我们建立关系。我们关于荒野和自然的观念却使我们对这一重要事实视而不见。

如今，大多数动物都生活在人化景观中。无论是否出于自愿，动物生活的典型场所都是在围场或采伐林中。很少有动物能看到真正的荒野，当你从飞机上俯瞰澳大利亚时，这一点显而易见。你可以在围场、道路和水坝之间看到它们散布的栖息地。这是大多数猛禽必定会看到的景色。在维多利亚州，只有两个地方（大沙漠和默里日落国家公园）的动物周围5公里内可能没有道路、轨道或建筑物。澳大利亚有42%的土地用于放牧，内陆地区有40%的土地受到中度侵蚀。这些令人遗憾的统计数据表明，荒野已变得不真实，对于大多数动物和人类都是如此。今天的自然更多是关于城市和农场，而不是荒野。

如果透过“荒野”的有色眼镜看，这本书中的故事毫无意义。像计算机一样，人类可能天生倾向于对立的思维方式——是与否、好与坏、赢家与输家、自然与文化、天然的与人造的。世界不是这样划分的，但我们喜欢用这样的思维看待它。“荒野”是这种二分法思维的产物，仅作为某种事物（我们人类）的对立面而存在。我们通过“它不是什么”来定义荒野，然后把我们认定的城市中缺乏的属性强加给它：纯粹、单纯、美好。我们真正需要的是将人与自然置于同一画面的概念。我们需要一个承认智人发挥核心作用的生态框架。

1 硬叶植物（sclerophyll）指具有硬叶和短节间的古老植物类型，在澳大利亚多有分布，可形成森林、热带草原和荒野。有较强抗旱能力，其中湿硬叶植物需要更充沛的降水。——编注

第4章
生态系统工程师
——动物改变自然景观

“人造卫星与知更鸟的巢都是自然物体，
只不过卫星更精密复杂罢了。”

——科林·萨瑟希尔（Colin Sutherhill），
《蓝色爆炸理论：新自然诗集》（1997）

在当今时代，有个荒诞不经的观念：人类是唯一破坏环境的物种，我们摧毁森林和山丘，污染土地和海洋——我们觉得只有人类才能做出这些事。

然而，非洲象也是改变环境的大师：它们使山坡水土流失，河岸一片荒凉，它们剥掉树皮，推倒整片森林。我见过一些最严重的环境破坏，均是大象的杰作——泥质溪谷不断坍塌，石头从斜坡上滚落。我见过大象把古老的猴面包树捣得稀烂。在战争期间，游击队偷猎大象后，草地重获新生，长成茂密的林地。大象毁掉了许多为保护它们而建立的国家公园，因为一些人造工程限制了大象的生存空间：为了引诱动物进入游客观赏区并帮助它们度过干旱期，人们修筑水坝；为阻挡大象迁徙，人们修建了围栏及一些建筑物，这些都导致大象在过度窄小的区域内四处践踏，过度利用周围环境。剑桥大学生物学家R. M. 劳斯（R. M. Laws）在其1970年发表的论文《作为生境主体的大象和东非的景观变化》中警告道："大象是非洲的一个重大问题，至少是个重大的环境保护问题。"他宣称，大象正在摧毁它们自己的生境，也危及其他稀有物种。时至今日，大象造成的破坏依然令人担忧，甚至连"自然景观"这一概念，都受到动摇。许多国家公园都会选择性地猎杀部分大象。

其他野兽也在重创非洲的环境。我看过水牛把河岸啃食和践踏得片甲不留，直至崩裂；犀牛和长颈鹿把灌木丛啃到光秃秃。生物学家诺曼·欧文–史密斯（Norman Owen-Smith）和乔克·丹克维兹（Jock Danckwerts）说，过去"非洲南部的大部分地区在今天看来长期处于过度放牧状态"。疣猪在洪泛区翻土（就像澳大利亚的野猪喜欢干的那样），甚至反复挖土打洞的裸鼹鼠和白蚁都会带来重大生境变化。

通常，非洲的国家公园到最后都会变得像牧场一样：草地被踩踏、啃食，枝叶被啃光，地面上布满蹄印和肮脏的粪便，动物遗骸随处可见。澳大利亚的自然保护区看起来可干净多了，那里的土壤很少受到侵蚀，树干没有涂抹肮脏的泥浆，空气中也没有粪臭和尸臭味。难怪荒野神话只在这片土地深深扎根。这片土地貌似受到大自然的善待，但这种柔焦效果下的图景不过是一种错觉。十万年前，澳大利亚的自然景观与今日大为不同。成群的双门齿兽喷着鼻息，笨拙地穿过整个大陆，目光锐利的袋狮紧盯着它们，伺机发起攻击。每头双门齿兽大约有两吨重。那时，体型硕大的野兽均参与了对这片大陆的塑造，就和现在非洲动物做的一样。澳大利亚的河流冲积平原肯定也跟农场差不多，灌木丛被剥秃了，草地也被啃光了，地面布满纵横交错的动物足迹和一堆堆冒着热气的粪便。

澳大利亚的土地上依然留存有巨型动物的印记。澳大利亚联邦科学与工业研究组织（CSIRO）的詹姆斯·诺布尔（James Noble）发现了巨大的新月形浅色沙痕，有的足有100米宽，他认为这是有袋类动物在沙地上挖洞留下的痕迹。20世纪90年代初，人们在空中俯瞰昆士兰州西部和新南威尔士州时发现了这些新月形痕迹。人们一般认为这是大鼠袋鼠（giant rat kangaroo）的巢穴，严重的干旱暴露了原有地貌。在金合欢乔木林地区（mulga country），诺布尔发现了宽20米、高可达0.5米的圆形丘，其状态“通常保存得很好”，这是体大如鸡的眼斑营冢鸟的筑巢丘。在澳大利亚内陆地区的沙漠漩涡中，可能还隐藏着大袋熊（*Phascolonus*）的洞穴，这种已灭绝动物体长两米，人们很难找到它们的踪迹。但诺布尔的解释绝非荒诞不经，因为在北美，草原犬鼠窝的遗迹也留存了数千年之久。

关于大袋熊，蒂姆·弗兰纳里（Tim Flannery）写道：

> 它们的洞穴一定很大，洞口后方的土堆必定是昔日平坦的澳大利亚内陆显著的地貌特征。内陆气候严酷，这些洞穴无疑为其他动物提供了庇护所，它们翻搅过的疏松土壤必定促进了植物的生长。

关键就在于此，大袋熊为土地添加了新的结构，促进了生物多样性。我认为，袋貘（*Palorchestes*）这种长鼻子的有袋类动物也起到了相似的作用。它的长臂构造表明，它会扯掉树木的大枝来进食树叶（蒂姆·弗兰纳里戏称它们为“伐木工”）。沙袋鼠可能会采集袋貘遗漏的荚果和树叶，就像今天的犬羚（一种体型细小的羚羊）会紧跟在大象和捻角羚后面捡拾剩余食物一样。大型动物通过翻搅土壤、在林冠上打开天窗，为体型较小的动物提供了生存机会，从而促进了生物多样性。光滑柔软的独行菜（peppercress）这类喜扰草本植物，很可能就曾生长在大袋熊翻起或双门齿兽的爪子耙过的土壤中。蚊子在填满雨水的动物爪印坑中产卵繁殖，蜣螂将营养丰富的粪便滚成球。在非洲，食草动物踩踏过的草地养育了成群的白蚁，同样的景象可能也在这里发生过。

同巨型动物群相适应的植物至今仍在繁衍生息。省藤（*Calamus radicalis*）和沙漠青柠（*Citrus glauca*）上的尖刺表明，大型动物曾以这些植物为食，而沙漠青柠上的尖刺长达7厘米（在非洲，大象和长颈鹿喜爱的植物会长出最长的棘刺来抵挡它们啃食）。野山柑（*Capparis mitchelli*）和澳洲木瓜桐（*Siphonodon australis*）有麝香味的硕大果实很可能曾是双门齿兽的食物*。詹姆斯·诺布尔指出，存活至今的澳洲蔷薇木（*Alectryon oleifolius*）就是在几棵树呈半圆形围绕古老潜穴系统的粪便混合硬化土堆生长的。

这是一个真正令人惊奇的发现，即人类在土地上做的大多数事情，动物也会做：它们推倒森林、在溪流上筑坝、经营“农业”、建造城市、在荒野中开辟道路、侵蚀山丘，还会污染土地和海洋。大象非常擅长推倒树木，有时人类利用它们来开荒种地。动物们也会建造堤坝，比如河狸和短吻鳄。珊瑚虫在海面下建造起巨大的城市。繁育期的海鸟和海豹会破坏海岸上的斜坡并污染土壤，这常会杀死植物。西澳大利亚的长体舵鱼（*Kyphosus cornelii*）会将小块的海藻“草皮”拼接起来，创建海藻坪“农场”，每块多边形“农场”宽约6米，边缘有高大的海藻屏障护卫。若飞机低空飞行，机上的人便可以看到这些数不胜数的舵鱼“农场”。在新西兰的山地，有一条条古老小径跨越山顶，这是史前掠食动物——恐鸟踩踏出来的，这种无翼大鸟现已灭绝。这些蜿蜒的小径往往通向峭壁脚下，人们认为恐鸟曾经在那里筑巢。

来非洲的游客中很少有人知道，他们围观的许多水坑最初只是白

---

* 鸟类对色彩有敏锐的视觉，但通常缺乏嗅觉，因此我们可以想象，散发诱人芳香但颜色暗淡的硕大水果向着吸引大型哺乳动物的方向演化。

蚁丘。大象挖掘老的蚁丘，食用富含矿物质的土壤，有时挖得太深就留下了汇集雨水的深洞。疣猪、水牛和大象为了保持身体凉爽，跑到水坑里打滚嬉戏，离开时身上裹着厚厚一层泥浆。就这样，坑中泥土逐渐转移到别处，水坑日复一日地加深、扩大，最终成为哺乳动物和鸟类的生命线，极大丰富了当地的生物多样性。造访水坑的大象拆毁附近的树木，清理出大片草地，斑马、水牛来到草地上觅食，隐伏跟踪它们的狮子也来到这里。水坑周边成为了非洲动物的理想栖息地，一个新的食物网逐渐成形。大象能够在数月内将一个白蚁丘转化为一方池塘。出于种种原因，南非的克鲁格国家公园在管理计划中将大象称为“改造生境的重要主体”，认为它们“促进了生物多样性”——尽管并非所有动物都会受益。河狸和短吻鳄建造的“堤坝”也帮助了其他物种。在美国怀俄明州，我看到过麝鼠在河狸造的水坝中游来游去；在佛罗里达州南部的大沼泽地（Everglades），短吻鳄挖掘出水池让鱼类能在旱季得以存活。

我们没有认识到动物能如此显著地改变地貌，而是将人类视为独一无二的破坏性物种。然而事实上，我们同珊瑚、河狸和水牛等生物一样，处于一个连续统一体之中。1994年，克莱夫·琼斯（Clive Jones）、约翰·劳顿（John Lawton）和莫什·沙查克（Moshe Shachak）创造了“生态系统工程师”这个术语，用来指称改变生境的动物和植物。这个概念将我们人类的活动置于一个更大的背景中。智人（*Homo sapiens*）是“最优秀的物理生态系统工程师”。作为地球上最大的陆地动物，非洲象的破坏性仅次于人类。虽然我们造成的破坏远多于大象或任何其他物种，但我们与它们没有本质上的差异，只有程度上的不同。人类最早的非洲祖先可运用的力量比不上大象。只有在掌握了火之后，人类才成为了比巨型动物更强大的地貌景观工程师。但大多数人并不这样想问题，因为像“自然”“人工”这些对立的标签将我们与其他物种隔得很远。我们只用“污染”“生境破坏”这类词指称自身活动，但海岛上经常发生的状况似乎也很符合“污染”的词义：筑巢的海鸟排泄出大量鸟粪，以致灌木丛受毒害而枯亡，进而导致土壤流入海洋。植物学家玛丽·吉拉姆（Mary Gillham）在登上一座西澳大利亚的小岛后，记述了“枯死的树干和树枝”及“生态降级的晚期阶段”如何使这里成为“没有植物生长的裸地，走向了污染的逻辑终点”。海鸟占据海岛繁殖后代的行为显然可追溯到侏罗纪时期，恐龙则可上溯至三叠纪时期，这意味着土壤污染始于2亿年前。

如果大象与河狸的工程壮举可以帮助一些动物（同时伤害其他动物），为何我们人类的行为会有所不同？明显的区别在于，大象已经在非洲漫步了数百万年，已经充分适应了环境，而澳大利亚的人类相对较新。不过，一些动物显然适应得很快，例如燕子、海鸥和褐蛇。今天，我们能够找到受益于我们几乎所有行为的动植物，包括盐碱化（斑长脚鹬）、采砂（新荷兰鼠）、侵蚀（红树林）和全球变暖（海豹）。甚至人类对鲸的屠杀也使吃同样食物的南极海狗（*Arctocephalus gazella*）受益——它们的数量从未如此之高（因此，海狗栖居的岛屿正在遭受侵蚀）。动物经常从我们的行为中受益，我们不应对此感到惊讶。生物通常是机会主义的，无论是由人、动物、风暴还是火灾造成的变化，它们都会利用。琼斯、劳顿和沙查克认为：“在足够大的尺度内……工程的净效应几乎不可避免地会通过生境多样性的净增加来提高区域物种的丰富度。”

数以百万计的红袋鼠（*Macropus Rfus*）在澳大利亚内陆漫游。人们四处播种繁茂的非洲牧草，使用钻机在草地上打探孔，砍伐树木以促进草的生长，减少澳洲野犬和原住民的数量，正是由于这些原因，红袋鼠的生存状况良好。不过，澳大利亚联邦科学与工业研究组织（CSIRO）的艾伦·纽瑟姆（Alan Newsome）发现了一些有助于袋鼠生存的更重要因素。他提出，这一因素是“反刍动物创造的亚顶级草原上食物供应的改善”。他指的是牛和羊。他在1975年的一篇论文中解释说：“在干旱期，牲畜啃短了袋鼠几乎不采食的干草，这些草被迫长出了非常有益于袋鼠的绿芽。”奶牛就像割草机，剪掉粗茎，刺激绿芽的生长。“割草”开始后，袋鼠就可以接管“工程师”的职责，通过勤奋的采食行为来维护“有袋动物的草坪”（纽瑟姆的话）。澳大利亚的情形与非洲具有惊人的相似之处。非洲的生态学家想知道，那么多羚羊是如何共存的。他们发现，口鼻宽阔的食草动物（水牛、斑马和水羚）会“修剪”粗草，从而为体型较小、对食物挑剔的动物（例如紫貂和杂色马）提供了新长出来的绿芽。这类动物的口鼻部较细长，如果没有摄食粗草的动物来修剪草地，它们就很难找到食物。

有一次从非洲回来，我观察一只袋鼠，并发现了一只对食物挑剔的动物：吻部小巧的袋羚。在过去，袋鼠很可能跟在下颌厚重的大袋熊后面进食。巨型动物灭绝后，原住民接手了这项工作，燃烧干草以促进新鲜嫩芽的生长。他们有意帮助袋鼠，哪怕只是为了以后捕获它们。现在，牧场的牛承担了这项“工作”，而且做得很好，就像巨型有蹄袋熊一样。它们吃草后形成的短草皮适合许多动物采食，包括喜鹊、鹊鹨、鸻、鹨、褐蛇和甲虫幼虫。

生态系统工程的概念可能有助于解释为什么澳大利亚的许多小型哺乳动物都灭绝了。我们损失的物种数量比任何其他大陆都多——3种沙袋鼠、3种袋狸和几种啮齿动物，还有一些物种仅在近海岛屿上幸存。数年前，安德鲁·伯比奇（Andrew Burbidge）和3名同事前往偏远的原住民社区，希望发现上述动物中的幸存者。他们与原住民长者围坐在一起，传看来自博物馆的旧皮毛。他们的探索很明智，但他们来晚了30年。他们未能重新发现任何一个已灭绝物种，但许多长者自愿提供了无价的生态数据。伯比奇和同事回忆起一次会面：“当所有不同的动物皮毛都铺在一个粗麻布袋上时，纳甘亚加拉（Ngaanyatjarra）原住民的一位男子说：‘但你们没有捕获到库鲁瓦里（Kuluwarri）。’库鲁瓦里？这是我们关于神秘的中央兔袋鼠的第一条线索，它们曾经生活在西澳大利亚，1931年，探险家迈克尔·特里（Michael Terry）在北领地的麦凯湖附近采集到一个头骨，这是科学界对该物种所知的全部了。”据回忆，“库鲁瓦里”是柔软、毛茸茸的动物，白天在三齿稃下睡觉，晚上啃草和种子。中央兔袋鼠在沙漠中一直生存到20世纪60年代才灭绝。我们对该物种的全部了解均来自30多个偏远大牧场的长者。

当伯比奇询问这些哺乳动物为何消失时，他听到了一个奇怪的故事。大多数长者责备的不是猫、狐狸或兔子，也不是牛羊，而是他们自己。当被迫接受了传教的原住民无法再举行增收仪式，或在他们的土地上放火时，这些动物就消失了。“因此，燃烧模式的变化似乎很可能导致荒漠哺乳动物的数量大幅减少，”伯比奇总结道，“然后，引入的掠食动物消灭了大部分剩余的有袋种群。”这意味着原住民通过对荒漠进行区块式燃烧，最大限度地提高了多样性。中央兔袋鼠（原住民所称的库鲁瓦里）及其近亲需要烧过的和未烧过的地块间隔分布，而只有人类才能提供这种条件。但这个想法没有明显的意义。我们从化石中得知，这些动物早在人类到达澳大利亚之前就已存在。它们当时又是如何成功生存的呢？

蒂姆·弗兰纳里认为，丛林大火最初因大型哺乳动物摄食植被而受到了抑制。此后，原住民的区块式燃烧方式取代了大型食草动物的作用，草原上的可燃物负荷量得以保持在低水平。当原住民被驱逐出他们的土地时，可燃物逐渐累积起来，直到熊熊烈火肆虐，将库鲁瓦里（中央兔袋鼠）的家园烧成灰烬。在当今的澳大利亚内陆地区，雷击火灾可在平坦的地形上不受阻碍地传播。在1922年，一场大火显然从南澳大利亚州北部的乌德纳达塔（Oodnadatta）烧到了北领地中部的滕南特克里克（Tennant Creek），蔓延了1000千米。但是有人批评蒂姆的观点。丛林大火的主要燃料是草，但据牙齿构造可知，澳大利亚的大多数巨型动物都以嫩叶为食，它们啃食灌木和树木上的叶片，而不是草地上的嫩芽。在它们消亡后，灌木和树木生长得更茂盛，遮蔽了一些草，这减少而非增加了火灾风险。农民们熟知，茂密的灌丛带不易燃。此外，巨型动物也不会吃太多三齿稃，因为这种非常坚韧的草营养价值不高。事实证明，它具有惊人的易燃性，我曾点燃一簇三齿稃，当时它几乎要爆炸了，而食草动物将这种草啃得太短以致无法燃烧这种事，也实在令人难以置信。

火对蓬毛兔袋鼠（*Lagorchestes hirsutus*）很重要。到1978年，该物种几乎从澳大利亚内陆地区消失了。B. 博尔顿和彼得·拉茨（Peter Latz）曾仔细搜寻了2300平方千米的塔那米沙漠，找到了最后两个族群。它们为数不多，生活在同一条牧道上。每年冬天，人们都会放火烧牧道。蓬毛兔袋鼠躲藏在茂密的、未燃烧的地方，在夜间摄食熄火后重新萌出的三齿稃嫩芽。它们幸存下来，是因为人们用原住民管理土地的方式管理牧道。此后，塔那米沙漠的蓬毛兔袋鼠就消失了，这一点很难解释。有一批受到了狐狸和干旱的侵袭，另一批则遭到野火的伤害。现在，生物学家正对沙丘进行区块式燃烧并重新引入蓬毛兔袋鼠，但野猫又妨碍了他们的工作。

关于区块式燃烧的理论存在争议。在没有原住民放火的一些岛屿上，蓬毛兔袋鼠和其他稀有动物也能幸存下来。在这些地方，没有狐狸的威胁似乎至关重要，许多专家将澳大利亚的物种灭绝归咎于兔子、狐狸、猫、牲畜、山羊、火灾和干旱综合作用导致的致命后果。即便如此，毫无疑问，在澳大利亚的许多地方，人工放火是维持生物多样性的必要工程行为。

生长着三齿稃的荒漠中甚至还有一种喜欢区块式燃烧的大型蜥蜴。稀有的大沙漠石龙子（*Egernia kintorei*）的主要栖息地位于原住民仍焚烧土地的地方，它们的种群正在衰退。像橙腹鹦鹉一样，该物种是生活在偏远地区并依赖人类的另一个典型稀有物种。自然很少像我们想象的那般“自然”。

澳大利亚是由不断涌现的大型工程师塑造的。恐龙之后是大型哺乳动物，然后是人类——首先是原住民，接着是欧洲人和他们带来的牲畜。蒂姆·弗兰纳里讲道：“我们（智人）是澳大利亚最后的巨型动物群。我们的生态位相当于双门齿兽（Diprotodon）、袋狮

(Thylacoleo)和所有其他大型动物。”可见我们某些方面的影响力也不落下风。

生态系统工程师的概念有其缺陷，但我喜欢其将人类某些方面的作用与水牛、河狸及其他野兽相提并论的方式，这个观点不认为人类是独一无二的物种，具有独一无二的破坏性*（人类极具破坏性，但这是因为人的数量太多，不是因为人的行为在本质上是“非自然的”）。它还提供了一种将人类行为（如纵火）与动物的影响（如啃食草地）等同起来的方法。褐蛇喜欢围场，绿纹树蛙喜欢水坝，这是有道理的。这意味着，我们和动物确实有很多共通性。动物们经常密切地共存，这有助于解释为何其他动物（和植物）经常选择与人类生活在一起。我们人类是一种体型庞大、数量丰富的哺乳动物，能够集中养分和水，并显著地塑造景观。如接下来的两章所示，动物和植物不可避免地会对这些变化做出反应。

* 生态系统工程师理论存在尺度问题。对于一只蚂蚁而言，每只老鼠和蜥蜴的抓挠都算作重大的工程壮举，这意味着大多数动物都是工程师。该理论也未能考虑到由火和洪水产生的非生物工程。

第 5 章

污水生态学

——野生动物需要人类废弃物

"污事难免。"

——汤姆·汉克斯，《阿甘正传》(1994)

在塔斯马尼亚岛以南波涛汹涌的海面上矗立着一块岩石，称为佩德拉布兰卡礁（Pedra Branca）。这个面积2.5公顷的圆顶状岩礁几乎不长植物，它是一种稀有爬行动物"佩德拉布兰卡石龙子"（*Niveoscincus palfreymani*）的最后家园。这种动物之所以能够幸存下来，只是因为塘鹅来这块岩礁上繁育后代。成年石龙子完全靠捡食塘鹅掉下的鱼肉块为生。佩德拉布兰卡石龙子的生活离不开废弃物，几乎完全依赖于鸟类的残羹剩饭和呕吐物。

蜣螂也靠摄食废弃物为生，某些吃树袋熊和鹦鹉粪便的毛虫亦是如此。还有些受鸟粪滋养的植物（ornithocoprophiles）在海鸟栖息地的被污染土壤中生长得最茂盛。在大堡礁岛屿群，玄燕鸥（*Anous stolidus*）在抗风桐

（*Pisonia grandis*）的树枝上筑巢，既为树木施肥，又传播它们的黏性种子。若玄燕鸥放弃了岛屿栖息地，树木经常会因缺乏肥料而日渐枯萎。在南澳大利亚，我曾游到企鹅和海鸥繁育后代的一个岩石平台上，寻找多叶独行菜（*Lepidium foliosum*），这种少见的草本植物只生长在海鸟聚集的地方。

废弃物通常对野生生物很重要，在澳大利亚这片最贫瘠的土地上尤其如此。在这里，主要的废物生产者是智人。我们的粪便和厨余物维系着庞大的动植物群落，影响远达西伯利亚和南美洲的生态系统。观察我们的废弃物流向何处是一种研究方式，能够揭示我们对野生生物有多么重要，以及其他物种如何利用我们创造的机会。

悉尼产生的污水通过3个深水排放口流入海洋。这些排放口位于海底基岩中2～4千米长的隧道里，配有成排的扩散器端口，用以分散细小废弃物。其中最小的邦迪（Bondi）排污口每天也能排出17亿升的厕所和厨房污物。在排放口开始泵水后进行的调查表明，悉尼的抽水马桶和厨房水池为大量海洋生物提供了食物。在扩散器周围的细沉积物中，生物学家发现贝类、蠕虫和甲壳类动物的数量有所增加。他们发现了更多底栖鱼类，主要是以这些生物为食的鱼，包括比目鱼、魴鮄（红体绿鳍鱼）和福氏拟婢鰯（*Latridopsis forsteri*）。拖网渔船经常捕捞这些鱼，因此悉尼的一些污水会重新回到人类食物链中。当你从炸鱼薯条店购买碎鱼肉时，你很可能会吃到在排污口周围进食的魔鬼鱼的鱼翅。负责这项调查的尼克·奥特威（Nick Otway）认为，排污口周围可能会形成生态区，即一个内部区域，一些高耐受度的无脊椎动物聚集在那里，周围环绕着一个更具多样性的区域，有许多物种受益于中等营养水平。在此范围之外，物种数量下降至自然水平。悉尼的水域营养贫乏，以至于污水确实很重要，尽管只有某些物种因此繁盛，而其他物种则远离。

在这些排污隧道建成前的多年间，悉尼的大部分污水都通过3个悬崖面排放口排出——邦迪（Bondi）、北角（North Head）和马拉巴尔（Malabar）。信不信由你，1916～1972年间，马拉巴尔排放的污水养活了大量现已濒临灭绝的漂泊信天翁（*Diomedea exulans*）。基思·欣德伍德（Keith Hindwood）在其发表于1955年的文章《海鸟和污水》中，讲述了这条排污管道是如何为悉尼与植物学湾（Botany Bay）之间的工厂提供服务的："该地区得到服务的行业包括毛皮商、制革厂、羊毛洗涤厂、明胶厂、早餐谷物工厂、各类炉水处理厂、小商品和其他食品加工厂，以及从鸟类学的角度看可能是最重要的位于悉尼康宝树湾的屠宰场。"每天从这里流出的污水多达3000万加仑（约1.14亿升）。信天翁吞下"屠宰场产生的废弃物，以及处理羊毛皮后产生的脂肪性物质"。每只羊可产生0.3千克废弃物，每头猪、小牛和奶牛可产生0.5千克，总计每天产生1.8吨的猪油、筋膜和其他污物。

无线电跟踪研究表明，信天翁很少飞过大陆架，但当海面平静时，马拉巴尔排污口外的羽流就像一条猪油河，将体型庞大的信天翁径直引诱到悬崖上。为鸟类做标记的生物学家哈里·巴塔姆（Harry Battam）记得，有一条约60米宽的水柱向外海延伸了几英里。他告诉我："在晴朗的日子里，你可以看到污水羽流直冲地平线。"信天翁有敏锐的嗅觉，它们无疑能够闻到羽流中有些什么。

哈里告诉我说："信天翁就像狗一样，是贪婪的摄食动物。它们一次暴食2～3千克，然后一天都坐着消化食物。"他记得曾看到成百上千只白色大鸟坐在污水羽流中消化污物，它们的周围满是粪便、避孕套和卫生纸。多达700只鸟来到悉尼觅食，据哈里估计，这是世界上最大的漂泊信天翁聚集地。现在它们已濒临灭绝，全球仅有4.3万只。一系列研究表明，到悉尼摄食的漂泊信天翁来自它们的大部分（如果不是全部）繁殖地，包括太平洋西南部的麦夸里岛（Macquarie Island）、新西兰以南岛屿、马达加斯加以南的克罗泽岛（Crozet Island）和南美洲以东岛屿。来自最偏远栖息地的信天翁往返飞行3万千米，到悉尼海岸的排污水上增肥。信天翁隔年繁殖一次，在繁殖的间隙补足减掉的体重，而屠宰场的废弃物显然是补充营养的理想选择——比它们通常食用的死墨鱼和鱿鱼要好得多。

当悉尼采用了更好的污水处理方式时，每个人都欢呼雀跃，但没有人考虑到信天翁。当地信天翁的数量急剧下降。南乔治亚岛和爱德华王子岛（信天翁的最远栖息地，比南美洲还要远）的信天翁不再过来了——只为鱿鱼飞这么远可不划算。如今，信天翁在濒危物种名单上位居前列，每个人都责怪延绳钓渔民（信天翁在鱼钩上丧生），但哈里和同事林赛·史密斯（Lindsay Smith）有不同的想法：他们怀疑，信天翁的濒危部分归咎于污水处理的变化，并在给澳大利亚政府的一份报告中做了上述表示。

悉尼的那些屠宰场还养育了黑眉信天翁（*Thalassarche melanophrys*）、南方贼鸥（*Stercorarius skua lonnbergi*）、大暴风鹱（*Macronectes giganteus*）的北方和南方亚种（一次最多可达300只）和成群的海鸥。在赤道以南，没有其他城市养育了如此众多的大型鸟类。作为南半球最大的富含养分的水源，悉尼成为了鸟类的终极食槽。

20世纪80年代，屠宰场关闭，奥委会征用康宝树湾为奥运场所。绿纹树蛙搬进了屠宰场的旧养分沉淀池。一个濒危物种（信天翁）受难，同时另一个濒危物种（绿纹树蛙）获益。

布里斯班产生的污水大部分在行李点（Luggage Point）再生水厂排放，此处的海流将污水向北输送。附近的泥滩吸引了大量涉禽前来，尤其是斑尾塍鹬（*Limosa lapponica*）、弯嘴滨鹬（*Calidris ferruginea*）和大滨鹬（*Calidris tenuirostris*）。污水显然滋养了这些鸟的猎物——喜欢泥沼的生物。早在20世纪80年代，当污水处理不善时，行李点成为了海湾中最繁忙的聚会场所，经常吸引1.5万只涉禽前来，有时几乎两倍于此。矶鹬（*Actitis hypoleucos*）和大滨鹬的数量在秋季达到顶峰，然后它们向北飞往在西伯利亚的繁殖地，开始史诗般的大迁徙。它们比其他大部分涉禽飞得更远，因为污水养育的肥美蠕虫为它们的迁徙提供了充裕的能量。矶鹬在北极苔原融化的积雪间筑巢，并将雏鸟带往沼泽觅食。在离开澳大利亚之前，矶鹬迅速沉积脂肪，每天可高达3.9克，而它们飞到苔原时已经瘦弱了。我愿意认为，我冲厕所的行为，帮助了这些鸟飞抵西伯利亚。20世纪60年代，在布里斯班周围很少看到大滨鹬，但20年后，海湾中有多达2500只大滨鹬栖息在这里。我曾帮助涉禽专家彼得·德里斯科尔（Peter Driscoll）用炮网捕捉这些鸟，给它们做标记。行李点再生水厂不再吸引大量涉禽前来，大滨鹬的数量也骤降。彼得表示，他将此归咎于改进的污水处理系统，但也只有间接证据。

墨尔本一半的污水输送到一座巨大的沉淀池中，该设施位于城市以西35千米处、海湾边缘的威勒比（Werribee）郊区。19世纪初的墨尔本臭气熏天。人们当时将废弃物倾倒在开放的街道沟渠中，然后这些沟渠汇入亚拉河，使得这条河承担了水源兼下水道的功能。1852年，克莱门特·霍奇金森（Clement Hodgkinson）为参议院调查撰写文章，抱怨后院“堆积如山的腐烂物和各种垃圾，其数量比我在英国和欧洲大陆最肮脏的城镇里最糟糕的地方见过的还要多”。他谈到有地基的建筑物“因液体排泄物造成的底土饱和而严重受损”。那时墨尔本的霍乱和痢疾死亡率在国外臭名昭著。

1888年，一个皇家委员会提议开发一处像样的污水处理场。威勒比的土地具有降雨量少和土壤多孔的优势。1897年，墨尔本的第一批住宅与污水处理场连通，一个泵站（今天的科学博物馆）向西输送废弃物。20世纪30年代留下的潟湖现在还占地1500多公顷。威勒比的发展日新月异，经过处理的废弃物为放牧成千上万头牛羊的牧场施肥。肉类和羊毛的销售支付了运营成本。它很可能是世界上唯一拥有剪羊毛棚的污水处理厂（它还配有一个足球场、一座教堂和一所学校）。每天墨尔本北部、中部和西部郊区的100多万人口产生的5亿升污物（厕所、厨房和一些工业废弃物）汇入这座污水处理场*。威勒比

---

* 墨尔本还有其他污水处理厂。东部污水处理厂于1975年启用，将处理后的污水注入开普斯兰克（Cape Schanck）附近的巴斯海峡（Bass Strait）。

是鸟类和观鸟者的天堂，潟湖和泥滩上遍布水鸟和涉禽。1992年，在对维多利亚州水禽的统计中，威勒比的水禽数量和种类在659个湿地中名列第一。有时，维多利亚州一半的涉禽和近20%的鸭子都聚集在水质疑似不佳的水域周围。这里是干旱期间澳大利亚内陆鸭子的主要避难所。鸟类计数器在那里统计到了10万只鹮、数千只凤头䴙䴘（*Podiceps cristatus*）、1000只鸬鹚和数百只其他鸟类。来自亚洲的离群鸟类经常出现，鸟类物种数量总计超过250种。威勒比臭池（pooey pools）受到《拉姆萨尔公约》的保护。威勒比的一部分于1921年成为保护区，并于1983年被世界自然保护联盟宣布为"国际重要湿地"。它现已列入6项国际公约。

我最近与鸟类学家罗汉·克拉克（Rohan Clarke）重访了西部污水处理厂（威勒比污水处理厂的正式名称）。我们开车经过新鲜的沉淀池，池中漆黑、发臭、没有涉禽，只有几只海鸥。有很多鸟（主要是鸭子）栖居在远处池塘里，那里的水沉淀更久、更澄清。有两个浅水沉淀池供涉禽使用，其中的"55号东部生态保护潟湖"为大量矶鹬和滨鹬提供了庇护所。在这里，我们遇到一位退休水管工鲍勃·斯温德利（Bob Swindley），他定期会对鸟类进行计数。他说："2001年1月，我们有8.5万只鸟。"他认为，在干旱期间，涉禽过得最好，因为人们会为节约用水减少冲厕次数，导致沉淀池水位降低。

威勒比总是生机勃勃。鸭子、天鹅、白骨顶（*Fulica atra*）、黑水鸡（*Gallinula chloropus*）和䴙䴘（*Podicedidae*）在水域中聚集；芦苇丛中栖息着秧鸡和苇莺（*Acrocephalus*）；围场养育了鹮和（濒危的）橙腹鹦鹉；天空中到处都是燕子（看起来像火中升起的灰烬）。墨尔本的"厕所运动"所衍生的爬虫、蠕虫和有机残渣支撑着鸟类的食物来源。爬行动物也在这里蓬勃发展。在66千米的排水沟沿线，生活在野草丛中的虫子养肥了绿纹树蛙，进而为虎蛇（*Notechis scutatus*）提供了充沛的食物——这意味着当墨尔本人冲厕所时，致命的毒蛇也会受益。

经过处理的污水最终通过4条排放管道流入菲利普港湾（Port Phillip Bay）。生物学家经过观察，发现了丰富的底栖生物（海底种群），有成群的食腐动物和食碎屑动物。红角沙蚕（*Ceratonereis erythraeensis*）的密度达到每平方米1.4万条，它们是滨鹬和矶鹬的主要食物。潮间带珊瑚礁上挤满了受到肥料滋养的海藻草皮，包括匍匐石花菜（*Gelidium pusillum*）、硬石莼（*Ulva rigida*）和珊瑚藻（*Corallina officinalis*）。当腐烂的海藻堆积在墨尔本海滩上时，人们有时会归咎于富营养化（来自污水的污染）。石莼（*Ulva*）也在邦迪海滩周围的岩石上繁茂生长，它们是很好的污染标志生物。如果你真的致力于回收利用，食用它们是不错的选择。石莼吸引端足类和桡足类等小型甲壳类动物前来，它们以生活在"叶片"上的硅藻为食，自身又成为鱼类的食物，以此为食物链提供营养。

在菲利普港湾的污染物中，1/2的氮和2/3的磷来自威勒比污水处理厂的排放。1997年，维多利亚州环境保护局要求它每年减少500吨的氮排放。但观鸟者担心，更清洁的水将意味着涉禽数量的减少。他们为排放管周围的所有滨鹬和矶鹬感到不安。墨尔本水务公司希望涉禽能去浅污水池中觅食。这不太可能："55号东部生态保护潟湖"是一个真正的涉禽栖息地。澳大利亚环境部也关注鸟类，并根据国际鸟类公约行使相当大的权力。墨尔本水务公司面临一项挑战：如何令一个环境机构满意，且不会激怒另一个。谈判还在进行中。

世界各地的污水处理场都吸引着鸟类和观鸟者前来。南非开普敦的污水处理池养育着火烈鸟（*Phoenicopteridae*），而巴厘岛的水池则吸引鹭（*Ardeidae*）和水鸭（*Anas*）。英国的观鸟者对污水处理厂小型化的趋势感到担忧。污水处理场在设计上应当考虑到动物群。口号应该是"屎关重大"。恶臭的水池往往是外国离群鸟类的热点栖息地。1999年，澳大利亚有史以来第一次记录到一只小鹈鹕进入达尔文的污水处理设施。1995年，在澳大利亚发现的第一只树鸭（*Dendrocygna*）到访了韦帕（Weipa）的污水处理池。鸟类很可能已意识到，无论在世界何处，成片的矩形水池必定很丰饶。观鸟者一定也认识到了这一点。在最近的一次旅行中，罗汉·克拉克参观了黑德兰港（Port Hedland）、布鲁姆（Broome）、德比（Derby）、卡拉萨（Karratha）、霍尔溪（Hall's Creek）、温德姆（Wyndham）、库努纳拉（Kununurra）和艾丽斯泉（Alice Springs）的污水处理厂。他最喜欢艾丽斯泉。"那里的大门半开着，允许观鸟者进入。通过一条小路，人们可以坐在阴凉处的观景亭看鸟，盒子里有一份完整的鸟类名录。"以艾丽斯泉为代表的几座污水处理厂正在转变为旅游目的地。

在一篇名为《澳大利亚的大型污水处理场》的文章中，鸟类学家大卫·安德鲁（David Andrew）将这些设施描述为"很可能是度假目的地中的秘境——没有门票，没有人群，观鸟体验很棒"。最近我去黑德兰港，询问去污水处理池的路，信息中心的那位女士眼皮都没抬一下——她常听到这个问题。罗汉确信鸟类会以污水池为目标，因为那里可以提供更多食物。"还有很多别的湿地可以去，不过鸟类较少，或者干脆没有。"罗汉在霍尔溪的一个沉淀池里看到了1000只鸭子。"一个小水池中能挤这么多禽类，那可是相当惊人了。"污水很重要。

海鸥可能是最先领会这个事实的鸟类。当肮脏凌乱的英国人接管澳大利亚时，它们的运气就发生了转变。今天，澳洲银鸥（*Chroicocephalus novaehollandiae*）这个常见物种在任何提供免费食物的地方用餐——我们的商场、公园、港口、垃圾弃置场、学校、屠宰场。就像垃圾箱里的绿头苍蝇一样，银鸥会在人类的垃圾上繁殖后代。我们的城镇现在好似海鸥工厂，生产出大量吞食垃圾的鸟类。海鸥在富营养的污水中生生不息。

澳大利亚最大的两片海鸥筑巢地占据了与悉尼和墨尔本相连的许多小岛，每一片都容纳着8万～10万只海鸥。这些鸟之城也反映了我们城市的景象。专家认为，在1770年之前，任何海鸥栖息地都不会有超过2000只鸟，如今其规模有过去的10倍大。悉尼的海鸥筑巢地位于伍朗贡（Woollongong）外海的五岛，容纳了新南威尔士州所有繁殖期海鸥的70%之多。该州的海鸥种群与人类种群一样集中。

海鸥善于长途飞行。一只在洛坎普顿标记的海鸥出现在塔斯马尼亚岛上。阿德莱德的海鸥会造访维多利亚州和新南威尔士州。它们如此精明，运动能力如此之强，故能够利用大量机会。事实证明，海鸥对一种观赏鸟——斑长脚鹬构成了灾难性的影响。

人们在发现斑长脚鹬（*Cladorhynchus leucocephalus*）100年后，仍不清楚它们在哪里产蛋，许多专家猜测这种鸟会到海外繁殖。但实际上，这种黑白拼色的长腿鸟类会在沙漠难得的降雨之后繁殖后代，它们成群涌入澳大利亚内陆，在广阔盐湖的岛屿和沙嘴上筑巢。成鸟从咸水湖中捕捉虾喂给雏鸟，使它们迅速增肥。在澳大利亚2/3的领土上（东部），仅记录到4次斑长脚鹬筑巢事件（尽管其他筑巢事件显然也在大量发生）：1930年卡拉伯纳湖（Lake Callabonna）、1989年托伦斯湖（Lake Torrens）以及1997年和2000年艾尔湖（Lake Eyre）。澳大利亚东部的所有斑长脚鹬都在相隔多年的降雨之后同步繁殖。

1989年，当托伦斯湖在20世纪第一次被雨水填满时，基思·贝尔钱伯斯（Keith Bellchambers）和格雷厄姆·卡彭特（Graham Carpenter）前去看斑长脚鹬，结果目睹了一场屠杀。银鸥正劫掠斑长脚鹬的巢穴，大肆捕食鸟蛋和雏鸟。斑长脚鹬无法击退掠夺者，丧失了60%的后代。生物学家感到惊讶，得出结论：“海鸥大规模的捕食行为对斑长脚鹬形成了新的危险，它们过去不必应对这种威胁，而且在进化上尚不具有战斗能力。”1930年，当斑长脚鹬在卡拉伯纳湖筑巢时，虽然确实受到了渡鸦和猛禽的袭击，不过当时只出现了几只海鸥。

艾尔湖在2000年3月初被雨水填满，斑长脚鹬很快就抵达了。鸟类学家克莱夫·明顿（Clive Minton）在4月去记录了该事件。在一块三角形沙地上，他数出了9000个斑长脚鹬鸟巢。他还统计出有2152对海鸥在附近喧闹着筑巢（以及数千个鹈鹕鸟巢）。他告诉我：“我们每天坐在80米外观察斑长脚鹬栖息地，长达几个小时，结果观察到一件恐怖的事：银鸥每分钟捕食两只蛋或雏鸟。每分钟都有7只新的银鸥飞来。”这场屠杀一直持续到深夜，克莱夫能听到斑长脚鹬和海鸥的叫声。他估计斑长脚鹬每天损失1500只蛋或雏鸟。5天后，仅剩下1/3的鸟巢，又过了3天，鸟巢全部消失。斑长脚鹬离开了，只有322只幼鸟到达了水中。

2000年4月底或5月初，昆士兰州的洪水涌入湖中，斑长脚鹬再次尝试筑巢繁殖。它们产下了1万枚蛋，而6000只海鸥也出现了。经过持续六天六夜的大屠杀，斑长脚鹬放弃了。一天夜里，它们飞上天空离开了。克莱夫估计这次斑长脚鹬损失了3万枚蛋。“我此前从未见识过，世界上任何地方的任何动物或鸟类会以这种规模捕食其他动物或鸟类。”

2000年6月，斑长脚鹬在一个新岛上集结，再次尝试繁殖。海鸥也在集结。但这一次，国家公园已做好了准备。工作人员投下了数千个毒饵，3500只海鸥及时被毒杀。护林员几乎每天都飞越岛屿，确保剩余的海鸥不会造成问题。繁殖的3.6万只斑长脚鹬产下了大约4万只雏鸟，足以保证下一代的成长。如果国家公园未出手干预，澳大利亚东南部的斑长脚鹬种群可能已经灭亡。

时至8月，成年斑长脚鹬已在照料大批幼鸟。随后，我就袭击事件询问了南澳大利亚国家公园的彼得·亚历山大（Peter Alexander）。他回答道：“我认为这可能会成为一个非常严重的问题。斑长脚鹬有可能很快就会归入濒危物种的范畴。这个物种将会依赖人类的干预来生存。”由于数百千米之外城镇居民的浪费行为，一种温顺的鸟遭遇到了大麻烦。克莱夫说，当艾尔湖的湖水填满的时候，银鸥离开了300千米外的奥古斯塔港，阿德莱德的银鸥也大批前来掠食。还有更多类似的因果关系跨越遥远距离产生作用：在西伯利亚、南美洲外海岛屿、马达加斯加和艾尔湖——我们的废弃物影响着全世界的生态系统。

没有人知道，斑长脚鹬和海鸥如何判断沙漠湖泊何时被雨水填满。克莱夫·明顿对我说："这个问题没有答案。阿尔托纳和墨尔本没有下雨，那里的斑长脚鹬又如何会知道发生了这场大洪水？"但鹈鹕和红嘴巨鸥（*Sterna caspia*）也都知道湖水满了。他说："2月，2000只红耳鸭（*Malacorhynchus membranaceus*）还栖息在威勒比，突然间，新南威尔士州北部和昆士兰州下起了雨，它们就消失了。有一种理论认为，鸟类可以听到次声，因而能够探测到数千英里外的风暴。我觉得这实在太令人费解了。"西澳大利亚州也分布着斑长脚鹬，在海鸥尚未造访的内陆湖泊周围繁殖。让我们为斑长脚鹬祈求好运吧。

我在第16章会讲到，海鸥是许多鸟类的敌害。它们也给我们造成麻烦：与飞机相撞，散播野草种子，用可携带沙门氏菌和大肠杆菌的排泄物污染我们的供水系统。悉尼的主要机场在8年内发生了158起海鸥袭击事件。有时，人们会给有问题的海鸥喂食致幻剂，以达到驱离的目的。事实证明，世界各地的海鸥都对人类和野生动物造成困扰。它们凸显了本书的主题：因人类而受益的动物（赢家）可能会给其他物种造成麻烦。沙漠中的斑长脚鹬根本不会受到人类的威胁，但我们通过喂养它们的敌害，间接地伤害了它们。

并非所有消息都是坏消息。在墨尔本，贪食的海鸥正在确保一种稀有植物的美好未来。20世纪70年代，海岸蜀葵（*Lavatera plebeia* var. *tomentosa*）突然出现于菲利普港湾的淤泥群岛（Mud Islands）——墨尔本海鸥的繁殖地。这种细长灌木的花类似白色木槿花。海岸蜀葵适于在鸟类施肥的土壤中生长。20世纪60年代，海鸥从墨尔本港被驱逐后，迁移到了这些岛屿上。1990年，鹮也来到这里，它们可能来自贝拉林半岛，因为同年该半岛的里迪沼泽失去了鹮群的栖息地。从未有人知道蓑颈白鹮（*Threskiornis spinicollis*）和白鹮（*Threskiornis melanocephalus*）在岛屿上筑巢。据植物学家杰夫·尤戈维奇（Jeff Yugovic）的观察，蜀葵占据了主岛的一半，形成了已知最大的种群。鹮通过淘汰竞争者的方式来帮助蜀葵：它们折断曾为岛上优势物种的海岸滨藜（*Atriplex cinerea*）的茎来筑巢，而蜀葵茎含有太多纤维，鸟类不易折断。鹮鸟主要以大陆的农作物及墨尔本和吉朗（Geelong）的海鸥为食，所以如果我在墨尔本菲兹罗伊花园向一只海鸥喂食一块薯片，我很可能是在给55千米外生长的一种稀有灌木施肥。

我们的废弃物对其他鸟类也很重要，包括公路沿线的乌鸦和渡鸦、公园里的鸭子和鹮、渔场上的海鸟以及乡村垃圾场的鸢。黑鸢是一种优雅的鸟类，会乘着澳大利亚内陆的上升热气流搜寻在公路上意外撞死的动物、农场的腐肉、袋鼠猎手的营地和混浊水池中垂死的鱼。它们聚集在乡镇周围规模庞大的肉类加工厂和垃圾场，寻找食物度过旱季。在1958年的干旱期，有5000只黑鸢来到伊萨山（Mt Isa），另有1000只黑鸢找到了前往伊普斯威奇屠宰场的路，这远远超出了它们通常的活动范围。有人在一处养猪场里数出了多达2800只鸢。就像海鸥一样，鸢会肆无忌惮地利用人类。我看到它们在伊萨山花园的低空翱翔，专心寻找狗骨头。莱卡特（Leichhardt）和斯图尔特（Sturt）的试验表明，早在数千年前，鸢就在利用我们，今天它们仍在偏远的原住民营地探查食物。它们甚至把我们的废弃物用作鱼饵。有人曾看到一只鸢把面包扔进河里，引诱鱼和虾游到水面上；另一只鸢则使用薯片。

鸟类到人类身边蹭食很可能是地球上人与野生动物之间最广泛的联系。即使是最偏远海洋上的鸟也知道，船只代表食物。一些世界上最稀有的海鸟会跟随船只。当捕鱼的拖网拉起时，信天翁就会攀到渔网上找食物吃。观鸟者在租船寻找稀有的远洋物种时，会向海中抛出诱饵吸引海洋生物前来。我见过许多大暴风鹱、燕鸥和信天翁在一艘船的尾流上方飞行，它们被滑溜、美味的鲨肝块从大老远吸引过来。许多海鸟都具有非凡的嗅觉。

目前，对虾拖网渔船在海鸟经济中发挥着至关重要的作用。在摩顿湾，斑鸬鹚（*Phalacrocorax varius*）、小斑鸬鹚（*Microcarbo melanoleucos*）和大凤头燕鸥（*Sterna bergiii*）主要以渔业丢弃物为食。在卡奔塔利亚湾（Gulf of Carpentaria），海鸟靠摄食拖网渔船的废弃物繁衍生息。基岩岛（Rocky Island）上的褐鲣鸟（*Sula leucogaster*）是一种上体棕褐色的大型海鸟，它们的数量从1982年的2800对增加到了1991年的6000～8000对。军舰鸟（*Fregata*）的数量增加了两倍。

拖网渔船每捕捞1吨对虾，就会杀死5～10吨的海洋生物（主要是鱼）。这类副渔获物中有50%～70%会沉入海底，在到达海床的1小时内被吃掉，主要是落入螃蟹和鲨鱼之口。摩顿湾的远海梭子蟹（*Portunus pelagicus*）有1/3的食物来自拖网渔船。它们在沙质海床上呈"之"字前行，抓起从船上扔到海中的死鱼。螃蟹本身也是拖网捕捞的对象，因此一些拖网渔船的废弃物最终进入了人类食物链。夏天在海湾工作的20艘拖网渔船每晚共倾倒约7吨废弃物，其中鸟类吃掉约10%，海豚和鲨鱼吃掉一点，海底的螃蟹则会吃掉很多。跟随拖网渔船的海豚经常被鲨鱼咬伤。

我应当顺便提及拖网捕鱼的其他影响。拖网沿着海底拖拽时会造成难以置信的破坏，摧毁珊瑚和海绵（"彻底清扫海底"）。但不知何故，对虾可从中受益，它们以更大的数量返回被拖网损坏的海域。因此，拖网渔船相当于在海床上"饲养"了对虾。一些鱼也会受益。卡奔塔利亚湾的一项研究发现，有18种鱼的数量减少，但也有12种数量有所增加。某些鱼类是澳大利亚和东南亚拖网渔场的标志特征。但拖网捕捞的破坏性终归太大了，尽管会给一些鸟类、螃蟹和鱼类带来好处，我还是拒绝吃对虾。

从农场流入海洋的肥料也滋养了一些海洋生物。20世纪70年代初，当大堡礁上的棘冠海星（*Acanthaster planci*）数量剧增时，专家们曾争论这是否是自然发生事件。他们至今仍在争论。在最近一次爆发中，2900个珊瑚礁中约有500个受到伤害。旅游经营者被迫杀死大量海星，以保护他们赖以维生的珊瑚礁。尽管城镇和奶牛围场也向海中输送了养分，但人们仍将海星爆发灾害归咎于甘蔗农场的肥料径流。推理如下：海星的繁殖力极其旺盛，每只海星可产生多达1亿只幼虫，它们以藻类为食，而营养物会促进藻类生长。更多甘蔗意味着更多营养物流入大海，进而意味着海星激增和珊瑚减少。珊瑚礁每年吸收多达7.7万吨的氮和1.1万吨的磷——或许足以提高幼海星的生存率。啃食珊瑚的海蜗牛——小核果螺（*Drupella*）也会伤害珊瑚礁，它们也可能因农场和城镇径流的营养物而获益。

营养物质也可帮助海藻（马尾藻）取代某些珊瑚礁上的珊瑚。在南澳大利亚，从农场径流入海的过磷酸钙可滋养海神草（*Posidonia*）和丝根藻（*Amphibolis*）的海草床，使其不断扩大。巨大鞘丝藻（*Lyngbya majuscula*）是种令人厌恶的海藻（严格归类为一种蓝藻），现已覆盖了昆士兰州南部30平方千米的海底，部分可归咎于富营养化（铁也起作用），渔民对这种藻的侵扰深感不安。营养物还促进了水坝中有毒蓝绿藻的生长。1992年，墨累—达令河沿岸出现了1000千米长的藻华。巨大鞘丝藻和蓝绿藻的毒性很强，因为繁茂生长的藻类需要以毒素充分武装自身，以抵御捕食者。

在城市中，我们的废弃物滋养着树木。悉尼和布里斯班周围的红树林正在蔓延，这一定程度上是由污染物促成的。布里斯班主下水道下游的红树林长着富含氮的叶片。当暴风雨过后，悉尼的下水道溢流到林区，暴雨水管道输送来食物残渣和肥皂水。植物会对这种免费肥料产生显著反应。根据它们对污水和肥皂的反应，悉尼的林地可划分为3种类型：厌恶污水肥料的砂岩荒地群落，受益于适度污水的湿硬叶植物群落，以及一种喜欢污水的受干扰森林类型。悉尼污水滋养的森林野草丛生，其中有大量的香樟树和女贞，但是一些本土植物也茁壮成长，尤其是波叶海桐（*Pittosporum undulatum*）、毛轴海桐（*Pittosporum revolutum*）和澳杨（*Homalanthus nutans*）。波叶海桐非常喜欢污染，已成为主要的入侵物种。对悉尼附近澳杨叶片进行的测试表明，土壤吸收了极高浓度的磷。

根据植物学家安妮玛丽·克莱门茨（Annemarie Clements）的表

述，悉尼周围的森林演替情况如下。如果在贫瘠的砂岩中添加肥皂水，欧石南丛生的荒地就会转化为湿硬叶植物群落，番樱桃、杜英和欧洲蕨生长状态良好。但是，如果肥皂水进入肥沃的页岩衍生土壤，野草和海桐就会大量生长。河岸也会发生变化。受污染的水域适合原生的眼子菜（*Potamogeton tricarinatus*）和嗜磷的莎草。城市（花园和丛林中）的营养物变化使干旱林区转变为类似热带雨林的群落。入侵悉尼和布里斯班花园的“野生植物”也包括当地的热带雨林树木。向热带雨林变迁的环境有利于环尾袋貂生存，它们喜欢茂密婆娑的叶子，裸眼鹂、噪钟鹊和灌丛火鸡也同样喜欢。

数千至上万年前，人类的排泄物具有重要的生态作用。这方面的证据来自最近对蜣螂和灌木丛蝇的研究。昆虫学家伊安·费斯富尔（Ian Faithfull）对澳大利亚联邦科学与工业研究组织（CSIRO）所做的一些生物防治工作的合理性提出了挑战，CSIRO认为我们的原生蜣螂不适应牛粪，于是引进了45个外来物种（主要是来自非洲）来清理农场。其中17种在澳大利亚定居下来，有几种已在围场中收获了大量粪便。但伊安发现，关于本地蜣螂更喜欢有袋动物的干燥小颗粒粪便的假设，支持证据很有限。人们已知，利用牛粪的本地种蜣螂更多（85种），而利用有袋动物粪便的为60种，尽管这些数据仅部分反映了搜索工作的结果*。

在人类粪便中发现的本地蜣螂数量最引人注目：总共214种。之所以能获得这一发现，是因为科学家从实际出发，使用他们自己的排泄物引诱蜣螂。伊安指出，被人粪吸引而来的蜣螂未必将其作为食物或繁殖之用。“尽管如此，”他写道，“在我看来，大多数种类的成年蜣螂都可能以人粪为食。人类粪便在大小、形状、黏稠度、成分、水分含量等方面差异很大，提供了广泛的物理和化学性质，进一步提高了被

* 上述数据统计了嗜粪的蜉金龟亚科（Aphodiinae）物种以及金龟子亚科（Scarabaeinae）物种。

多样化物种利用的可能性。”当巨型动物在很久以前灭亡时，专门利用其粪便的蜣螂并不注定灭亡，人类粪便可作为替代品，然后牛粪成为其目标。伊安怀疑，澳大利亚的某些蜣螂甚至可能已经进化为人类粪便专家，这个断言针对的是某些南美蜣螂。蜣螂似乎确实喜欢人类排泄物，当我蹲在灌木丛中时，蜣螂有时在我完成排泄前就飞过来了。

本地的灌木丛蝇（*Musca vetustissima*）也喜欢人类粪便，它们还会涌向人的脸庞，舔食眼睛、鼻子和嘴分泌的液体中的蛋白质。早在1629年，弗朗索瓦·佩尔萨特（François Pelsaert）在西澳大利亚就发现它们令人烦恼：“我们在这里也发现了大量苍蝇，它们落在我们的嘴上，还爬进我们的眼睛，我们无法挡开它们。”原住民饱受其困扰。1688年，威廉·丹皮尔（William Dampier）指出：“原住民的眼睑总是半闭着，以防苍蝇钻进眼睛，它们在这里造成太多麻烦了。”那时，大部分灌木丛蝇都会在人类排泄物中繁殖——因为比袋鼠的颗粒粪便更湿润、量更多。每团人粪平均会产生150只苍蝇。当巨型动物漫步时，灌木丛蝇一定过得很好，今天它们的生存状态更佳。如今，它们在数百万堆牛粪间繁殖。牛每天会排泄十多次，而每次可催生1500只苍蝇。CSIRO的约翰·马蒂森（John Matthiessen）和林恩·海尔斯（Lynne Hayles）指出，牛粪的性状一年四季多变：“初冬为细腻的稀牛粪，早春是松散、颗粒质的，初夏变得粗糙僵硬，夏末则质地更加细腻稀薄”。苍蝇的数量和大小反映了排泄物的质量。郁郁葱葱的绿色牧场成为产生灌木丛蝇的最好培养基。

我们冲厕所或倒垃圾时，很少考虑我们的废弃物去往何方。碰巧的是，我们产生的污水确实很重要，它会影响沙漠死水潭中的鸭子、岛屿上的稀有植物、西伯利亚的涉禽和城镇附近雨林树木的生存。人与自然的联系比我们想象的更紧密。我们是庞大食物网的一部分，这食物网将我们与鲨鱼、蛇、青蛙以及其他各类物种联系在一起。

第6章
建筑物为自然服务
——动物利用人类设施

“如果我从事田野调查，我要考察的第一个地方是当地垃圾场。”

——韦斯·曼尼恩（Wes Mannion），
澳大利亚动物园爬行动物专家

在我们的城市中，摩天大楼就像一座座山峰，在混凝土“峡谷”上方高耸入云。“峡谷”底部维系着一个简单的食碎屑群落，由麻雀、鸽子、海鸥和蟑螂组成，它们贪婪地摄食垃圾和腐烂物。栖息在这条大都市食物链顶端的是体态优美的本地捕食者——游隼（*Falco peregrinus*）。在墨尔本、悉尼和布里斯班，这些猛禽飞过山峦，猛扑向公园里倒霉的鸽子。在墨尔本，我看到过一只游隼从筑巢的澳都斯电信塔上滑翔而下，向我飞来。人们给鸽子喂的许多炸薯条反倒喂胖了这些凶悍的猛禽。人们对它们的了解至多是一些羽毛会从高处的隼巢中飘落下来。

我记得有段时间，说游隼正在因双对氯苯基三氯乙烷（DDT）的影响而灭绝[1]。但真实情况恰好相反，它们入侵了我们的城市。它们穿梭游荡在珀斯、堪培拉、汤斯维尔和黄金海岸；在海外，它们占领了纽约、洛杉矶、蒙特利尔、慕尼黑和许多其他都市中心。游隼是地球上的终极速度大师——有记录的最高速度为350千米/时，是野性和广阔空间的象征。对我而言，它们的意义有所不同：生命的灵活性，以及大自然想要适应新情况的迫切希望。

游隼历来在悬崖上筑巢，但如今它们的活动范围包括桥梁、筒仓、水坝墙、矿井和采石场。在堪培拉附近，当1800千克的高爆炸药炸掉部分采石场岩壁时，旁边的一对游隼并没有受到惊吓。澳洲鹰隼也在建筑物上筑巢，在铁路调车场和工业区猎捕蚱蜢和老鼠。在更大的国际都市伦敦，有200只红隼（*Falco tinnunculus*）在教堂尖塔、起重机、电缆塔、工厂和大厦上筑巢。

今日的地貌景观是由人类塑造的。我们比天气和地质构造更能塑造土地。我们的人造结构（建筑物、水坝、道路、采石场）以及我们制造的空地对野生生物产生了重大影响。这些人造结构使景观复杂化，将资源以有用的组合方式汇集在一起：土地和水、食物和居所、空地和灌木丛。建筑物和通信设施增加了高度，这对鸟类很重要。在所有的风景中，时间流逝仿佛变得更慢，而人造景观的高度则不断增加。动物总是很擅长评估我们的建筑物，并将其用于满足自身需要。

现在，一些鸟将电线杆和电线视为带有"定制栖木"的精简型树木。站在电线上，便能一览无余地俯瞰猎物和敌害。地面上的老鼠和蜥蜴知道在树木丛生之处保持警惕，但看不到天空中的电线和那些虎视眈眈的眼睛。红隼、翠鸟和伯劳鸟总是从电线上扑向猎物。燕子也非常喜欢电线，如今你很少在树上看到它们了。燕子往往在电线和墙上的巢之间穿梭飞行，它们能在不接触天然表面的情况下度过一生。

电线杆为筑巢提供了有用的场所。乌鸦和渡鸦在发现下方道路上的腐肉时，可以方便地为它们饥饿的雏鸟取食。楔尾雕（*Aquila audax*）常在电线杆上筑巢。近一个世纪，西澳大利亚通过一条横跨纳拉伯（Nullarbor）平原的电报线路与东海岸相连通。电报线路杆比沙漠树木还要高，鸟类可以落在上面俯瞰平原。卫星和光纤使电报变得多余，线路就被拆除了。澳大利亚鸟类协会投诉说，希望每隔4根保留1根电报线路杆，作为猛禽的落脚处。协会代表人雨果·菲利普斯（Hugo Phillipps）指出："对环境价值的简单审美认知可能同生态现实产生矛盾。"电报线路杆被猛禽用作瞭望台猎捕兔子，发挥了宝贵的生态作用。

羽尾袋鼯则接管了电线杆上的电话箱。袋鼯专家西蒙·沃德（Simon Ward）指出，这些塑料房屋"温暖、干燥、入口很紧，可排除大部分竞争对手！"研究这些小袋鼯的生物学家经常跟在澳大利亚电信公司（Telstra）技术人员的身后一路标记。小蝙蝠也会使用终端盒，时常舒适地栖息于杆子顶部的金属盖下。

电报线通常沿着道路铺设，而道路有其自身的生态价值。虽然它们是晒太阳的爬行动物等许多动物的死亡陷阱，但由此产生的腐肉成为了猛禽的食物。它们在道路上方巡逻，就像在河流上方巡逻一样。在澳大利亚内陆地区，从道路上流下的雨水维持着茂盛的路缘植物群，代表性植物为纽扣草（*Dactyloctenium radulans*）、鼠尾草（*Dysphania kalpari*）和野生番茄（*Solanum*）。在艾丽斯泉附近开展研究的生物学家指出，路边的无脉相思树（*Acacia aneura*）叶片中的水分比远处的树木多，这有助于解释为什么槲寄生在道路沿线长势良好——它们喜欢繁茂的树木。青蛙在路边沟渠里繁殖，鸟类喜欢在行道树上筑巢。

夜间，小蝙蝠在穿过丛林的泥土小径上游荡，体型小巧的啄果鸟在沙地上钻巢洞（它们也在城市建筑用的沙堆中筑巢）。虹彩蚁（*Iridomyrmex*）则喜欢在旧土路上筑巢和巡逻。在位于澳大利亚西北印度洋上的圣诞岛，有一种稀有的蝙蝠喜欢沿着穿过雨林的古老小径觅食。这座小岛在19世纪80年代树木繁茂，如今处于生境碎片化的状态，但这可能更有益于蝙蝠生存。

在道路穿越小溪之处，涵洞为野生生物提供了生存优势。沿着一些乡村道路，每个涵洞的位置显而易见，因为其上方都有彩石燕（*Hirundo ariel*）环绕飞行。如今，彩石燕就像燕子一样，经常在桥梁和建筑物上筑巢，一座桥上的燕巢可多达700个。即使汹涌的洪水威胁着它们的家园，彩石燕也会潜入涵洞。涵洞很受欢迎，因为小溪提供了饮用水和筑巢用的泥浆，并吸引彩石燕捕食的飞虫前来。彩石燕还需要涵洞提供庇护，因为雨水会让它们的巢变软。洞穴、悬崖和倾斜的大树是彩石燕的传统筑巢地，但这些地方要稀少得多，通常位置也较差。非洲小雨燕也养成了在涵洞中筑巢的习性。我见过100只小雨燕在一处涵洞的上方绕飞。彩石燕巢的形状有点像瓶子，里面为黑色，小蝙蝠会占据弃用的旧巢。已知有11种蝙蝠会使用涵洞下的彩石燕旧巢，其中一些蝙蝠为稀有物种。人类建筑帮助了彩石燕，而彩石燕的“建筑”帮助了蝙蝠。

涵洞也直接为蝙蝠提供了栖身之所。在昆士兰州中部，林赛·阿格纽（Lindsay Agnew）向我展示了如何将电线插入排水孔和膨胀节，以便测量桥梁。他常在这些地方发现东部洞穴蝙蝠：它们喜欢湿度高的环境。我家附近的一个涵洞中，混凝土孔道内聚集着体型微小的弯翅蝠。林赛还指给我看涵洞混凝土裂缝中的壁虎。壁泥蜂（*Sceliphron laetum*）也喜欢涵洞，原因与彩石燕相同：此处便于获取淤泥、庇护所和昆虫猎物。

蝙蝠也喜欢栖息于人类的房屋和矿井。即便附近分布着洞穴，更多蝙蝠也通常选择居住在结构复杂的大型矿井中。澳大利亚北领地的一座古老的华人金矿容纳着世界上最大的澳洲假吸血蝠（*Macroderma gigas*）种群，这是一个稀有蝙蝠物种。在昆士兰州北部的一处矿井中，所有的叶鼻蝠（*Hipposideros terasensis*）都是橙色而非黄褐色，显然是因为矿井中的氨漂白了它们的皮毛。与洞穴和树洞相比，矿井和建筑物具有某些优势。单通风矿井比气流穿过的多孔洞穴更能保持湿度。蝙蝠裸露的翅膀会散失水分，因此湿度很重要。矿井还使蝙蝠能够入侵不形成洞穴的区域。事实证明，它们给几乎所有洞栖物种都带来了益处。

栖居屋内的蝙蝠大多为森林蝙蝠，它们在自然条件下栖息于空心树中。蝙蝠专家莱斯·霍尔告诉我："洛根市（Logan）里有所房子，几乎整个墙面都脱落了，因为里面有太多蝙蝠屎。房子的女主人很高兴看到蝙蝠，前提是它们不飞进房子。她上床睡觉时常会撑起一把雨伞，以免弄脏了头发。"莱斯讲了很多关于蝙蝠的精彩故事。"我记得有个家伙向我展示了他家坍塌的天花板的一部分。这事发生在餐厅里，地面上铺满了蝙蝠屎。幸好天花板掉落的时候他们没在吃饭。"

寄居在房屋中的其他动物包括地毯蟒（*Morelia spilota*）、黄蜂、燕子和帚尾袋貂。在我家房屋脚下的一个盒子里，一只袋貂正在睡觉。栅栏石龙子（*Cryptoblepharus virgatus*）有时会冒险爬上我家屋顶——它们喜欢能引来小昆虫降落的平坦表面。在墨尔本，石纹叶趾虎（*Christinus marmoratus*）藏身于车库、棚屋、屋顶瓦片和木柴堆中。它们在墨尔本的南郊和东郊繁殖。悉尼的叶尾虎（*Phyllurus platurus*）喜欢车库和砖墙。澳大利亚绿色雨蛙（*Litoria caerulea*）喜欢排水管出色的传声效果，以及厕所的高湿度。"在澳大利亚北部，最重要的人造青蛙生态位是公共厕所，"迈克·泰勒写道，"在厕所内部和附近，几乎可发现所有的华丽大雨蛙（*Litoria splendida*）。"这种两栖动物应当叫"华丽厕所蛙"。在一处沐浴区，泰勒发现了将近100只绿色青蛙。

栖身于建筑物中的动物很少因人类的存在而惊慌失措。19世纪40年代，当约翰·科顿（John Cotton）与妻子和9个孩子搬进古尔本河（Goulburn River）上的一间小屋时，他们受到了一只长耳啮齿动物的困扰。他写道："这是一种很漂亮的动物，但我们不得不为它设下陷阱，因为它会在商店里大肆破坏，啃咬面包。"这只动物是白足澳大利亚林鼠，现已灭绝。科顿是维多利亚州最后一位见过该物种活体的博物学家。

在殖民时代，蜘蛛也进入了室内。1844 年，路易莎·梅雷迪思（Louisa Meredith）指出："受到打扰时，蜘蛛会迅速爬走，它们总是住在墙上的图画或家具后面，引起女佣的尖叫，听着有点吓人。"我欢迎蜘蛛进到家里，因为它们捕食蟑螂。1952年，基思·麦基翁（Keith McKeown）写道："在昆士兰州，常常能见到一些人将猎人蛛放在蚊帐上，落入蜘蛛的捕捉范围内的蚊子就会被吃掉！"

每当我在森林中进行动物群调查，我都会密切留意旧棚屋。它们的房客总是很有趣：壁虎、蛇、青蛙、椽子里的本地鼠类。条边石龙子（*Elamprus martini*）从墙壁的裂缝中窥视，即使在大城市的棚屋里也是如此。在森林中，它们喜欢露出地面的岩石和倒塌的树木，这些大结构物有许多供它们栖息的裂缝。棚屋符合它们对庇护所的"搜索标准"。其他国家的爬行动物占据了考古遗址。我在缅甸的古代佛教圣地里看到过壁虎，在墨西哥的玛雅神庙里看到过鬣蜥。爬行动物在这些宗教建筑中生活得很好。

它们也喜欢我们丢弃的垃圾。我在调查昆士兰州马鲁奇多（Maroochydore）附近的一小片森林时，曾寻找爬行动物。我举起看到的每一根原木，掀起每一块树皮，但没有找到任何东西。但当我回到汽车附近，我突然看到路边野草间躺着一块碎木胶合板，我把它掀起来，里面有蛇！四条蛇盘绕在一起——三条鞭蛇和一条小眼蛇，这是一幅惊心动魄的景象。附近有块三合板，另一条渔游蛇躺在下面。走了20步，我发现一块废弃的地毯，下面还藏着一条渔游蛇。这6条蛇都栖身于野草间的垃圾下面，距离阳光高速公路仅两步之遥，这条高速公路非常繁忙，我等了5分钟才穿过。这里的生境极度退化：野草、沥青碎石、嘈杂的交通，但长期经验告诉我，爬行动物喜欢垃圾，因此我对所见也并不太惊讶。

野外考察工作者都知道这一点。如果你找蛇，不要光盯着原木，而要寻找垃圾：旧屋顶铁皮、石棉水泥、混凝土板——蛇和蜥蜴喜欢这些东西。正如爬行动物爱好者雷蒙德·霍瑟（Raymond Hoser）1996年在名为《澳大利亚爬行动物栖息地：一堆垃圾！》的文章中指出："你有没有仔细看过爬行动物相关图书中的栖息地照片？这些地方很少有人类居住或影响的迹象……然而，如果你向了解澳大利亚爬行动物的人士询问寻找蛇和蜥蜴的好地方，你会不可避免地发现：许多这样的地方都散落着锡片或其他人类垃圾。"

太真实了。他的文章列出了澳大利亚内陆的许多最热闹的垃圾场。宁根镇（Nyngan）附近的一处垃圾场里有一条西部拟眼镜蛇（*Pseudonaja nuchalis*）、一条卷曲蛇、三条德维斯带斑蛇、一条巨蜥和一群较小的蜥蜴和青蛙；科巴（Cobar）垃圾场里栖息着网纹栉蜥（*Ctenophorus nuchalis*）、鬃狮蜥（*Pogona vitticeps*）、松果蜥（*Trachydosaurus rugosus*）和壁虎；一条西部拟眼镜蛇和一条棕色王蛇出现在坎纳姆拉镇（Cunnamulla）的垃圾场；沙勒维尔镇（Charleville）的垃圾场藏着一只松果蜥和一条棕色王蛇；查特斯塔镇（Charters Towers）的垃圾场则充斥着巨蜥。在悉尼附近的一堆废弃罐头间（不是垃圾场），霍瑟见到了数量最多的爬行动物：足有29条蛇。

霍瑟无法解释这一切。"也许有一天，某位充满热情的博士会研究爬行动物和罐头，为我们解开谜团，"他讲道，"但不仅是罐头，我不想回忆这些年来我在铁路枕木、丛林小径边缘的纸板箱甚至旧轮胎下发现了多少爬行动物。如果你让我回忆我在人造遮蔽物下见到的所有爬行动物和青蛙，我能写几本书。"我也能。爬行动物喜爱屋顶铁皮和石棉水泥创造的空间。圆滚滚的原木无法与之相比，尤其是在冬天，铁皮能够捕捉到太阳的温暖。

哺乳动物、青蛙、蜘蛛和蜈蚣也喜欢垃圾。迈克·泰勒写道："我没有常去垃圾场的习惯，但在一处灌满水的废弃采石场，我注意到在漂浮的垃圾间，蛙的卵簇附着在半淹没的玩具车把手上。"我发现袋鼩和侏袋鼬等小型有袋动物蜷缩在生锈的铁皮下，澳大利亚红背蜘蛛（*Latrodectus hasselti*）也在那里。有只产卵期的红背蜘蛛正在一个白色旧手提包下面筑巢。我们城市周围的荒野中有各种各样的奇怪东西：床垫、炉子、衣服袋、成堆的旧医疗用品。有一天我找到一具尸体也不奇怪，但爬行动物的诱惑让我一遍又一遍地回到垃圾场。在我还是个寻找蛇和蜥蜴的青少年时，看到大量垃圾时我的心会怦怦直跳。这并不是说我喜欢灌木丛中的垃圾（我一点也不喜欢），但我很高兴有些生物会因此获益。上一章里我们认真地审视了污水，再把垃圾考虑进去，我们就会看到自己产生的废弃物能够带来多大的生态效益。

海上垃圾甚至比陆上垃圾更重要。就像珊瑚礁一样，沉船为海洋生物提供了大量藏身之所，人工鱼礁则是由同步凿沉成排的船只或者向海中倾倒混凝土堆而形成的，可创造出吸引鱼类的奇迹。在摩顿岛外海浮潜时，我看到彩色的天竺鲷（*Apogon*）和雀鲷（*Pomacentridae*）在生锈的“二战”时期挖泥船上方游弋。在世界范围内，人们使用垃圾人工礁来吸引鱼类和淡水螯虾。旧混凝土人工礁的效果最佳。研究发现，维尔京群岛的一个混凝土礁石承载的生物量是附近天然珊瑚礁的11倍。但礁石制造者可能会做得过火。昆士兰州政府最近在班达伯格（Bundaberg）建造了人工礁，方法是将300辆汽车、400节电车车厢、2000吨管道、44座高炉段、53个钢浮筒、6台卡车底盘、1艘砾石疏浚船等物资沉到海底。我怀疑只有在昆士兰州，政府才敢这样做，并在公开报告中做出如是发言。生物学家仍在争论，人工鱼礁是能培育出更多的鱼，还是仅仅将它们从别处吸引过来。很可能两者兼而有之。

人类对地貌景观所做的最深刻的改变很可能是对水的捕集。我们如此渴求水，以致如今澳大利亚成了一片水坝众多的土地。大量液体被抽到地表，分流调运至其他地方，并为水坝捕获。傍晚时分，当每个水池都捕捉到落日时，从空中俯瞰，澳大利亚布满了水坑，看起来就像月球表面一样。平原闪闪发光，仿佛银色斑点泼洒在上面。飞越墨尔本以北的一个地区，我在10%的视野中就数出了100座农场水坝。

这些为奶牛和绵羊建造的水坝，以及向我们自己供水的水库也产生了附带的生态效益，为许多鸟类物种创造了巨大的机会。

多年来，关于堪培拉鸟类生活的文章叙述了水是如何吸引鸟类的。查尔斯·巴雷特（Charles Barrett）于1922年撰写《宅地周围的鸟类》之时，堪培拉还没有大片湿地。但事实证明，格里芬湖（Lake Burley Griffin）这座人工水坝很受欢迎，即便在向湖中注水的时候，鸟类也会到来。从前，鹈鹕和鹮在首都地区（ACT）非常罕见，现已成为常驻生物。20世纪60年代之前，堪培拉的人们不认得澳洲硬尾鸭（*Oxyura australis*）、澳洲潜鸭（*Aythya australis*）、琵嘴鸭（*Anas clypeata*）和灰头鹛鹏（*Poliocephalus poliocephalus*），如今这些水鸟会成百上千地出现。格里芬湖东缘的沼泽地和附近的污水塘现在是首都地区约30种鸟类的主要栖息地。我最近和鸟类研究者道格·莱恩一起到访时，看到了一只灰鹰（*Accipiter novaehollandiae*）和一只小鹰飞过。猛禽在人工水域周围生活得很好，因为鸟类和老鼠等食物总是很丰富。

煤矿需要使用大量的水将煤与岩石分离。为昆士兰州中部的煤田建造的水坝成为了鸟类的庇护所。萨拉吉（Saraji）煤田是拥有壮观湿地的众多煤田之一。在这里，我看到了天鹅、凤头鹛鹏（*Podiceps cristatus*）、棉凫（*Nettapus coromandelianus*）和在树上筑巢的白胸海鹰。大多数海鹰之所以出现在昆士兰州中部，是因为人们为耗水的煤矿和棉花作物建造了水坝。

当露天矿的煤层开采殆尽，巨大的矿坑灌满了地下水，鱼也出现了。韦恩·杨（Wayne Young）已挖了30多个矿坑，他给我讲了些令人惊讶的故事。“空矿层令人印象深刻，这是个荒凉的景观，但出现的鱼类数量惊人。挖一个80米深、约150或200米长的矿坑后，直接切入岩石。一侧的边缘都是松散的石子堆，另一侧则是陡峭的岩壁。矿坑底部一般只有一个小水池，没有地面径流或水泵为其注水。然而，当采矿结束两三年后，矿坑里面绝对有几十万条鱼。它们大多为棋盘彩虹鱼（*Melanotaenia splendida*）、盖氏黄黝鱼（*Hypseleotris galii*）和阿氏双边鱼（*Ambassis agassizii*）。”我回忆起从空中看到的昆士兰州中部巨大、孤立的矿坑，不禁问道：“鱼是怎样到达那里的呢？”他回答说，棋盘彩虹鱼是鸟类带过来的。“这种鱼会成串地产下黏稠的卵，包裹在水生植物上。”韦恩认为，在潟湖中觅食篦齿眼子菜（*Potamogeton pectinatus*）的鸭子会带着缠在腿上的卵串飞入矿坑查看，然后把鱼卵留在了坑中。棋盘彩虹鱼的卵能够在干燥的环境中存活，但韦恩无法解释其他鱼是如何进入矿坑中的。

鸭子还将眼子菜属水草的种子带入了矿坑，由此启动了生态演替。鱼吃这种植物，鸟类（鹈鹕、鸬鹚、蛇鹈、翠鸟）吃鱼。韦恩指出：“如果坑里有篦齿眼子菜，你可以保证那里会有鱼。”随着新鱼的到来，食物网会发生变化。1994年，在昆士兰中部博文盆地的风景煤矿（Peak Downs），韦恩用网捕到了四五种小鱼。三年后，体型大得多的单色匀鯻（*Leiopotherapon unicolor*）占据了水池，这些鱼全都消瘦、缺乏活力。它们已经吃光了较小的鱼，正在互相攻击。有时，一个矿坑里的所有鱼都会死去，当鸟类运来更多的鱼卵时，生态演替又会重新开始。

矿坑周围的瓦砾堆也吸引生物前来。林赛·阿格纽发现，仓鸮（*Tyto alba*）会在岩石覆盖、大量青蛙出没之处筑巢，并在山岗的水坑处发出叫声。石丘伪鼠（*Pseudomys hermannsburgensis*）喜欢在矿区瓦砾间筑巢，植物也在利用这片土地。1916年，园艺家爱德华·佩斯科特（Edward Pescott）在维多利亚州观察到，澳大利亚的国花——密花金合欢（*Acacia pycnantha*）“在该州的矿区生长得非常旺盛，尤其是在淘金者一次又一次翻搅地表的地方”。嗜铜的雏菊（*Millotia myosotidifolia*）在古老的铜矿周围发芽。此外，虽然我很少这样说，但卡卡杜地区“护林员”（Ranger）铀矿的储水池为青蛙提供了极好的生境。迈克·泰勒在这些储水池的边缘发现，一个雨滨蛙属物种（*Litoria dahlii*）“丰度极高”。

在我们用水坝点缀澳大利亚之前，这个国度的面貌大为不同。约翰·古尔德在19世纪40年代指出："广袤而贫瘠、缺水的大片土地是澳大利亚的特征。"自那时起，仅在大自流盆地就挖掘了超过2.3万个钻井。许多钻井区已演变为郁郁葱葱的湿地，有灯心草和芦苇环绕。南澳大利亚州的所有澳洲鹤（*Grus rubicunda*）都依赖钻井维生，昆士兰州西部的珍稀鸟类黄澳鵙（*Epthianura crocea*）也是如此。灌溉渠使斑点沼蛙（*Limnodynastes tasmaniensis*）能够在维多利亚州最干旱的地区繁衍。蛙类学家格里·马兰泰利（Gerry Marantelli）描述道："现在，这些由可爱小青蛙组成的高速公路可远去数百千米，将水运送至桉树矮林。"小龙虾、鱼、蜻蜓和食虫蝙蝠也受益于灌溉渠。

植物学家吉尔·兰兹伯格（Jill Landsbergh）参与了一项调查澳大利亚内陆水坝的重要研究。她告诉我："从澳大利亚绘制的地图中，你可以获取饮水点位置的数字信息。我们搜索到了每一个名字中带有'大坝'（dam）、'钻井'（bore）或'水库'（tank）的地方，并把它们置于澳大利亚的底图上，然后在每个点周围圈出方圆10千米的部分。"一幅意义非凡的图由此出现。在澳大利亚的大片土地上，距离一座水坝10千米的范围内，一定有另一座水坝。这些地图低估了水坝的数量，因为实际上只有29%的取水点有名字。只有在辛普森沙漠、塔纳米沙漠、吉布森沙漠、大沙沙漠和维多利亚大沙漠这样真正的沙漠中，才存在缺水的问题。在养羊地区，你通常走不超过2至3千米就能找到水源；在养牛地区，这一距离为6千米。在新南威尔士州，人们距水源超过10千米几乎是不存在的。吉尔指出："在欧洲人定居之前，除罕见的好季节外，澳大利亚内陆的大部分地区在大部分时间里都干旱缺水。虽然澳大利亚有了大河系统，然后有了水坑，但它们很少而且相距甚远。大部分土地都是干旱的，这意味着袋鼠采食植被的活动仅限于有可获取水资源的地方，或者水源广布的季节。曾经，澳大利亚内陆的大片地区在大多数时候都没有觅食的大型哺乳动物。如今，牲畜、袋鼠和野生动物，特别是山羊在几乎所有地方都可轻松取水。"

袋鼠种群正在蓬勃发展。探险家查尔斯·斯图尔特曾发现，红袋鼠（*Macropus Rfus*）“尚未延伸到墨累河的邻域和平原之外，在墨累河流域的数量也不多”。现在该物种可以去往任何地方。牲畜和袋鼠对地表植物的不断采食正在使林地变为荒漠。虽然澳大利亚内陆的额外水量对鸟类很有吸引力，但这并不是一件好事。

由于水坝的存在，许多鸟类的生存状态好得出奇。澳大利亚内陆的经典画面常出现风车磨坊上的白凤头鹦鹉（*Cacatua alba*）和聚集在水坝周围的粉红凤头鹦鹉（*Cacatua roseicapilla*）。一座水坝上可聚集10万只虎皮鹦鹉（*Melopsittacus undulatus*），其中许多浮在水面上喝水。鹦鹉、鸽子和雀类需要水，因为它们采食干谷物。水坝使它们能够深入到干旱地区，林区植物种子因此损失惨重。吸蜜鸟和乌鸦也必须喝水，但许多食虫的鸟不喝水，而是从捕食的幼虫和蜘蛛体内获取水分。在127种澳大利亚内陆鸟类中，约有47种需要定期饮水，其中许多种鸟的种群正在壮大。生存状态比以往任何时候都更好的鸟类包括：斑胸草雀（*Taeniopygia guttata*）、林鸳鸯（*Aix sponsa*）、伯克氏草原鹦鹉（*Neophema bourkii*），可能还有鸸鹋（*Dromaius novaehollandiae*）。另一方面，许多食虫的鸟生存状态不佳，因为放牧的牲畜破坏了昆虫赖以繁殖的植物。当草被采食得太短而无法结籽时，吃种子的鸟也会受苦。水坝造成了大量的输家和赢家，人们应谨记这一点。

大多数植物在靠近水的地方遭到牲畜群的重创，但刺冠菊（*Calotis hispidula*）等一些物种会茁壮成长。吉尔解释道：“因为这种植物很小，而且种子紧贴地面，所以能够完成自己的生命历程而不会夭折。它的每颗小果实都携带有许多种子，可附着在绵羊身上四处散播。”我很了解这种植物，因为它带芒刺的小果实曾刺在我的袜子和脚趾上，仿佛跳蚤叮咬一般。在水坝周围，长着有毒叶片和棘刺的植物也长得很好。

水坑曾经令我们的内陆溪流增色。查尔斯·巴纳德（Charles

Barnard）于1925年描述昆士兰州中部地区一个业已消失的景观：

> 50年前，溪岸边有茂密的草丛和芦苇保护，小溪的每个弯处都有漂亮的小水坑——许多几乎是永久性的，里面满是鱼和小龙虾（淡水螯虾）等生物，为不同种类的鹭提供了食物。如今，牲畜群的践踏毁掉了小溪岸边的草丛，小水坑也已淤塞消失了。

水坝已在某种程度上取代了这些水坑。但水坝区域很少长有茂密的芦苇，因此喜欢隐匿生活的鸟类（如麻鳽和秧鸡）不会获益。

当滨海沿岸（Riverina）的稻农淹没他们的田地时，一种截然不同的湿地就此形成。我已在前文提到，稀有的南方咆哮草蛙（*Litoria raniformis*）在稻田中发展壮大。然而，蚊子也是如此，罗斯河病毒正因此而受益和蔓延。吠叫沼蛙（*Limnodynastes fletcheri*）和斑点沼蛙（*Limnodynastes tasmaniensis*）喜欢稻田边的沟渠和排水沟。鸭子在稻田里划水，也吃稻米，因此新南威尔士州的农民获得了无限制许可证，可以捕杀麻鸭、林鸳鸯、黑鸭、红耳鸭、树鸭、澳洲潜鸭和短颈野鸭。这里生活着许多鸭子。稻田也适合喜欢沼泽环境的野草，在新南威尔士州10种最糟糕的野草中，9种为本地植物。我喜欢它们的名字：异型莎草（*Cyperus difformis*）、双稃草（*Diplachne fusca*）、高飞燕草（*Elatine gratioloides*）和石胡荽（*Centipeda cunninghamii*）。双稃草每平方米可掉落4.8万粒种子，比大多数外来野草还多。野草专家说，它"显然预适应了水稻种植"。40多种本地植物利用新南威尔士州的水稻作物来取得生存优势，包括美洲线叶苹（*Pilularia novae-hollandiae*）和水八角（*Gratiola pedunculata*），这两种植物在滨海沿岸的自然景观中非常罕见，以至于在（针对85个沼泽和沟渠的）调查中找不到它们。它们只生长在稻田里。现在，11种本地植物只生长在水稻间；另有11种只生长在路边沟渠里。这些统计数据不寻常，与本地草种相比，农田通常吸引了更多的外来草种。

当水是唯一的限制性资源时，水坝和湿地对野生生物最有用。动物有多种需求，当我们的建筑物将缺失的成分注入原本已属理想的环境时，它们就会发挥最佳效果——就像在没有悬崖和洞穴的环境中修造桥梁和矿井。人们对土地所做的大部分事情几乎都是故意破坏，但有些是有益的（虽然大多数不是）。我们使景观复杂化，将资源整合在一起发挥作用。

我们甚至还创建植被结构来使景观复杂化。自然植被可能是单调的，由没有遮蔽物的广阔草原或没有空地的森林构成。大袋鼠科的大多数动物（袋鼠和沙袋鼠）更喜欢在小块空地觅食，在灌木丛藏身。通过区块式燃烧，原住民满足了它们的需求，在草木茂盛的未燃烧区域附近创造出了空地。农民在清理部分土地时会模仿这种组合方式，现在大袋鼠科的大多数动物生活在农场和森林的边缘沿线上。

濒临灭绝的尖尾兔袋鼠（*Onychogalea fraenata*）被称为“边缘地带专家”。多年来，它们的分布范围局限于昆士兰州中部的一个保护区（汤顿，一个古老的养牛场）。白天，尖尾兔袋鼠在距离它们觅食的围场不到50米的浓密灌木丛中躲避危险。为了帮助它们，人们开来推土机，清理出18处新空地，面积达7公顷，而且是在国家公园内！在我看来，汤顿的生态环境退化严重，但尖尾兔袋鼠似乎喜欢这里。公园里也随处可见黑纹大袋鼠（*Macropus dorsalis*），它们也喜欢边缘地带。

在南澳大利亚州的桉树矮林地区，一些种类的鸟更喜欢桉树矮林和牧场之间的边缘地带。喜鹊和渡鸦喜欢在裸露的地面上觅食，在树上栖息。红垂蜜鸟（*Anthochaera carunculata*）是该地区存在最稳定的边缘地带动物。在维多利亚州，濒危的吠鹰鸮（*Ninox connivens*）也专门利用边缘地带。专家原本希望在大片森林中见到这种鸟，结果却在农场中找到了它们。1999年，伊恩·泰勒（Iain Taylor）和安德尔·克尔斯滕（Indre Kirsten）承认：“虽然进行了多次系统的搜索，但人们在广阔的封闭森林地区内部很少发现吠鹰鸮。相反，该物种似乎更喜欢与农田相邻的林地边缘，以及道路和轨道沿线有高大古树生长的地方。”对于吠鹰鸮，边缘地带为它们提供了最好的食谱：围场中的兔子、喜鹊和椋鸟，以及树上的袋貂和鹦鹉。现在人们认为，兔杯状病毒可大量消灭兔子，进而对吠鹰鸮也构成了威胁。

人工环境中的动物常引起我们的怜悯；我们主观认为，它们本应在别处。对维多利亚州的吠鹰鸮而言，这可能是事实。它们在澳大利亚北部依然很常见，并没有那么依赖边缘地带。然而很多时候，我们在奇怪的地方看到的动物其实都生活在它们喜欢的地方。游隼不会因生境丧失而被迫进入城市，青蛙也不会被迫进入厕所。它们喜欢我们创造的建筑物，有时会选择人工而非自然环境。

1 DDT是一种知名杀虫剂，由于其与环境污染和人类流行病的复杂关系，一直备受争议。

第 7 章

自然需要野生植物

——野生植物和作物有益于野生动物

“这些野生植物现在是澳大利亚‘新’生态的重要组成部分。”

——格雷格·捷克拉（Greg Czechura），

昆士兰博物馆

基因工程比它看起来要古老得多。在19世纪的欧洲，人们对各种拉丁美洲灌木进行杂交，在温室中培育出一种巨大而怪异的植物：马缨丹（*Lantana camara*），它后来成为世界上最糟糕的野草之一。这种泛滥的有毒灌木是一种“聚合体”，是多种植物的DNA杂合的产物。

澳大利亚的马缨丹历史悠久。1843年，美利奴绵羊饲养员约翰·麦克阿瑟（John Macarthur）在卡姆登（Camden）种植马缨丹；20年后，这种植物在悉尼和布里斯班周边肆虐。它长满潮湿的海岸，占据了拓荒者新近清理的地产。1881年，博物学家特尼森-伍兹（Tenison-Woods）牧师抱怨说，马缨丹在悉尼周围形成了“浓密的灌木丛，人们几乎无法接近海岸”。这种人工培育的植物在当今生态学家的脑海中是如此根深蒂固，以至于没有人能真正想象澳大利亚在马缨丹出现前的样子。它现在占地400万公顷，每年毒死1500头奶牛。马缨丹取代了其他植物，包括濒临灭绝的本地黄麻（*Corchorus cunninghamii*），并被列为澳大利亚最糟糕的20种野草之一。

对马缨丹实施的生物防治效果不佳，部分原因是它并非真正的物种。早在仙人掌螟消灭刺梨之前，人们从1914年的4种昆虫开始，为防治马缨丹已经试验了30多种昆虫。但这些昆虫永远无法与马缨丹完美匹配，因为它们以马缨丹的某个亲本种为食，例如荨麻叶马缨丹（*Lantana urticifolia*），而不是马缨丹本身。拉丁美洲没有可以获得虫子的马缨丹，也没有昆虫进化为食用这种温室植物。

虽然生物防治科学家迫切希望战胜马缨丹，但胜利可能得不偿失。澳大利亚的原生动物如今依赖这种园艺发明为生，这颇为反常。在过度清理的农场上，沟壑中枝叶茂盛、相互缠结的马缨丹为沙袋鼠、袋狸、细尾鹩莺、爬行动物和几乎所有其他动物提供了急需的掩护。它在残余的小丛林周围形成刺墙，可将越野摩托车和狗挡在外面。它持续盛放花朵，花蜜可充分满足吸蜜鸟和蝴蝶（包括稀有的鸟翼凤蝶）。袋貂、灰胸绣眼鸟（*Zosterops lateralis*）、园丁鸟和玫瑰鹦鹉以它的小果实为食，芦苇蜂在它的茎中筑巢。

很少有本地植物为这么多种生物提供食物和庇护所。仅在昆士兰州北部就有32种鸟利用马缨丹。与赤桉（*Eucalyptus camaldulensis*）一样，马缨丹已成为野生生物的关键物种。没有其他野草如此“讨好”动物。如果马缨丹在一夜之间消失，大多数鞭鸫将无家可归，许多沙袋鼠将因狗的攻击而丧生，蝴蝶数量会直线下降。黑胸三趾鹑这个易危物种甚至可能灭绝。这种分布于昆士兰州的鸟赖以栖息的干燥雨林生境已大多变成了农田，而马缨丹现在成了它们的主要避难所。

因此，大多数生物学家勉强接受了马缨丹。迈克·奥尔森表示：

“它已成为澳大利亚植物群的一部分，任何其他野草都不能与其相比。如今它是整个雨林演替过程的一环，作为土壤控制物种发挥着重要作用。”*同我交谈过的一位博物学家更加直言不讳：“我们应该接受马缨丹，视它为一种本土植物，而把它的全部身世忘掉。”马缨丹是我们的野生生物需要的野草，它在农民本想清理干净的土地上为野生生物重新构建了庇护所。

迈克·戴（Mike Day）有点异想天开地致力于马缨丹的生物防治。国家公园的护林员不时警告他，他的工作可能会危害稀有动物群，存在这方面的先例。塔斯马尼亚的袋狸数量下降，部分是由于一种引入的真菌杀灭了黑莓。在西澳大利亚州，人们不再对令人厌恶的南方三棘果（*Emex australis*）进行生物防治，因为红尾黑凤头鹦鹉（*Calyptorhynchus banksii*）依赖其种子为生。此外，人们从未对沙红花（*Romulea rosea*）这种野草进行过生物防治，因为珍稀的西长嘴凤头鹦鹉（*Cacatua pastinator*）以它为食。在整个澳大利亚内陆地区，猛禽正在遭受痛苦，因为兔杯状病毒已灭杀了大量兔子。当兔黏液瘤病来袭时，猛禽也会遭遇食物短缺的困境。

如今，外来植物（野草和农作物）喂养并庇护了数以百万计的本土动物，甚至一些本土植物。外来动物（尤其是野鼠、家鼠和兔子）也为数以百万计的本土动物提供了食物。典型的猛禽、鹦鹉和白纹大凤蝶（*Papilio aegeus*）现将外来物种作为食物。目前，许多物种在很大程度上依赖外来食物为生。如果澳大利亚的这些外来物种在一夜之间消失，许多生态系统将陷入混乱。因此，外来的“有害生物”将澳大利亚带至错综复杂的两难境地。我们希望拯救我们的野生生物并消灭“有害生物”，但目标经常发生冲突。

80年前，昆士兰州盛产刺梨仙人掌（*Opuntia vulgaris*），这要归功于鸟类，它们吃掉果实后将种子广为散播。刺梨土地委员会于1926

---

* 热带雨林遭到清除后，马缨丹成为覆盖裸土的第一种植物，之后才是雨林的回归。

年指出："许多定居者发出近乎可悲的请求，要么这些鸟儿走，要么他们搬走。他们表示'清除1株刺梨，乌鸦和鸸鹋就再播种6株，我们做的有什么用？'这是陷入挣扎者的逻辑。他们指着最近才清理过的围场说，刺梨的幼苗从绿树下的鸟粪中破土而出，简直就是一片微型麦田。"但人们也知道，为刺梨播种的鸟会捕杀害虫。20世纪20年代，一位科学家在一只鸸鹋体内发现了2991只"有害毛虫"。刺梨土地委员会承认，"若鸟类消失6～10年，我们整个生态系统就足以落得一个不光彩的结局：昆虫间的大屠杀——相互吞噬和扼杀"。这会很可怕，尽管如此，人们仍然对鸟类宣战。一项赏金计划宣布后，5个月内，8000多只鸸鹋、1万只乌鸦和渡鸦以及1000只噪钟鹊遭到捕杀。在持续3年的大屠杀中，31.7万只鸸鹋丧生，它们的1000只大黑蛋被砸碎。刺梨仙人掌最终败给了生物防治，而不是扑杀鸟类。

鸟类不断"错误"地传播植物种子，包括澳大利亚20种最糟糕野草中的5种，即马缨丹、黑莓、圆滑番荔枝（*Annona glabra*）、核果菊（*Chrysanthemoides monilifera rotundata*）和拟天冬草（*Asparagus asparagoides*）。如果鸟类只吃掉果实而不散播种子，野草就不会造成如此严重的危害。在昆士兰州北部，来自美洲的圆滑番荔枝甚至由一种濒危鸟类——鹤鸵传播（狐蝠、野猪和水也会传播其种子）。这种植物的心形果实比鹤鸵的大部分其他食物更大，里面是粉红色果肉，并且大量成熟。在一堆鹤鸵排泄物中发现了850粒圆滑番荔枝的种子。这里有微妙的讽刺意味：一种濒危的鸟类帮助传播一种主要野草。这是"新自然"之谜的一个具有挑战性的例子。我们是射杀鹤鸵来消灭野草，还是种植野草来拯救正在消失的鹤鸵？答案当然是，我们应当大规模重新种植鹤鸵的本地食物。

一些生物学家希望将来自中国的香樟（*Cinnamomum camphora*）作为野生植物保留下来，因为现在雨林中的鸽子很喜欢它们的果实。在新南威尔士州和昆士兰州南部，髻鸠（*Lopholaimus antarcticus*）和白头鸽（*Columba leucomela*）在冬季从高地迁徙到低地。山谷中，雨林曾经生长的地方如今坐落着牧场和城镇。正如哈里·弗里斯（Harry Frith）所观察到的，鸽子已不得不改变了食谱：

> 1955年，热带雨林（新南威尔士州利斯莫尔附近）的水果歉收，大量髻鸠来到开放的乳畜饲养场广泛寻找食物。它们开始以香樟树的成熟浆果为食。原生雨林遭到破坏后，人们广泛种植香樟作为遮阴树。每年冬天，都可在香樟树上发现许多髻鸠在露天觅食，然后返回热带雨林栖息，年年如此。目前，香樟的持续生长可能开始在某种程度上弥补了自然觅食生境的破坏。

情况就是这样。鸽子在香樟树、女贞（*Ligustrum lucidum*）、野烟树（*Solanum mauritianum*）和马缨丹上繁育后代。白头鸽现在种群兴旺。过去在利斯莫尔附近大灌木林工作的开拓者很少看到它们，但如今它们很常见。哈里·弗里斯在1982年写道：

> 根据我的印象，白头鸽一直是热带雨林鸽子中最不常见的一种，但无论之前的状况如何，它们在一些地方的数量肯定已大幅增加了。在里士满河地区，白头鸽自20世纪40年代中期开始普遍出现在开阔的乡野，到50年代，我父亲（他于1885年出生在该地区）觉得白头鸽已前所未有地常见或广布。从那时到现在，它们的数量又进一步增长了。

它们的数量仍在继续增加，分布范围也在扩大。1998年，一只白头鸽出现在堪培拉，飞到了我朋友道格的花园里。隔壁生长着女贞。

大多数国家公园都位于高山上，当冬天水果稀缺时，鸽子会离开。每年春天返回的鸽子数量取决于高山下面发现的野生植物的数量。髻鸠可散播树木的种子，在雨林生态中发挥着关键作用，但如果没有冬天赖以为生的野生植物（尤其是香樟树和女贞），它们极少会回来给树木播种。这意味着高地雨林现在依赖于这两种中国来的树。这可不太妙，因为这些外来植物大量入侵，破坏了小片残余的低地雨林。我们应当恢复低地雨林并驱逐这些可怕的树木。不幸的是，它们根深蒂固，根除是个不可能实现的梦想。

当鸟类散播种子，它们就会获得所需的栖息地。通过这种方式，它们起到了生态系统工程师的作用。我们可能会因野生植物造成的问题而自责，因为首先是人类将这些植物带到澳大利亚，但鸟类通常才是播种者，并与新植物共生。许多这样的“野草”仅在与追逐其浆果的鸟类数量相当时，才算作有害植物。鸟类本身并不会意识到这样的“野草”危机。野生植物（包括一些野生树木）通常比本地植物结更多果实，因为它们不会受到天然昆虫敌害的攻击。这进一步意味着吃这些昆虫的鸟类在这儿也吃不到这些食物。食果者成为赢家，而食虫者成为输家。我们的本土鸟类中有超过80种以外来植物的果实为食。那些对野生植物泛滥最难辞其咎的鸟类包括灰胸绣眼鸟（对拟天冬草、芦笋蕨和马缨丹）、噪钟鹊、裸眼鹂以及外来的乌鸫和椋鸟。其他肇事者包括吸蜜鸟、海鸥和鸸鹋，还有狐蝠、袋貂、蜥蜴和蚂蚁。澳大利亚每年都会出现10种新的野生植物，鸟类也为这一统计数据做出了贡献。一种新引入的印度楝树是杀虫剂的材料来源，它在热带地区大量播种，因为园丁鸟散播它的种子。

人们常断言，鸟类只有在天然食物短缺的情况下才食用外来植物的果实，以及本土食物更有营养。这两种说法都不真实。鸟类无法区分本地食物与外来食物，也不会在乎它们的区别。在芦笋蕨和拟天冬草的原生地南非，与灰胸绣眼鸟有亲缘关系的苍色绣眼鸟（*Zosterops pallidus*）种群繁盛。两种鸟的外观和叫声都非常相似，倘若它们不喜欢相同的食物，那就太不寻常了。认为动物不喜欢野生植物的想法源于动物完美适应其环境的看法。对适应了以特定植物为食的昆虫而言，这可能是正确的。然而，燕子喜欢桥梁，信天翁喜欢动物内脏，噪钟鹊可能更喜欢女贞，而非澳大利亚的任何其他植物。

外来植物的果实、种子、块茎和叶片都是澳大利亚鸟类特别偏爱的食物。澳大利亚的鹦鹉咬碎并消化亿万颗野草种子。但这种行为很少受到赞赏，因为鹦鹉也因劫掠庄稼而声誉受损。在维多利亚州的谷物种植带，长嘴凤头鹦鹉（*Cacatua tenuirostris*）90%的食物都依赖外来植物。它们在夏季燕麦收获后以残株为食，在秋季转而摄食洋葱草（*Romulea*），吃掉数百万在已耕地上长出的野草球茎。这一切行为都是无害的，但当农民播种谷物时，长嘴凤头鹦鹉也会把谷物掘出来。这些鸟的最初主食是橙粉苣（*Microseris lanceolata*），现已成为一种稀缺资源。由于在田野中造成的破坏，一些最漂亮的鹦鹉被宣布为“害鸟”。

外来野草也使珍稀的鹦鹉得以继续生存。蓝绿鹦鹉（*Neophema pulchella*）曾迅速滑向灭绝，直到它学会了摄食外来杂草种子；而濒临灭绝的诺福克绿鹦鹉（*Cyanoramphus cookii*）依赖野生橄榄、草莓番石榴（*Psidium cattleianum*）和马缨丹为生。这种鸟只生活在5平方千米的森林里，如果它的外来食物消失了，它很快就会灭绝。对其他物种而言，外来野草是奢侈品而非主食。

1993年，我去寻找澳大利亚最稀有的一种沙袋鼠——普河沙袋鼠（*Petrogale persephone*），这是种原始的有袋动物，在麦凯（Mackay）以北的几片山顶热带雨林中徘徊。博物学家巴里·希拉里（Barry Hillary）带领我来到一条山间小溪，我们徒步上山时见到了黑蛇和鳗鱼，但没有遇到沙袋鼠。我很失望，但雨林如此秀美，我不得不佩服沙袋鼠的品味：它们选择了如此富有魅力的栖息地。巴里建议我们再去另一处看一眼，我们在渐暗的天色中磕磕绊绊地赶往停车处。到了那里，沙袋鼠在我们面前、身后和周围跳跃，这是一片新的“居住区”，沙袋鼠在人行小道和边缘地带啃吃外来野草。我们差点把它们撞倒。这些沙袋鼠还会劫掠附近的花园并啃食草坪。

在我们的花园里，大部分蝴蝶都是依靠外来植物为生的，蝴蝶幼虫在夹竹桃、香樟树、柑橘叶和野草上长得肥胖。早期定期修剪和浇水的园林植物会生出柔软的新芽，非常适合幼虫采食。澳大利亚的大多数透翅珍蝶（*Acraea andromacha*）和角纹小灰蝶（*Syntarucus plinius*）都是外国植物所养育的。后者唯一的原生食物——白花丹（*Plumbago zeylanica*）并非一种常见植物，但它们的幼虫也食用外来种蓝花丹（*Plumbago auriculata*）的花瓣，经人工培育，这些花一年四季都盛开。我的猜测是，正因为如此，澳大利亚90%的角纹小灰蝶都在花园中飞来飞去。你可以在坎纳姆拉（Cunnamulla）的公园里看到它们，此处远离其本土食物生长的林地。它们也会在苗圃里振翅，幼虫就趴在盆栽植物上蠕动。

20世纪40年代，查尔斯·法兰西（Charles French）发现“许多本地昆虫的食性正从天然食物转变为外来植物提供的食物，这非常引人注目，它们发现外来植物同样可口，甚至更加美味”。桉大蚕蛾（*Antheraea eucalypti*）幼虫接受了玫瑰、苹果、李子、杏和榆树的叶片作食谱，用它们代替纯蓝桉叶。知名物种气囊蝉（*Cystosoma saundersii*）常出现在花园里的柳树和女贞上，但人们尚未在本地食用植物中发现它们。甚至还有以外来植物为寄主的槲寄生。桉槲寄生（*Muellerina eucalyptoides*）会攻向香樟树，并生长在墨尔本市中心的美洲悬铃木上。

外来植物的叶片养育了许多有袋动物、昆虫幼虫和鸭子。树袋熊经常咀嚼美洲柏松的针叶和香樟树叶子（它们也喜欢在夏天栖息在香樟树上凉爽的荫蔽处）。外来的食物已完全融入食物网中，在此我不仅是指野生植物。澳大利亚的大多数猛禽都会捕食外来物种，维多利亚州西北部米尔迪拉（Mildura）附近进行的一项研究发现，幼兔构成了鹰、苍鹰、鹞、鸢和隼（共8个物种）的主食（按重量计为60%至92%），这是兔杯状病毒来袭之前的状况。楔尾雕（*Aquila audax*）会捕食野猫，在西澳大利亚，小鹰在兔群到达时迁入西南部，在黏液瘤病发生后就撤退了。在澳大利亚中部，家鼠成为鹰、蛇和猫头鹰的食物，它们占仓鸮食物量的97%。在鼠类泛滥期间，猫头鹰和红隼疯狂繁殖。外来的鼠类也是重要食物。必定有数以万计的褐蛇（包括我家花园的访客）依靠外来的野鼠和家鼠为食。在大部分受到干扰的生境，外来种啮齿动物和兔子的数量超过了本土哺乳动物。

外来食物源的例子不胜枚举。外来种的蚯蚓和食蚊鱼为许多本地捕食者提供了食物。在城市花园中，本地瓢虫主要靠摄食外来蚜虫为生。鸟类会将有毒的蔗蟾（*Rhinella marina*）翻转过来，撕下它们的胃或从大腿上剥肉。蟾蜍听起来像是一种无奈之选，但对各种动物而言，它其实是一种廉价且容易获得的食物来源。我曾在一座小水坝周围看到49只死蟾蜍，只有舌头不见了。我们也别忘了外来的海洋生物：菲利普港湾的河豚主要以外来种蓝蛤（*Corbula gibba*）和蜘蛛蟹（*Pyromaia tuberculata*）为食，塔斯马尼亚州的鲍鱼喜欢摄食裙带菜（*Undaria pinnatifida*）。

正如我们在马缨丹中看到的情况，外来物种也适合作为庇护所。寄居蟹觊觎新西兰锥螺（*Maoricolpus roseus*）的外壳，装备精良的寄居蟹会在这些螺大量存在的地方出没。刺荆豆、马缨丹和黑莓为小动物提供了绝佳的庇护所。在堪培拉附近进行的一项研究发现，几种小鸟在野生木本植物丛中生活得最好。阿德莱德附近的南部短鼻袋狸（*Isoodon obesulus obesulus*）只有在多刺的黑莓丛中才能生存，这些灌木可保护它们免受狐狸的侵害。至于阻挡外来种掠食动物的效果，外来种灌木可能是最好的。

一些看起来前景最黯淡的异域性生境可容纳本地野生生物，如松树种植园。我曾经厌恶一排排幽暗的松树，它们给当今澳大利亚的大片地区带来了阴郁气氛。欧石南丛生的荒野五颜六色，是无价的生态资源，但无数这样的土地被夷为平地，用以种植松树，提供生产椅子和床的木料。生态学家认为，这些松树种植园是生态荒漠，但这不完全正确。虹彩吸蜜鹦鹉、乌鸦和凤头鹦鹉喜欢吃园内的松子，在西澳大利亚，成千上万濒危的短嘴黑凤头鹦鹉（*Calyptorhynchus latirostris*）如今依赖松树种植园取食。在某种程度上，松果已取代了这些鸟曾经依赖的斑克木（*Banksia integrifolia*）和银桦（*Grevillea*）种荚。联邦政府《澳大利亚鸟类行动计划（2000）》警告称，这些松树“将不可避免地被采伐，从而可能导致食物短缺”。所以，对种植园松树的采伐会威胁到一个濒危物种的生存。

我们在第2章中提及，濒危的天鹅绒独行菜的生存也依赖松树。在塔斯马尼亚岛，人们发现4种稀有和受胁的植物在松针间生长。猛鹰鸮（*Ninox strenua*）、澳洲夜鹭和眼镜狐蝠（*Pteropus conspicillatus*）栖息在松树林里，因为比起树冠覆盖面积不足的桉树，松树能更好地为它们提供掩蔽。堪培拉附近的绿厚头啸鹟会利用具有原生下层林木的松树种植园，那里与它们栖居的热带雨林生境在结构上类似。无脊椎动物也喜欢松树，本地毛虫——松尺蠖（*Chlenias*）就会对松针发起进攻。鲍勃·梅西洛夫（Bob Mesilov）在塔斯马尼亚的种植园发现，某些蜈蚣和千足虫的数量多得“十分惊人”。他发现“原生无脊椎动物从微小的零碎灌木（排水沟中的一些树蕨）大量扩散到封闭、异域性的新森林中”。我可以提供更多例子，但我依然对松树种植园有点不屑。我举的例子并不表明每片树林都充满生机，我对木材业也谈不上拥护。

关于糖也有类似的故事。1862年，约翰·麦凯（John Mackay）船长在探索昆士兰州中部时来到一大片“开阔平原”。今天，以他的名字命名的港口城市周围已经没有这样的开阔平原，除非你把摇曳着甘蔗、闪闪发光的田野也算上。他当时看到的显然是一片白茅（*Imperata cylindrica*）草地，农民来到这里后，这个生境消失了。所幸的是，许多动物能够从白茅草转向甘蔗，变换它们的栖息地。这些动物能耐受蔗农燃起的火，因为它们来自原住民放火创造的生境。当今日的农民点燃甘蔗地时，逃离混乱的生物包括太攀蛇（*Oxyuranus scutellatus*）、地毯蟒（*Morelia spilota*）、袋狸（*Peramelemorphia*）、草鸮（*Tyto longimembris*）、雉鸦鹃（*Centropus phasianinus*）和数以百计的本地鼠类。这些老鼠是对甘蔗影响最大的敌害，它们在茎上啃咬，引发细菌感染，每年造成数百万美元的损失。主犯是甘蔗田鼠（虽然名字如此，但它们是原生物种）和草原鼠。饥饿的蛇和猫头鹰，还有烧甘蔗时飞来的鸢以这两种鼠为食。甘蔗现在是草鸮的重要生境，草鸮栖息在茎下，夜间捕食老鼠。甘蔗还受到沙袋鼠、袋貂、灌丛火鸡、水鸡和数百万本地甲虫（主要是害虫）的侵袭。仅在麦凯地区，敏捷的沙袋鼠和水鸡就啃食掉了成千上万吨的甘蔗，凤头鹦鹉和鹊鹅加剧了损失。甘蔗吸引来大量飞虫，而这些飞虫又喂饱了燕子和蝙蝠。甘蔗甚至为木间蝶和鸢尾弄蝶提供了食物。如今西澳大利亚州奥德河上的农民也种植甘蔗，那里的许多动物都种群兴盛。澳洲淡水鳄（*Crocodylus johnsoni*）和龟已进入灌溉渠道，曾经在该地区罕见的草鸮正在迅速繁殖。在澳大利亚东部，濒临灭绝的星雀（*Neochmia ruficauda*）在田间飞来飞去，采集莫桑比克尾稃草（*Urochloa mosambicensis*）这种常见野草的谷粒。当雀鹰（*Accipiter nisus*）逼近时，星雀会躲进甘蔗里。

农民不得不面对一个严峻的事实：本土动物往往对农作物情有独钟。关于农作物损失的统计数据令人不安，人们为保护粮食而杀死的动物数量也很惊人。有大约70种本地鸟类被视为农作物的害鸟，包括吸蜜鸟、灰胸绣眼鸟、园丁鸟和鹃鵙（*Campephagidae*）。袋貂、狐蝠、沙袋鼠和本地鼠类也造成很多麻烦。农民每年损失数千万美元，还导致数以十万计的动物丧生。大多数消费者对我们为了食物而持续进行的大屠杀一无所知，维多利亚州的葡萄种植者有时会损失60%的收成，有很多种动物吃葡萄，主要包括：黄头辉亭鸟（*Sericulus chrysocephalus*）、斑大亭鸟（*Chlamydera maculata*）、杜鹃（*Cuculus*）、噪钟鹊、凤头鹦鹉（*Cacatuidae*）、玫瑰鹦鹉（*Platycercus*）、吸蜜鹦鹉、红翅鹦鹉（*Aprosmictus erythropterus*）、黑额矿吸蜜鸟、利氏吸蜜鸟（*Meliphaga lewinii*）、垂蜜鸟（*Anthochaera*）、裸眼鹂、拟黄鹂、乌鸦、渡鸦、蝙蝠等。在新南威尔士州的奥兰治（Orange）附近，摄食葡萄的主要害鸟包括：灰胸绣眼鸟、采蜜鸟、垂蜜鸟、黄脸择蜜鸟（*Lichenostomus chrysops*）、黑额矿吸蜜鸟、噪钟鹊和深红玫瑰鹦鹉（*Platycercus elegans*），此外还有外来物种椋鸟。这些不同种类的鸟是洞察力超凡的消费者，可毁坏多达85%的霞多丽葡萄。

同鸟类相比，本土昆虫甚至造成了更多损害，其中许多种昆虫的名字听起来像外来物种：南瓜甲虫（*Aulacophora hilaris*）、苹根天牛、樱桃天牛、苹果浅褐卷叶蛾。在澳大利亚，许多主要的害虫均为本地昆虫，如昆士兰果蝇（*Bactrocera tryoni*）、吸果夜蛾和蛾幼虫。棉铃虫（*Helicoverpa armigera*）和澳洲棉铃虫（*Helicoverpa punctigera*）是夏季作物（尤其是西红柿、玉米、紫花苜蓿和亚麻籽）的最大敌害，它们比任何外来物种都更可怕。它们也是对棉花威胁最大的祸根，正是因为这些飞蛾，农民才会持续喷洒农药，危害了人类健康。曾侵袭悉尼和堪培拉的布冈夜蛾（*Agrotis infusa*）也是令人痛恨的著名害虫，它们有时大量毁灭小麦和玉米。原住民曾经捕食它们，但现在我们反而在喂养它们。蝗虫、丽蝇（*Calliphoridae*）和大多数家居白蚁均为原生物种。造成《圣经》中大灾难的飞蝗（*Locusta migratoria*）分布广泛，从澳大利亚到亚洲和非洲都有发现。

澳大利亚昆虫凭借对“外来食物”的品味征服了地球。柑橘吹棉蚧（*Icerya purchasi*）成为一种全球性的柑橘果园害虫；澳洲蛛甲（*Ptinus tectus*）到处祸害储存的食物；蕨象鼻虫（*Syagrius fulvitarsis*）令夏威夷热带雨林中的蕨类植物枯萎；而澳洲皮蠹（*Anthrenocerus australis*）真的会攻击欧洲毛毯。作为回报，其他地方的动物也在利用、损害澳大利亚来的植物。巴西的桉树受到220种本地昆虫的危害，其中包括会摧毁整个种植园的切叶蚁。我在肯尼亚见过桉树的树皮被饥饿的猴子剥掉。美国加利福尼亚州的蜂鸟也以桉树为采食目标。在新西兰的一座岛上，濒危的缝叶吸蜜鸟依赖羽状合欢（*Paraserianthes lophantha*）的花蜜为生，这是种澳大利亚野生植物。从公路车祸造成动物伤亡的整体情况判断，有成群的负鼠和浣熊栖息于美国佛罗里达州广袤的五脉白千层（*Melaleuca quinquenervia*）树林中。澳大利亚白千层树为9种美洲哺乳动物、46种鸟以及34种爬行动物和两栖动物提供了栖息地。

数千株澳大利亚柳荆（*Acacia saligna*）正在南非开普敦附近的围场上发芽。就像澳大利亚松树种植园一样，这些地方并不像看起来的那样贫瘠。在一小块林地上，我可以听到海角金丝雀发出啼啭的颤音，同时看见一只暗棕鵟（*Buteo rufofuscus*）飞过，珍珠鸡（*Guinea fowl*）快速冲过，两只陆龟蹒跚地爬过。地面已被鼹鼠犁过。我还看到黑脸织布鸟用柳荆的小枝编织鸟巢。我必须说，很少有图像可与柳荆上的织布鸟相提并论，两者的色调均为绿色和金色，看起来非常协调，从而构成更加引人注目的画面，因为它超越了人们的想象。在对附近的柳荆进行了两小时的搜索后，我数出了多达20种鸟，尽管我不确定它们在吃什么。我确实知道狒狒、鸨和纹鼠（*Rhabdomys pumilio*）会采食柳荆的种子。非洲的斑拟䴕（*Tricholaema leucomelas*）在茎内挖掘巢洞，从而将它们的活动范围扩展到以前没有树木生长的地区。

在其他（与澳大利亚无关）的地方有更多关于本土动物捕食外来动物的例子，其中有些相当壮观。印度尼西亚的科莫多巨蜥（*Varanus komodoensis*）是世界上最丑陋恐怖的蜥蜴，主要以外来动物为食，它们捕杀野鹿、猪、山羊，有时还吃人。化石遗迹表明，科莫多巨蜥曾经捕食过现已灭绝的婆罗洲侏儒象（*Elephas maximus borneensis*）。在印度西部的吉尔森林，最后的亚洲狮（*Panthera leo persica*）主要以偷猎农民的牛为生。我和护林员一起寻找这些猛兽，把一个正在猎杀的狮群赶走，后来才知道那是4头小母牛。我是在一名护林员告诉我，我脚下正踩着爆开的胃时才注意到的，牛头就在不远处。难怪狮子看起来怒容满面。

所有这些故事都表明，没有任何自然法则强迫本地动物偏爱（甚至只专注于）它们的天然食物。有些动物确实是这样（比如以桉树叶为食的树袋熊），但很多动物不会。在我们看来，一只大口吃葡萄的噪钟鹊可能不太自然，但是这只鸟可不这么想。从本质上讲，它是个机会主义者。对本土野生生物而言，如今在澳大利亚繁衍生息的外来动植物提供了无数不容错过的好机会。

第 8 章
城市生态学
——城市生物与农场生物

“我们能否承认我们的普遍存在，并在研究中考虑这一点？”

——大卫·路德维希（David Ludwig），
美国生态学会（1989）

大多数动植物现在生活在人化景观中。它们的生活与我们直接相交，或是由于我们对景观所做的改变（包括我们引入的外来物种）而受到影响。自然和人可能被认为是不同的独立实体，但它们都存在于同一地方。人所在的地方也是自然所及之处。

但许多生物学家并不这么认为。澳大利亚格里菲斯大学的卡拉·卡特罗尔（Carla Catterall）对我讲道：“生态学兴起时，我还是一名学生，我学到的是：生态学是对自然过程的研究。如果你要进行生态研究，就必须在远离人类影响的自然场所进行。否则，你的工作可能被批评为不是对自然过程的真正研究。如今，人们更能欣赏生态过程在继续发展这一事实，无论人类是否构成该系统的一部分。”

在英格兰，动物们别无选择，只能与人类共处，生态学家愉快地研究拆迁现场的甲虫和采石场的蝾螈。他们出版了《垃圾弃置场的生态学》等书籍，还就一些主题展开了热诚的写作，如“犬科动物区”，即藻类、苔藓和地衣的附生群落，它们为狗抬起后腿做标记的树桩表面增添了色彩（吸收了排泄物的树皮吸引的苔藓量最多）。澳大利亚生物学家不妨以他们为榜样，更加留意人类设计的生境。

我最感兴趣的生境是城市，因为我就住在城市中。城市是令人惊奇的地方。在生态意义上，它们比我们大多数人想象的重要得多，正如第5章中对污水的探索所示。城市旨在为大量人口提供大量资源，由此为某些动物和植物提供了绝佳机会。城市资源既丰富又可靠，在干旱多发地区有重要价值。

城市蕴藏着诸多惊喜。在墨尔本（梅里梅里溪）、悉尼（国家公园）、布里斯班（金达利区、肯莫尔区）和霍巴特（距邮政总局大楼1.3千米处），有鸭嘴兽（*Ornithorhynchus anatinus*）出没。在昆士兰州海港城市凯恩斯，30～50条长达4米的鳄鱼长期潜伏在“三圣湾”（Trinity Inlet）。最近有位出租车司机开车碾过了一条鳄鱼，他还以为驶过了一条减速带。夜间，被称为塔斯马尼亚恶魔的袋獾（*Sarcophilus harrisii*）在霍巴特的边缘地带嗅探。企鹅生活在靠近墨尔本市中心的海滨小城圣基尔达（St Kilda），而亚拉河沿岸有虎蛇（*Notechis scutatus*）。体长达2米的短尾真鲨（*Galeolamna macrurus*）生活在布里斯班附近卡尔布鲁克的高尔夫球场人工湖中。石纹叶趾虎（*Christinus marmoratus*）栖息于墨尔本公墓，而砂巨蜥（*Varanus gouldii*）生活在西澳大利亚州珀斯的卡拉卡塔公墓，它们从坟墓间的洞穴中钻出来，趴在升温更快的暗色墓碑上晒太阳。在悉尼地区发现了澳大利亚半数以上的鸟类物种，超过70种鸟造访过墨尔本动物园的场地，距离市中心3.5千米，其中包括8种猛禽。其他国家的城市中也发生着许多惊奇事件，包括印度的城市猴子和孔雀。10年前我在孟买，当时有只豹子在市郊袭击了一名男子（他逃出生天，但失去了下颌）。

在动植物利用人类的众多方式中，有些联系是通过选择形成的，有些可以追溯到很久以前，并且没有一种应当被视为不自然。但是，所有这些相互作用如何在整个生境内（例如城市中）发挥作用？我们所看到的事实背后的生态原理是什么？

我们研究最多的城市动物大概是蚊子，原因是令人担忧的罗斯河热正在我们的城市中激增，这是一种由蚊子传播的有袋动物疾病。布里斯班郊区是至少5种蚊子的家园，包括耐污染的致倦库蚊（*Culex quinquefasciatus*），它们喜欢栖息在下水道和污水处理场。每种蚊子的行为都不同。致倦库蚊晚上会在我的卧室里嘤嘤叫，而家居柜里常见的伊蚊（*Aedes notoscriptus*）则保持沉默，天黑前待在外面咬人。这种漂亮的伊蚊腿上有白色条纹，身上有白色斑点，是都市“终极居民”。它们在后院的排水沟、鸟浴盆、桶、罐头、轮胎和水箱中繁殖。孑孓（幼虫）甚至从容地栖息在盆栽植物下充满水的托盘中、凤梨科盆栽植物的叶腋中以及烧烤架旁的啤酒瓶中。人们发现它们在墓地的花瓶中大量繁殖。为了抵御鱼和其他敌害，它们将卵产在高出地面、阴凉或半阴凉的地方。

这些蚊子过去是热带雨林昆虫，雨后在树洞、叶腋和飘落的棕榈叶中繁殖。如今，它们仍在利用公园里的无花果树和其他雨林树木的孔洞（不包括桉树，因其树干没有可蓄水的空洞）。只要露台植物获得了水，它们就能繁殖，并度过最长的干旱期。它们在城市家园中茁壮成长。其他一些种类的蚊子在城市边缘的沼泽地繁殖，嗡嗡飞着去觅食，但伊蚊不需要这样。一项研究发现，伊蚊一生中的最大飞行距离仅为238米。该研究发表在国际《医学昆虫学杂志》上，我对此特别感兴趣，因为这项研究是由和我住同一条街道的科学家在这条街道上进行的。幸运的是，我没有被他的3000只染成粉色或蓝色的蚊子咬到。

城市中的狐蝠也成为了研究对象。当弗朗西斯·拉特克利夫（Francis Ratcliffe）在20世纪30年代将它们作为果园害兽进行研究时，狐蝠的大多数聚居地都隐藏在“人迹罕至且通常无法进入的地方”，主要位于热带雨林和红树林中。但是，正如我们在前文看到的，如今大多数狐蝠都睡在城镇里，住在房屋的沟壑中。当今布里斯班的许多狐蝠聚居地与拉特克利夫时代不可相提并论。蝙蝠进入城市是因为森林萎缩（尤其是生长在肥沃土壤上的高生产力森林），以及城市树木多产且可靠。尼基·马库斯（Nicki Markus）对布里斯班的几只黑妖狐蝠进行了无线电追踪，发现它们偏爱郊区且忠诚度非常高。狐蝠夜复一夜来到同一条街上，有时到同一棵树上休息，直到她的研究结束，都能看到它们每个月来到这里。狐蝠就像所有老练的出租车司机一样了解布里斯班。它们特别偏爱垂叶榕（*Ficus benjamina*）、皇后葵（*Syagrus romanzoffianum*）和朴树（*Celtis sinensis*）等外来植物的果实，以及昆士兰州北部的托里桉（*Corymbia torelliana*）花蜜。蝙蝠使城市树木得到了额外的水和肥料，带来更多的繁花硕果。布里斯班最内层栖息地（诺曼溪）的蝙蝠获取食物所需的平均飞行距离为2.9 千米，明显短于生活在更远处的蝙蝠（平均7.5千米），这要归功于旧公园里巨大的无花果树，而蚊子也在这些无花果中繁殖。尼基发现，“在城市环境中，更定栖的生活方式是由资源的可靠性促成的”。拉特克利夫曾坚持认为，蝙蝠“在任何情况下”都不会在桉树林栖息，但今天它们悬挂在桉树和澳洲木麻黄树上。

在布里斯班以南，蝙蝠已经在许多城镇和4个首府城市（悉尼、墨尔本、阿德莱德和堪培拉）形成了聚居地。墨尔本的灰头狐蝠（*Pteropus poliocephalus*）全都在公园和花园摄食摩顿湾无花果、桉树花、核果和地中海无花果。在冬季，大多数狐蝠向北迁徙，留下的依赖新南威尔士州和昆士兰州公园中斑皮桉（*Corymbia maculata*）充裕的流蜜期为生。墨尔本聚居区是地球上最靠南的狐蝠栖息地，冬天也留在那里大概是因为这座城市很温暖（在欧洲和北美洲，城市的热量使许多鸟类和植物受益）。蝙蝠已经改变了它们的食谱、栖息地、分布和迁徙，以适应人类的活动。如今，灰头狐蝠正在成为人类的共生体，在生态上与智人息息相关。

猛鹰鸮（*Ninox strenua*）是体型最健硕的夜行性猛禽，长着闪亮的黄色眼睛。它们也过起了城市生活，令专家大跌眼镜。1968年，博物学家大卫·弗莱（David Fleay）将其描述为“高度紧张、异常害羞和警惕”，认为它们属于“山林生境中的密集沟壑”。他若得知猛鹰鸮就栖息在我们两个最大的城市中，必定会惊得目瞪口呆。猛鹰鸮栖居在繁忙的小路上，咳出袋貂皮毛和骨头的食团。其中有只猛鹰鸮许多年前首次出现在墨尔本的皇家植物园；2000年，人们第一次在悉尼的花园里看见它们。科学家声称，猛鹰鸮需要300～1500公顷完整森林的广阔领地。在维多利亚州，它们被列为濒危物种；在昆士兰州，它们被列为易危物种。它们还没有搬进布里斯班的城市花园，但确实在利用以郊区为界的丛林保护区。布里斯班的猛鹰鸮数量是100年来最高的，这可能要归功于城市中的袋貂和蝙蝠。人们还知道，悉尼的猛鹰鸮会捕捉猫。森林中的猛鹰鸮确实需要广阔的领地，因为那里的食物并不充裕。花园和公园每公顷的树枝上承载着更多的食物，因此猛鹰鸮无须在广阔的空间觅食。城市猫头鹰面临的问题是寻找树洞筑巢。

城市是可靠的地方。蚊子、蝙蝠和猫头鹰通常会在那里得到它们需要的资源——水、血、花蜜、水果、肉。城市的供应不受干旱或丛林大火的限制，这在如此不可靠的澳大利亚土地上是一大优势。对那些适应了城市生活的生物而言，城市是资源富足的地方。猫头鹰并不是最好的例子，它们主要依靠森林为生，在城市中的栖息地很小，但很多鸟类确实在城市中生活得很好。堪培拉的鸟类研究者在对首都地区进行详细调查后了解到了这一点。堪培拉原意为“聚会之处”，从鸟类的视角来看，这个名字恰如其分。更喜欢城市而非乡野的鸟类包括我在前文提到的所有使用人工湖和水坝的水鸟。还有一些摄食水果和昆虫的鸟类会在天然食物短缺的冬季进入城市。在夏季，灰胸绣眼鸟在首都地区各处漫步，到7月就只剩下堪培拉市内的鸟群了，大约有100只。在冬季堪培拉庞大的鸟群中，也可发现暗褐吸蜜鸟，1963年之前首都地区从未有过关于该物种的记录。大鹃鵙（*Coracina novaehollandiae*）和王鹦鹉（*Alisterus*）也在冬季进入城市。燕子、红隼和冠鸠（*Ocyphaps lophotes*）的数量近来急剧增长，它们在首都周边的围场中生存状态最佳。堪培拉气候温和，花园葱郁，山林密布，现在对鸟类具有重要的区域意义。这座城市显然供养着一些吸蜜鸟，这些鸟在夏季涌入更南边的纳玛吉（Namadgi）国家公园。如今，城市在生态上与国家公园相连。

在北边，生物学家斯文·塞维尔（Sven Sewell）和卡拉·卡特罗尔（Carla Catterall）发现布里斯班花园中的鸟类密度特别高。“在夏季，种有植物和树冠覆盖的郊区的鸟类物种丰富度远高于包括原生林在内的任何其他生境；在冬季，郊区鸟类丰富度与原生林相当。”树木繁茂的城市可稳定供应更多果实和花蜜，并很可能滋生更多昆虫（这些昆虫以生长在肥沃土壤上、浇水充足的园林植物为食）。若将桉树保留在住宅区，它们最终会比森林中的树木开花更旺盛，这归因于更高的光照水平，可能还有花园中额外的水分和养分。斯文和卡拉记录，生长在城市区（在保留桉树的“树冠覆盖郊区”内）的桉树，开花的占2/3，但在森林里只占10%～20%。许多花园里也种着开花的银桦（培育为大量连续开花），而这种树在当地森林中根本不存在。在世界各地，当调查样带从城市延伸到森林时，我们发现鸟类的最高数量通常不是出现在森林，而是出现在植物茂密的城市远郊或作物多样的农田。在英国，城市生态学家O. L.吉尔伯特（O. L. Gilbert）指出：“研究认为，在所有生境中，郊区花园有着最高的繁殖期鸟类密度。”牛津的乌鸫（*Turdus merula*）种群密度达到了林地乌鸫密度的20倍。吉尔伯特认为：“大部分花园鸟类和林地鸟类同源，它们发现其栖息地的植被拼接结构类似于最丰富的林缘群落交错区。”这也可能是真的。

显然，城市中某些动物的密度非常高：袋貂、海鸥、吸蜜鹦鹉、蝴蝶、绿蚂蚁，还可以列出很多。我作为环境顾问，在城市附近的森林中开展动物群调查，经常对我未能发现的生物感到惊讶。即使身处完好无损的森林生境，要找到一只环尾袋貂、喜鹊、鹊鹨或栅栏石龙子也非常困难，这个事实令人惊奇。在英格兰，刺猬、狐狸和青蛙的密度在郊区达到了顶峰，在美国，浣熊、郊狼和负鼠也是如此。白尾鹿（*Odocoileus virginianus*）的密度在芝加哥市区高达每平方千米26只，而在森林中仅为10只。我见到第一只条纹臭鼬（*Mephitis mephitis*）时，它正躲在车底下。

一天早晨，我在我的花园里做了一个小试验。我漫步5分钟，共数出14只草石龙子（*Lampropholis delicata*）。然后我沿着郊区的山脊线驱车1千米，到达最后残存的一小片森林，这是个在方位和海拔上都与我家花园相当的地方，注定很快就会被新建房屋淹没。我搜寻了27分钟才找到一只蜥蜴，它属于在花园中从未发现过的一个物种。后来我看到一条鞭蛇和几只栅栏石龙子，但我在长达1小时的搜索中没有找到任何草石龙子。它们不在那里。回到车上后，我在公路对面的花园里发现了一只。这更加证明了城市的确存在生态系统。山脊上有森林时，就不会有草石龙子，它们会避开干燥的斜坡。凌乱的花园到处都是昆虫，这比大自然中的任何环境都更适合它们。房屋和花园建起来后，草石龙子会搬进这片最新的野地，然后还会引来掠食性的白皇冠蛇（*Cacophis harriettae*）——它们也最喜欢花园。我在我家外面抓到一条，它比书上记录的最长个体还要长。那个山脊终会出现比以前多得多的爬行动物，但重要的一点是，不会再有那么多的种类。

常见的场景是：人工环境所支撑的动物数量比森林多，但总体上物种数（种类）较少。这是我对城市中的野生生物状况感到不太满意的一个原因。赢家兴旺，输家消失。昆士兰州南部的果蝇就符合这种模式。热带雨林中的物种数（种类）最多，但总体而言，花园中的果蝇总数更多，因为在后院水果上，昆士兰果蝇（*Bactrocera tryoni*）

和褐肩果实蝇（*Bactrocera neohumeralis*）的生存状态极佳。S. 拉古（S. Raghu）认为，如今这些果蝇偏爱的繁殖栖息地是郊区，因为花园里的水果比雨林里的浆果大得多，也更丰富。作物和种植园也给其他昆虫（和鸟类）提供了类似的好处。

由于结构上的多样化，城市最终拥有的物种数量比人们能想象的更多。从高处看，这里绝不只有建筑物和道路。从城市的混凝土灵魂到植物茂密的边缘地带进行样带调查，你会穿过万花筒般的栖息地：住房、公园绿地、水道、荒地、野草丛、高尔夫球场、桥梁、残余的森林、水库、更多住房、采石场、水坝、围场、果园、乡村庄园、商品农场、污水处理场，其中每一处都有其独特的物种组成。例如，三色麦鸡（*Vanellus tricolor*）专门栖息在小型飞机场。相比之下，森林的变化较少。城市的小片地方也优于森林。一座规划散乱的花园可能有岩墙、草坪、灌木丛、堆肥、木桩、鱼塘、鸟浴盆、树木、房屋、车库和花园小矮人。若是考虑每一种野草和园林植物，它们的植物区系通常比同等面积的森林更加多样化。由于这种多样性，城市最终容纳了许多来源各异的物种，有栖息在悬崖上的游隼、海滨的海鸥、沼泽蛙类、热点雨林的昆虫、林地鸟类和洞穴飞蛾，所有这些物种都以新的组合形式一起出现。

原生植物在城市中的生存状态不良但也有例外。为了应对沉积物淤积和污染，悉尼和布里斯班的红树林正在扩张。布里斯班的草坪上，最难处理的野草是孔颖草（*bothriochloa decipiens*），这种原生植物成为了我家小径上的优势物种，同时原生的酸模（*Rumex brownii*）和竹节菜（*Commelina diffusa*）在屋后草地上生长得很好。在我们的城市中，人们忽视了许多微小的原生植物，它们生长在风化的人行道和路面裂缝中。

当然，城市对大多数野生生物并不友好。能够利用城市资源的物种百分比仍然相对较少。例如，淡水鱼的生存状况就非常差。墨尔本皇家植物园的湖里有很多体型浑圆的鳗鱼，但我无法举出很多这样的例子。然而，我要指出的是，我们的城市获得的物种数量似乎多于失去的物种，至少对于鸟类而言是这样的。这种趋势在英格兰非常显著，那里的红隼、红腹灰雀（*Pyrrhula pyrrhula*）、金翅雀（*Chloris sinica*）和喜鹊数量在成倍增长。澳大利亚的每位观鸟者都会想起15年前不曾出现过的鸟。自1958年以来，悉尼的研究者已记录到50多个新鸟类物种，尽管其中大部分不过是偶尔出现的离群鸟或海鸟。在悉尼，数量增长的鸟类包括灌丛火鸡、噪鹃（*Eudynamys scolopaceus*）、沟嘴鹃（*Scythrops novaehollandiae*）、缎蓝园丁鸟（*Ptilonorhynchus violaceus*）和猛鹰鸮。沟嘴鹃是一种杜鹃，它们将红垂蜜鸟（*Anthochaera carunculata*）作为寄主，而红垂蜜鸟的数量随着天花菜类植物的种植而增加。更多的花意味着更多的杜鹃。鸟类正在对城市绿化和更友善的价值观做出响应。过去，城市边缘的动物遭到无情射杀。1902年，弗兰克·利特勒（Frank Littler）写道："贪得无厌的天生杀戮欲望是澳大利亚年轻人最糟糕的特质之一。他们似乎觉得他们有权决定去'杀戮、杀戮、再杀戮'。"直到1958年，一位悉尼的鸟类爱好者还抱怨说："持续的枪声正在成为一种司空见惯的声音。"

白头鸽（*Columba leucomela*）是布里斯班的新来者之一，人们发现它们在公园里吃香樟树的浆果。我曾经想弄明白，这些漂亮的鸟是在城市中筑巢（周围有大量富于攻击性的鸟），还是退避到附近的热带雨林中繁殖。我在1997年初找到了答案。那时我刚回国，便在花园里发现了一对白头鸽。它们的巢藏在一棵树高处的浓密茉莉花中。我调整了日程安排以更好地观察它们，从阳台上的早午餐开始，傍晚边喝啤酒边结束一天的观察。雄鸽白天坐在巢上孵蛋，雌鸽于每天下午4:30～5:30之间接替雄鸽。每天早上，雄鸽都会回巢。后来，我看到雌性雏鸟出现，雄鸽给它喂食物。我看着这对白头鸽交配。雌鸽用一条腿蹲下，而雄鸽在配偶的背上来回踩踏，然后从后面交合。伯劳鸟有时会骚扰这对温顺的白头鸽，但从未发现它们隐藏的巢穴。我对白头鸽很熟悉，惊讶地发现以前从未有人记录过它们的繁殖仪式。我是第一个看到它们交配的人，我还了解到雄鸽白天孵卵，而雌鸽晚上孵卵。读者可能也是在本书中第一次了解到这个知识。这是个有趣的例子，表明城市具有重要的生态意义。我在我家受潮谷物上方的阳台记录了雨林鸟类的隐秘生活。我也并非住在丛林附近的农场：我家周围有数百幢房屋。城市是值得认真对待的生境。

鸟类在城市定居时具有飞行的优势，但其他群体如何呢？它们的数量在增长吗？近年来，两种本地蚂蚁在我的花园中定居，一种为多刺蚁属（*Polyrhachis*）的物种，很可能是附在苗圃植物上，从附近的热带雨林进入城市的。我还获得了新植物，因为鸟类排泄出了它们的种子，包括美国尖叶扁柏（*Chamaecyparis thyoides*）、无花果（*Ficus coronata*）和红冠果（*Alectryon tomentosus*），我家草坪上还长出了以前不存在、蔓生的大豆属（*Glycine*）植物。这些例子本身并不能证明什么，但我确实质疑城市是野生生物荒漠的说法。这是个仓促通过的判决。我觉得我们的城市将继续积累物种，但对草木丛生的边缘地带进行开发，将会使那里损失的物种数量超过收获的新物种。

动物通过改变生活方式来适应城市生活。与丛林中的喜鹊相比，郊区的喜鹊占据的领地更小，繁殖更早，攻击人类的频率更高。北领地首府达尔文的棕斑嗜蚊蜜鸟几乎可全年繁殖（林地中的该物种只有4个月的繁殖季）。它们通过食用花园里的昆虫和大叶相思树（*Acacia auriculiformis*，一种常见的城市外来植物）种子的假种皮，获得了极高的营巢成功率。许多城市鸟类都熟悉垃圾桶，还知道如何向人类讨食。你可以看到，年轻的伯劳鸟向它们的长辈学习如何从人类那里要肉吃。在英格兰，城市里的乌鸫鸣叫得更快，这可能也适用于所有城市鸟类。

我们的城市和其他人工环境正使一些物种成为生存赢家，而使其他物种沦为输家，我们有必要为了输家的利益了解个中原因。动物的哪些特质使它们易于比其他动物生活得更好？侵略性很可能是其中之一。海鸥、喜鹊、伯劳鸟、黑额矿吸蜜鸟和吸蜜鹦鹉都非常好斗。澳大利亚花园里的鸟类往往体型较大，因为小鸟被赶出去了。当资源充沛时，侵略性最能发挥效用。重要的不是寻找食物的技巧，而是成功抵御竞争者的能力。海鸥依据此法则为生。最笨的海鸥也能够在城市中找到食物，但最好的食物归占据优势地位的鸟类所有。温顺的鸟不能在海鸥群中进食。这是个可悲的事实，但是当人类提供花蜜、腐肉或残羹剩饭等丰富的食物时，人类都是在奖励侵略行为。

另一种关键特质是好奇心。行为主义者用“偏爱新奇”（neophilia）描述乐于尝试新事物的动物，而用“恐惧新奇”（neophobia）来形容相反类型的动物。在城市中，偏爱新奇的物种生存状态最佳。在美国，幼年歌带鹀（*Melospiza melodia*）比幼年沼泽带鹀（*Melospiza georgiana*）对新食物更加好奇，使用的栖息地范围也更广。那里的人们尚未研究过“偏爱新奇”现象，但许多成功的鸟类都符合该标签。很久以前，约翰·古尔德对笑翠鸟描述道：“它绝无害羞的性情，当任何新物体引起它的注意时，例如一群人穿过灌木丛或在它附近扎营，它就会变得非常好奇、喜欢窥探，常栖息在附近某棵树的枯枝上，好奇地观看人们点火、准备餐食。”难怪这些鸟学会了晚上在橄榄球场的灯光下偷野餐香肠和捕捉猎物。

海鸥是创新大师。它们在天空、水中和土地上采集食物；它们会在野外跟随小船、海豚和田里的犁觅食；它们从渔网里把鱼叼走，坐在鹈鹕背上，晚上在灯光下觅食；它们在海豹分娩幼仔后会将头插入海豹的阴道内吞食脐带；它们能够消化几乎任何东西：蛇、蝎子、污物、种子、鱼、浮游生物、比萨饼、虾、腐肉、内脏。它们在电缆塔、护栏柱、漂流的小船、船只残骸、洞穴和遗弃在海滩上的箱子里筑巢，使用羊毛、绳索、蓟和铁作为筑巢材料。海鸟生活在城市中并为争夺残羹剩饭而斗殴，这看起来有些超现实——它们必定属于沙滩和大海，而不是水泥。偏爱新奇和侵略性是海鸥成功的关键。陆地和海洋交汇的海滨有如此丰富的生存机会，以至于孕育了一种擅长探索新事物的鸟类。

好奇心可能解释了为何葵花凤头鹦鹉（*Cacatua galerita*）和长嘴凤头鹦鹉会咬穿并撕掉新种植的农场树苗，却不食用它们。这些鹦鹉破坏了为控制侵蚀和盐度而种植的幼苗，从而阻碍了生态保护工作。但它们从不伤害天然树苗。维多利亚州政府进行的一项调查得出了结论："凤头鹦鹉可能被新挖掘的土壤所吸引，也可能在调查人们究竟在进行什么工作。"好奇心会带来回报，一些凤头鹦鹉在挖出马铃薯时学到了这一点。报告指出："如果这种关于食物来源的知识传播开来，就有可能成为一个重大问题。"肯定会的。白凤头鹦鹉（*Cacatua alba*）拔出屋顶的钉子时也可能是出于好奇心（这是一个常见问题）；粉红凤头鹦鹉也是如此，好奇驱使它们探查烟囱、风车磨坊和管道，然后在其中筑巢。偏爱新奇很可能与智力有联系，而鸟类的智力与前脑的大小有关。澳大利亚的一项研究发现，新颖的摄食方法与前脑大小之间存在相关性，鹦鹉和鸦科（*Corvidae*）鸟类名列前茅。澳大利亚的乌鸦、噪钟鹊、喜鹊、伯劳鸟和红嘴山鸦（*Pyrrhocorax pyrrhocorax*）都属于鸦科，显然非常聪明。不过，这项研究也显示，试图将成功与内在属性联系起来的做法具有局限性。许多鹦鹉虽然很聪明，但却长期滞留在濒危物种名单上。赢家和输家通常密切相关。这个道理同样适用于前脑很小的鸭子。显然，你不可能比鸭子更笨。

另一个生存状态良好的动物群栖居在边缘地带。我之前提到过袋鼠和沙袋鼠有多么喜欢人类创造的区块式植被（植被间群落交错）。人们进入森林时会清理出空地，居住在平原时会种植树木。尤金·奥杜姆（Eugene Odum）在《生态学基础》（1971版）中写道："无论人类在何处定居，都倾向于在其居住地附近维持森林边缘群落。"调查显示，栖息在森林边缘的生活状况最好的鸟类包括喜鹊、乌鸦和歌择蜜鸟（*Lichenostomus virescens*）。边缘地带的鸟类通常是黑白相间的，这种体色模式在开阔的乡野非常易于识别。

飞行能力显然是城市动物的一项优势。在城市中，鸟类、蝴蝶和蝙蝠的生存状况优于大多数地面动物。在植物中，偏爱翻动过的富含养分土壤的植株通常长势良好，但条件是它们不能过于美味可口而成为动物食用的对象（天鹅绒独行菜就是这种情况）。相比于城市，农场为本土植物提供了更多机会。澳藜（*Sclerolaena birchii*）专门生长在裸地，它们带芒刺的小果实附在绵羊身上四处传播，然后在畜群过度放牧的土地上成千上万地发芽。但这些例子仅触及问题的表面。至于哪些生物在人工设计的生态系统中生存状况最好，尚未有充分研究。

需要说明的一个关键点是，许多物种既是赢家又是输家，这取决于它们栖居的地方。丛石鸻在维多利亚州濒临灭绝，但在更北的地方很常见，它们在布里斯班的公园里繁殖，在汤斯维尔的人行道上昂首阔步。褐刺嘴莺（*Acanthiza pusilla*）在墨尔本和堪培拉的花园中闲逛，但它们不出现在悉尼或布里斯班，尽管在那附近生活。有些鸟类在一个城市里生活得很好，但在其他城市中的生存状况不佳，例如铃鸟（墨尔本）、红嘴山鸦（堪培拉）、歌择蜜鸟（珀斯）和戈氏姬地鸠（汤斯维尔）。这些实例告诉我，本地化的学习能够在物种的成功中发挥作用。

澳洲白鹮（*Threskiornis moluccus*）成为了一个本地化学习的可怕例子。20世纪60年代中期，墨尔本附近的希尔斯维尔（Healesville）野生动物保护区从维多利亚州北部克兰镇（Kerang）附近的奶牛沼泽（Cows Swamp）获得了一些澳洲白鹮雏鸟。几年之内，保护区将它们养在鸟舍内繁殖，并将一些白鹮捆住翅膀放养在开放池塘中。结果它们引来了野生白鹮，形成了一个野生繁殖群。这些白鹮很快成为害鸟，它们向人类乞食，以排泄物杀死树蕨，并偷取为有袋动物准备的食物颗粒。一只白鹮学会了打开自助餐厅的电动门并飞进去（在其他白鹮学会这个技巧之前，它就丧命了）。数百只白鹮在附近的垃圾弃置场觅食，并在晚上返回栖息地。1978年，那里有700只白鹮；到

1980年，白鹮的数量增长至1600只。结果，保护区赶忙控制它们的数量。

1971年，在这些问题浮现之前，悉尼塔龙加动物园（Taronga Zoo）从希尔斯维尔获得了14只澳洲白鹮，用以建立自有的野生白鹮群。1973年，当第一只在野外出生的白鹮雏鸟长羽毛时，动物园认为大获成功，发布了一篇自吹自擂的新闻稿。“这次成功孵化可说是塔龙加动物园鸟类饲养工作人员的胜利：它很可能是多年来在悉尼周边地区孵化的唯一一只白鹮，证实了建立自由鸟群试验的成功。”这个“自由鸟群”每天与火烈鸟共进早餐后，就到莫斯曼地区周围闲逛。新闻稿自鸣得意地宣称：“这项试验产生了奇迹般的效果。”但多年来，白鹮种群在悉尼全境成倍增长并扩散。如今，有白鹮在公园里闲逛，还溜进英王十字区（Kings Cross）的后巷中。它们搜刮垃圾箱并惊吓儿童。在植物学湿地的一处繁殖地，罕见的日本沙锥鸟流离失所。前动物园园长罗纳德·斯特拉汉（Ronald Strahan）公开承认，他的动物园引发了悉尼的白鹮问题。他告诉我说：“我无法证明这些，但我的良心确实不安。”释放白鹮群的动物园饲养员（现已退休）也对此深信不疑。

20世纪80年代初，希尔斯维尔野生动物保护区为了解决白鹮问题而采取的对策是：将一些白鹮送给其他保护区。堪培拉附近的提宾比拉（Tidbinbilla）自然保护区接收了20只，黄金海岸的可伦宾（Currumbin）保护区接收了24只，这两处保护区均将白鹮自由放养。这些精明的白鹮将坏习惯带入了新保护区。在提宾比拉，它们袭击了动物饲养员并弄脏树木，人们现在戳破它们的蛋以抑制白鹮数量。希尔斯维尔和提宾比拉地处乡野，而可伦宾和塔龙加位于城市中。灾难接踵而至。希尔斯维尔的前员工杰夫·安德伍德（Geoff Underwood）说：“我确实警告过他们。”很快，白鹮就用尖嘴攻击游客、掀翻垃圾箱、吓唬孩子、在餐馆里转来转去（每群可达70只）、扰乱赛狗活动（分散狗的注意力），并令疗养院的人们神经紧张。旅游业者感到担心，因为这些大鸟正在骚扰富有的日本游客。白鹮还在库伦加塔（Cooloongatta）机场的14号跑道旁筑巢。1995年的平安夜，不可避免的事情发生了：澳洲航空公司的一架空中客车撞上了一只白鹮。在一年中最繁忙的时段，一台发动机损毁，一架飞机停飞，澳洲航空公司因此损失了数百万美元。白鹮管理协调组（IMCG）随后成立。黄金海岸市政委员会引进了防白鹮垃圾箱，垃圾堆上的白鹮受到牧鞭、弹弓、汽车喇叭、风筝、气球、鹮鸟告警声和味觉威慑剂的轮番驱赶，但这些方法都没有奏效。人们从它们的繁殖地点移走了蛋和鸟巢（没有伤害成鸟或雏鸟）。1999～2000年的一年间，就有9000只白鹮蛋被销毁。

虽然黄金海岸饱受白鹮困扰，但是位于其北边仅50千米的布里斯班很长时间都安然无事。然而几年前，白鹮突然出现在布里斯班市政厅前的乔治国王广场。它们显然是温顺的黄金海岸来客，老练地探查人们的口袋。IMCG的一位成员告诉我，这些白鹮是在人们努力驱散它们在黄金海岸的聚居地后才到来的。布里斯班可能在向白鹮灾难迈进。乔治国王广场上已经竖起了“勿投喂白鹮”的牌子。在办公大楼上空盘旋的一些白鹮很可能是20世纪60年代在维多利亚州北部捕获的建立者种群的后裔。可伦宾奇迹般地逃脱了这场灾难的任何责任。IMCG一直表示，20世纪80年代的内陆干旱迫使白鹮飞到黄金海岸。但是为什么遭受旱灾的白鹮会突然到达黄金海岸，却忽视仅50千米外的布里斯班呢？这些白鹮的翅膀非常强壮（它们不时飞到新西兰），但它们通常忠于出生地。动物似乎可通过驯化来适应城市生活。

在城市，很多人不断给鸟类喂食，照顾受伤的野生动物，因此更多物种可能会选择城市生活。但不是整个物种，只是温顺的种群会这样做。如果得到的好处明显增加，它们可能会大量繁殖，并占据新的生态位。其结果尚不可预知，也许可以接受，也许会造成灾难。人们常向错误的动物投喂食物，比如澳洲野犬。在昆士兰州中部的“宝石产地”，人们会投喂生活在淹没的矿井周围的澳洲鹤（*Grus rubicunda*）。生物学家本·克勒（Ben Kele）告诉我："澳洲鹤进入蓝宝石产区（Sapphire）的一处房车公园里找食吃。幼鹤似乎躲在五金店。那里有棵大无花果树，成鸟喂食雏鸟后外出。五金店老板似乎并不介意。"我曾经在磁岛（Magnetic Island）上受到了一只鹤的袭击，它是从一个保护区逃出来的。它在一家商店外与我对峙，啄我手里拿着的牛奶，当牛奶洒了我一身后，它低下头，隔着我的裤子抓住了我的私处，在我后退时仍抬起翅膀紧抓不放。它清楚地了解我的解剖结构，在做出这个尴尬拥抱之前就把头偏向了一边。

随着动物们学会新的技巧，人类与野生动物之间的屏障正在弱化。弗雷泽岛的澳洲野犬以最恐怖的方式证明了这一点。2001年，一个男孩被澳洲野犬撕咬致死。随着人们不断地大量投喂和饲养动物，"自然"变得不那么"自然"了。宠物和野生动物之间的界限有时愈发模糊。有时候，动物的新行为可产生好的效果。事实证明，在毛里求斯，人工饲养的濒危物种红隼比野生红隼掌握了更多技能，其中一些会飞进城市花园，这种全新的行为可带给它们更加光明的未来。或许我们也可以训练这里濒危的赤鹰（*Erythrotriorchis radiatus*）来帮助它们适应。不过，任何此类项目都有产生问题的风险。

城市是本章的主题，但关于农场和其他人化生境还可以举出很多类似的例子。我在前文中叙述的稻田、甘蔗、农场水坝和松树种植园的故事说明了这一点。如今，形形色色的物种都在很大程度上依赖农场为生。例如，在西澳大利亚州，大多数鸸鹋现生活在绵羊放牧的土地上。如果想要找到鸸鹋，就先找绵羊。我并不是在用这样的例子暗示，农民正在为野生动物做他们分内的事。澳大利亚的土地管理并不光彩：我们的受胁物种清单和盐度问题证明了这一点。我从来认为，因农作物之故砍伐更多森林的行为不可原谅，即使某些动物可从中受益。昆士兰州的蔗农砍伐树林的行为已将桃花心木袋鼯（*Petaurus gracilis*）推向灭绝的边缘，而新南威尔士州的稻农正在摧毁无限宝贵的原生草原。农民应当为所有无法利用牧场或农作物的动物留出更多土地。甘蔗农场主罗斯·迪格曼（Ross Digman）在他挖掘的潟湖中养了一条鳄鱼，并指责其他农民没有做更多事情。生态环保主义者谴责这个国家的土地管理，他们的批评是正确的。尽管如此，重要的是要注意，农场就像城市和其他人为环境一样，确实为野生生物提供了栖息地。农场的资源养育了很多物种，通常比我们想象的还要多。

我已试图解释，为什么一个人化的环境（一座城市）对动物如此有吸引力，以及为什么它适合某些物种的程度远高于其他物种。城市是维持多样化动物群的复杂生境。对某些动物而言，城市可谓死亡陷阱；对另一些而言，城市是资源丰富的天堂。大部分物种（包括大多数植物）不能生活在其中，但凡能生活在城市中的物种通常可达到种群繁盛。不幸的是，喜欢城市的动物通常在农田里也生存得很好，这意味着城市加剧了一种趋势：人类对某些物种的帮助以牺牲其他物种为代价，从而创造了一个由赢家和输家组成的不断变化的世界。

第二部分

位置变换

冠鸠跟随人类砍伐森林的活动，从澳大利亚内陆林地来到了墨尔本树木疏落的城市公园；红背蜘蛛搭成木材和排水系统迁移，然后很快在新的家园定居；青蛙挤进香蕉间的缝隙，和水果蔬菜一起进入市场……

物种分布的变化组成一幅错综复杂的图景，此时我们应当如何定义“原生”与“外来”的种群呢?

第9章

迁 移

——动物扩大活动范围

“并非所有流浪者都迷失了方向。”

——约翰·罗纳德·瑞尔·托尔金

（J.R.R. Tolkien），《魔戒》

博物学家约翰·吉尔伯特因其死因而为世人铭记——他被原住民的长矛刺入胸膛而丧生。吉尔伯特受19世纪英国鸟类学家约翰·古尔德的影响，在澳大利亚西南部居住了6年（1839—1845年），想发现新的鸟类。现在看来，在他所做的观察中没有被提到的鸟类更令人注目。吉尔伯特没有提到珀斯周围的鹮或琵鹭，然而今天那里存在5个物种。他没有看到黑水鸡、粉红凤头鹦鹉、蛇鹈、小白鹭或凤头鹡鸰，如今所有这些鸟类都栖居于此。自吉尔伯特时代以来，已至少有14个新的鸟类物种入侵了该地区。

悉尼早期的博物学家没有见到现如今生活在那里的白鹮、裸眼鹂、粉红凤头鹦鹉、白羽吸蜜鸟或鳞胸吸蜜鹦鹉（*Trichoglossus chlorolepidotus*）。约翰·古尔德在新南威尔士州待了7个月，只看到了一只裸眼鹂，是他在猎人河（Hunter River）上射中的。裸眼鹂于1946年涌入悉尼，落在海德公园和皇家植物园的无花果树上，然后向南飞到了诺拉（Nowra）。自古尔德的时代以来，已有超过15个鸟类物种入侵悉尼，大部分来自澳大利亚北部或西部，就像乡村青年涌入大城市，寻找更光明的未来。

动物与所在地的联系比我们意识到的要少。我们在任何地方砍伐森林、建造水坝或种植树木以改变景观，一些鸟类都会跟随人类扩大它们的活动范围。被驱赶出巢的幼鸟、迁徙或逃离干旱的成鸟都在寻找新的栖息地。100多个鸟类物种，以及不少种哺乳动物和昆虫都参与了澳大利亚范围内的种群迁移。这是个重大的生态现象，但没有多少人注意到。我们花园里的许多鸟类都是远方的来客，这挑战了我们对何为自然的看法。动物在新的地方出现是“新自然”中最引人注目的方面之一。

野外指南中的地图似乎永久不变，就好像动物被牢牢束缚在时空中一样。但是在格雷厄姆·比齐（Graham Pizzey）1997年版的《澳大利亚鸟类野外指南》（根据1980年版更新）中，已有几张地图发生了变化，就像墨水从页面上流过一般。黑天鹅已经“流入”澳大利亚的中部和北部地区，粉红凤头鹦鹉已经“跳进”塔斯马尼亚州，而凤头鹡鸰沿着澳大利亚的海岸“奔跑”。

诸如此类的变化使我们对澳大利亚的印象发生扭曲。罗伯特·休斯（Robert Hughes）在其历史著作《致命的海岸》（*The Fatal Shore*）中对“生机勃勃的鸟群”感到自豪，在1788年到达悉尼的殖民者就目睹过这种生机。但尴尬的是，他提到的粉红凤头鹦鹉、白凤头鹦鹉和米切氏凤头鹦鹉（*Cacatua leadbeateri*）在当时并不存在。直到20世纪40年代，悉尼附近的人才能看到粉红凤头鹦鹉“在乳白色的地平线上掠过”。在另一个例子中，小白鹭目前在维多利亚州被列为极危物种，然而在100年前，人们在新南威尔士州的格拉夫顿市（Grafton）

以南根本不见它们的身影。墨尔本的生物学家担心，虹彩吸蜜鹦鹉会从红腰鹦鹉（*Psephotus haematonotus*）那里偷走巢洞，但后者也是入侵物种，尽管它的入侵史更长。

活动范围的扩展在很大程度上是有翼动物的特权。鸟类、蝙蝠和昆虫的移动能力很强，能轻松飞过围栏、河流和令其他动物望而却步的不利生境。维多利亚州的菊头蝠接管了金莱克（Kinglake）和失望山（Mt Disappointment）之间的旧矿井，因而它们的分布范围更加靠近墨尔本。这些蝙蝠在维多利亚州很少见，以前局限于吉普斯兰的洞穴中。我惊奇地发现，它们在夜里向西游荡，偶然间在意想不到的地方找到了旧矿井。澳大利亚共有7种洞穴蝙蝠会占据旧矿区作为新的栖息地。

狐蝠也是这个故事的重要组成部分。在 20世纪20年代，果农们陷入了与狐蝠的战斗，这些幽灵发出尖音，在黑暗的掩护下成群结队地飞来飞去，尽情享用香蕉、木瓜和其他甜美的果实。应农民的求助，政府于1929年请牛津的生物学家弗朗西斯·拉特克利夫（Francis Ratcliffe）进行（可以认为是）澳大利亚有史以来的第一次生态学研究。和蔼可亲的拉特克利夫骑着摩托放声说笑，会见农民并寻找蝙蝠营地。他意识到，狐蝠会在温暖的月份向南飞，从昆士兰州启程，深入新南威尔士州，有时还飞到维多利亚州。在冬季，昆士兰州南部的玛丽河以南没有蝙蝠营地，不过偶尔有蝙蝠在更南的地方越冬。如今的故事大为不同。灰头狐蝠（*Pteropus poliocephalus*）占据的固定聚集地向南可至悉尼和墨尔本。黑妖狐蝠（*Pteropus alecto*）在新南威尔士州北部全年维持着聚集地。1932年，当一个永久蝙蝠聚集地出现在南布卡（Nambucca）时，拉特克利夫本人也发现了一些“自然变化”。

蝴蝶也能迁徙得很远。白纹大凤蝶（*Papilio aegeus*）和优雅凤蝶（*Eleppone anactus*）受到家宅周围的橙树和柠檬树的引诱，已飞到了澳大利亚内陆，并已向南扩散到维多利亚州。可能有数百种其他昆虫在意想不到的地方嗡嗡作响，飞来飞去，但很难获得数据。袭击维多利亚州果园的昆士兰果蝇就是一个例子。

但并非所有扩张领地的物种都长着双翼。在维多利亚州，黑尾袋鼠已向西扩散进了格兰皮恩斯（Grampians）国家公园、维么拉（Wimmera）和桉树林地区，远离它们位于东部和南部较潮湿的据点。在干旱期间，它们会潜入花园和公园寻找绿色植物。在没有翅膀的动物中，它们的适应能力较突出。其他分布范围略有扩大的有袋动物包括塔斯马尼亚州的袋狸和昆士兰州西部的灰袋鼠。在未来，假以更多时间，其他不会飞的动物也会效仿。

甚至苔藓也值得一提。在位于新南威尔士州西南部大雪山地区的考修斯考（Kosciuszko）国家公园，亚仁勾比利岩洞（Yarrangobilly Caves）周围的石灰岩上生长着苔藓，1906年统计为95种，如今的物种数量还要丰富许多。不少新苔藓物种来自澳大利亚内陆，在拖拉机碾碎了曾经覆盖内陆平原的苔藓床后，它们的孢子显然被尘暴吹向了东方。在为参观洞穴的游客准备的小路和空地上，这个新苔藓物种长势良好。

但鸟类才是这种变化过程的缩影。在展翅飞翔方面，冠鸠（*Ocyphaps lophotes*）做得比其他任何鸟类都更出色。它曾经是一种内陆鸟类，在冈尼达（Gunnedah）或贡迪温迪（Goondiwindi）以东以及距珀斯数百千米的范围内，人们都找不到它们的身影。古尔德于1865年写道："它有纯洁的体色、极其优雅的外形，以及从枕骨部流出的优美羽冠，这些令这种鸽子成为其家族中最可爱的成员之一。遗憾的是，由于它是内陆平原的专属居民，它永远无法成为普遍观察的对象。"今天，冠鸠已成为悉尼公园里大家都乐于观察的鸟类，它们落在公园里的短草上啄食种子，还造访我的花园。很久以前，人们向东和向西进行森林砍伐，而冠鸠受到干旱幽灵的驱使振翅飞翔，跟随人类的活动，拓宽了它们的分布范围。

1939年，一群冠鸠徘徊着飞进新南威尔士州北部，许多当地人称之为“凤头鸽”，但它们只是在20世纪70年代的布里斯班和80年代的悉尼才成为常见景观。它们于1964年出现在珀斯以北的农场，古尔德记录道：“据我所知，它们最靠近海岸的栖息处位于南澳大利亚州墨累河湾附近的乡野。”冠鸠如今在岛上繁殖，并且仍在扩展活动范围。它们在80年代落户于新南威尔士州的南部海岸，1982年飞进皮克顿镇（Picton），1984年来到阿勒达拉镇（Ulladulla），1986年占领了莫斯维尔镇（Moss Vale）。堪培拉和墨尔本是它们最新征服的栖息地。冠鸠取得了胜利，因为人们已使土地裸露出来，透过冠鸠之眼望去，一个树木疏落的城市公园看起来就像内陆林地。

粉红凤头鹦鹉也向东和向西扩展活动范围。我记得小时候第一次在野外看到这些粉红色和灰色相间的鹦鹉，它们在布里斯班北部边缘地带的公路上空高高地翱翔，发出一种只有在宠物店才听得到的叫声。那时，粉红凤头鹦鹉令人敬畏，现在却成为常见的城市鸟类。在南方的一些海滩上，它们采集外来植物海芝麻菜的种子，扰乱了稀有的白额燕鸥（*Sterna albifrons*）筑巢地的平静。

棕胸噪刺莺（*Gerygone levigaster*）这种小鸟也是来到悉尼的新物种。一个世纪前，在新南威尔士州根本见不到它们，但土壤侵蚀使它们的活动范围从昆士兰州向南扩展。侵蚀农场并聚集于河口（特别是在阻止淡水回流的水坝下游）的淤泥有利于红树林生长。红树林的蓬勃发展显然促使这些鸟向南扩展。1982年，人们在悉尼首次发现了噪刺莺。

鸟类活动范围的变化通常是由生存困境驱动的。鸟类飞抵澳大利亚西南部的时间常与其他地方的干旱具有一致性。悉尼的粉红凤头鹦鹉在1941年的干旱期间抵达，而冠鸠的出现常与其他地方的久旱无雨相吻合。旱灾结束时，鸟类留了下来。为什么要回去呢？数量惊人的内陆鸟类现生活在我们的海岸线上，包括玄凤鹦鹉（*Nymphicus hollandicus*）和斑胸草雀（*Taeniopygia guttata*）。

受气候变化影响，一些鸟类的活动范围正在扩大，这成为真正的自然事件。在西澳大利亚州，燕鸥和其他海鸟（总共8种）向南扩展活动范围，原因可追溯到温暖的、向南流动的鲁汶海流的增强。我在舒格洛夫岩（Sugarloaf Rock）上看到了热带鸟类——长着净白色羽毛和红色丝带状尾羽，它们在20世纪60年代随海流的增强而扩展到珀斯以南。其他变化无法解释。白玄鸥（*Gygis alba*）已经扩展到新南威尔士州，现与稀有的白额燕鸥（*Sterna albifrons*）杂交。相关生物学家不知道这是自然过程还是人为引发的。

在一些地区，鸟类的活动范围扩大，由此种类也增加了。在袋鼠岛上，最初的鸟类群体仍然在国家公园中生存（除了一种已灭绝的倭鸸鹋），而12种新来的鸟类已经占领了杂草、灌木和桉树林曾经生长的牧场和水坝。陆续新到来的鸟类包括：葵花凤头鹦鹉（*Cacatua galerita*），1905年；粉红凤头鹦鹉（*Eolophus roseicapillus*），1913年；黑翅鸢（*Elanus caeruleus*），1934年；褐鹌鹑（*Coturnix ypsilophora*），1959年；澳洲斑鸭（*Stictonetta naevosa*），1971年；等等。堪培拉获得了很多鸟类物种，悉尼和珀斯地区附近增加的鸟类物种数量很可能超过了损失的物种数量。但我对此一点也高兴不起来，因为物种损失惨重。在袋鼠岛上，人们为了养羊而破坏如此多的荒地，导致了悲剧性的后果。

鸟类活动范围的变迁是一种全球现象。在北美洲，仅在大陆西侧，就有35种鸟拓展了分布边界。花园的花卉和糖食器为安娜蜂鸟提供了良好的生存条件，使它们如今在加拿大繁育。美国城市的温暖使鸟类能够在冬季留在北方。在南非的高山硬叶灌木群落（Fynbos）地区，30%的鸟类是新来物种，包括我看到在农场里漫步的珍珠鸡（*Guinea fowl*）、蓝鹤（*Anthropoides paradiseus*）和埃及鹅。在南美洲，和尚鹦鹉（*Myiopsitta monachus*）在家宅周围种植的澳洲桉树上筑巢，从而入侵了曾经没有树木的平原。在英国，喜欢岩石环境的赭红尾鸲（*Phoenicurus ochruros*）在“二战”后将被炸毁的建筑物作为栖息地，因此它们的种群蓬勃发展。

如何解读所有这一切？到底是鸟类的天性战胜了变化，还是人类再次把事情搞砸了？很可能两者兼而有之。有时，活动范围的变化有助于确保鸟类的未来生存，但这种情况不常见。漠澳鵙（*Ashbyia lovensis*）在一些地区消失了，这种可爱的小鸟占据了自流钻孔内的香蒲床，入侵了昆士兰州内陆地区。长苞香蒲（*Typha domingensis*）本身也是入侵物种，它们蓬松的种子从遥远的水域飘荡进来。因此，钻孔排水管有助于漠澳鵙在昆士兰州长久生存，在那里它们很稀少。同样稀少的统治鹦鹉的收益也足以弥补损失。

我们时常看到，少数鸟类在很多地方都成为了生存赢家，包括粉红凤头鹦鹉、白凤头鹦鹉、冠鸠、林鸳鸯，相比之下，其他许多鸟类正在衰退。悉尼虽然新增了不少鸟类新物种，但却失去了稀有的地栖鹦鹉（*Pezoporus wallicus*）、领鹑（*Pedionomus torquatus*）等许多鸟类。我们的一些林地鸟类正逐渐消失，原因通常不明。生存输家的数量超过了赢家，而生存赢家的侵略行为有时又恶化了输家所处的困境。

第10章
跨国交换
——国际物种传播

“没有外国土地，只有来自异域的旅行者。”

——罗伯特·路易斯·史蒂文森
（Robert Louis Stevenson）

动物并不像我们想象的那样与特定的栖息地紧密联系。我们刚刚考虑的这种变化甚至跨越了国界。在盛行西风的新西兰，澳大利亚的鸟类正在入侵，澳大利亚的种子随风过海。随着越来越多的澳大利亚鸟类、蝴蝶和兰花迁入，森林和田野正在变得更加丰富多彩。

1856年，灰胸绣眼鸟飞越了边界。起初，农民们为这种绿色的小鸟喝彩，因为它们将果园中有害的蚜虫和介壳虫一扫而光。但随着夏天的到来，它们开始吃更甜的食物，通过剥食成熟的水果来“索取报酬”，农民的快乐转变为沮丧。此后，定居者对这些毁坏樱桃园的“害鸟”感到懊恼。更为热情好客的毛利人将灰胸绣眼鸟称为“陌生的鸟”（tahou），并将它们大量添加到食谱中。民族学家伊尔斯登·贝斯特（Elsdon Best）记得“吃苦耐劳的图霍恩（Tuhoean）丛林居民如何兴致勃勃地大吃大嚼这种鸟的头、骨头和内脏，只剩下羽毛和别的部分”。他看到成千上万的灰胸绣眼鸟“被杀掉、拔毛、未经清洗就整个煮熟，并保存在装满脂肪的煤油罐中”。这是19世纪后期的记录，当时这种鸟的数量显然已经很多了。今天，它们的数量超过了新西兰所有原始森林鸟类。灰胸绣眼鸟在森林生态中发挥着关键作用，它们散播本地树木的种子，代替了已消失的古老鸟类。

目前，澳大利亚的燕子统治着新西兰的天空。它们在20世纪50年代进入新西兰并喜欢上这里。白颈麦鸡（*Vanellus miles*）于30年代抵达，如今在农场和田野间巡逻，占据着专有天空。人们还在40年代引进了琵鹭和鹭，50年代引进了白骨顶（*Fulica atra*）和小嘴鸻（*Eudromias morinellus*）。自50年代起，夜鹭（*Nycticorax nycticorax*）开始定居于此。再加上在分散的湿地中发现的少量麻鸭（*Tadorna*）和鸊鷉，新来鸟类的总数令人叹为观止*。

迁入新西兰的鸟类与鹬鸵（几维鸟）和大蜥蜴一道，作为“本地”动物群受到了保护。但它们本土化的程度有多高？这些鸟在农场和改良湿地中生存状态最佳，它们在斧头和水坝改造的土地上繁衍生息，并在新西兰鸟类避开的生境中占据了主导地位。到达新西兰是自然事件，但幸存下来却不那么“自然”。数百万年来，澳大利亚的鸟类一直在向新西兰迁移，但通常都不能长久地生存在那里。在过去，只有栖居在森林和海滨的鸟才有较大的生存希望。蜜雀（数量庞大的

---

* 进入新西兰定居的鸟类完整名录包括：棕胸麻鸭（*Tadorna tadornoides*）、黑喉小鸊鷉（*Tachybaptus novaehollandiae*）、白脸鹭（*Egretta novaehollandiae*）、棕夜鹭（*Nycticorax caledonicus*）、皇家琵鹭（*Platalea regia*）、白骨顶（*Fulica atra*）、黑额鸻（*Elseyornis melanops*）、白颈麦鸡（*Vanellus miles*）、喜燕（*Hirundo neoxen*）、灰胸绣眼鸟（*Zosterops lateralis*）。

吸蜜鸟）和鹬鸵都是从古老的来自澳大利亚的鸟类物种进化而来的。灰胸绣眼鸟习惯在森林中栖息，但它们发现新西兰的热带雨林在冬季过于贫瘠，而农场和花园则提供了更丰富的食物。它们很可能直接从澳大利亚乡村飞到了新西兰，并已学会了在农场生活所需的技能。燕子和麦鸡也是如此。它们在澳大利亚本土的数量有所增长，这使它们更有可能征服新西兰。寻求新农场的澳大利亚农场鸟类有效地入侵了新西兰。

来自西边的风也给新西兰带来了不可思议的旅客。圆网人面蛛（*Nephila edulis*）远道而来，幼蛛显然是挂在一股股蛛丝上飘荡过来的，它们随后发育为节肢毛茸茸、体型硕大的蛛形纲动物，令当地人感到惊恐。蝴蝶也飞了过来，它们的旅程可能延续3日，有时能在准确无误的条件下到达目的地。小红蛱蝶（*Vanessa cardui*）、常见的斑蛱蝶和体型较小的帝王蝴蝶是常客。在大多数年份，一些斑蛱蝶都会到来，新西兰人称它们为“蓝月亮”。大约40种飞蛾和蝴蝶穿越了2000多千米宽的海洋。大部分新来物种不能熬过冬天，只有少数已成功扎根。其中指名毛眼灰蝶（*Zizina labradus*）现在是新西兰最常见的蝴蝶，它们的虫蛹在为奶牛种植的三叶草上育肥，它们是生活在新西兰、以欧洲植物为食的澳大利亚昆虫。

貌似最不可能迁移到新西兰的昆虫是微小的黄蜂。在澳大利亚，每种榕树都依靠一种独特的、身长几毫米的黄蜂才能授粉。在20世纪，澳大利亚杰克逊港的锈叶榕（*Ficus rubiginosa*）和莫顿湾的澳洲大叶榕（*Ficus macrophylla*）在新西兰的公园里生长，但没有黄蜂，它们就不能结种子。20世纪60年代期间，杰克逊港黄蜂（*Pleistodontes imperialis*）入侵该地；大约30年后，摩顿湾黄蜂（*Pleistodontes froggatti*）也到来了。每年有21天，300～1000米高度的风可携带黄蜂迁移，通过时间为2～3日，因为黄蜂在这样的风中只能存活这么久。我们可能会对这些肉眼几乎看不见的脆弱生物惊叹不已，它们在澳大利亚某处的榕树上孵化，在寒冷的海面上随风迁移

2000千米远，然后落在了新西兰的榕树上。它们通过气味来定位榕树。这些榕树现正在结籽并泛滥为野生树种。事实证明，在朗伊托托火山岛（Rangitoto Island）上，锈叶榕特别具有入侵性。在某些地区，人们已禁止售卖锈叶榕。

黄蜂乘着和风跨过海洋，通过这起自然事件，这些植物终于成为入侵物种，但黄蜂乘海风迁移已有数百万年之久，却一直没有抵达可进食的栖息处。目前，人们在新西兰的榕树上发现了7种澳大利亚昆虫，包括一种1毫米长的金小蜂。新西兰由于人工生境的建立获得了新的鸟类物种，而黄蜂也随其本土食物的引进到达了这里。

兰花的种子像一粒粒灰尘，如同黄蜂一样，它们乘风迁移的距离远得难以置信。过去的一个世纪里，有10个澳大利亚兰花物种在新西兰定居，包括驴兰和太阳兰。它们偏爱的生境之一是松红梅（*Leptospermum scoparium*）灌木丛，生长在古老的欧洲农场和毛利人农场。另一种生境是因毛利人放火而扩展的丛状草原。在这里，我们再次看到了外来物种入侵的辅助力量。这些种子大概在数万年前就开始散播了，但直到森林清理干净后，它们才能发芽生长。

新西兰关于树木清理的统计数据很能说明问题。欧洲人摧毁了1/3的森林，在欧洲人到来之前，毛利人摧毁了另1/3。毛利人热衷于用火烧毁热带雨林以修建农场、草原和蕨床（生产可食用的欧洲蕨茎叶）。卡罗琳·金（Carolyn King）指出："坎特伯雷和奥塔哥辽阔无际的平原看起来很自然，但草丛之间有风化的树桩，土壤中的木炭层可追溯至12和13世纪。"库克船长在探索夏洛特女王峡湾（Queen Charlotte Sound）时看到了许多废弃的农场。他在1773年的日记中潦草地写道："我们在峡湾的所有地方都发现了许多遗弃的聚居地……"如果英国人到来后有10种鸟入侵新西兰，那么其他鸟类作为对毛利人清理森林的响应必定移居得更早，这方面的证据很容易就能找到。新西兰的第四纪鸟类遗骸非常丰富。鸟类骨头堆积在沼泽和洞穴中，分布于已灭绝的笑鸮（*Sceloglaux albifacies*）栖息处下面（该物种于

1914年灭绝，不再发出大笑般的叫声），也散落于古老的毛利人营地中（毛利人会猎捕大部分物种）。在前毛利人遗址中，寻骨者没有找到以下5种如今分布于新西兰的鸟类的遗骸：鹞、水鸡、麻鳽、琵嘴鸭和长脚鹬。

沼泽鹞（*Circus approximans*）是当今新西兰最常见的猛禽。它们在田野上空盘旋，栖息于电线杆上，仿佛农场就是为它们服务的。它们很少进入新西兰的森林。在澳大利亚，它们会进行季节性迁徙，我很容易想象一些偏航的沼泽鹞来到毛利人的田野，然后猎杀在那里觅食的鹌鹑（现已灭绝）。沼泽鹞是澳大利亚动物在人化景观中生存状态最好的另一个例子，而且是在另一个国家。澳大利亚鸟类早在来到新西兰之前就开始适应农业行为了。

紫水鸡（*Porphyrio porphyrio*）大约在300年前入侵新西兰。它们很快成为害鸟，在夜间劫掠毛利人的甘薯地。具有讽刺意味的是，正是毛利人的土地使用使紫水鸡有了家园。毛利人将沼泽和溪流边缘的树木以浓密的香蒲（*Typha orientalis*）取而代之，为紫水鸡和另一个新来物种——褐麻鳽（*Botaurus poiciloptilus*）创造了理想的庇护所。毛利人收获香蒲，作为食物和搭建棚屋的茅草，并可能促进了它们的传播。化石专家理查德・霍尔多威（Richard Holdoway）认为，紫水鸡能成功移居，只是因为毛利猎人捕杀了与它们竞争的短翅水鸡（*Notornis mantelli*）和秧鸡。

所有这些都讲得通，但是琵嘴鸭和黑翅长脚鹬（*Himantopus himantopus*）的出现又如何解释呢？琵嘴鸭是在池塘中涉水的宽嘴鸭，而长脚鹬使用沼泽地。毛利人怎么可能帮助这些动物？我在彼得・沃德尔（Peter Wardle）所著的《新西兰的植被》（*Vegetation of New Zealand*）一书中找到了答案："1000 年前波利尼西亚人到来后，火灾发生率显著上升，使沼泽地区繁茂的树木转换为草本植物，集水区烧毁的森林增加了沉积物，从而创造了新的湿地。"新的湿地！所有新来的鸟都使用沼泽。一位毛利农民在山上纵火焚烧森林，结果为山下的一只澳大利亚鸭子创建了家园。因此，新西兰的自然并不像我们想象的那样自然。“本地”鸟类中有15种（占北岛和南岛上所有物种的1/5，且不包括海鸟）是因为人们毁掉了树木，才得以在新西兰定居。这情况只有少数化石工作者才知道。观鸟者毫不质疑紫水鸡和鹞作为新西兰鸟类的地位。

一些新来物种正在造成真正的伤害。濒危的黑长脚鹬仅剩数百只，沿着南岛的河床分布。虽然该物种的数量下降了（归咎于白鼬和生境丧失），但黑翅长脚鹬的数量却大幅增加，这主要是由于农民将沼泽森林改造为湿地农场。如今，缺乏配偶的黑长脚鹬正在接受澳大利亚入侵者的求爱。我在围场里看到过它们的杂交幼鸟，这是一幅令人遗憾的景象：幼鸟不像父母的任何一方。世界上最大的长脚鹬注定在劫难逃。

同样，鹞有时会杀死稀有鸟类（垂耳鸦和栗鸭），而灰胸绣眼鸟散播的“野草”比任何其他“本地”鸟类都多，旺阿雷市附近的大部分马缨丹都是灰胸绣眼鸟传播的。白颈麦鸡与几个问题有关。新西兰环境保护部的首席政策分析师保拉·沃伦（Paula Warren）说：“一是它们会在机场引发飞机撞鸟事故，二是它们开始显示出损害作物的一些迹象。它们还会对占据辫状河栖息地的珍稀鸟类产生影响。”她承认，新来鸟类的地位需要重新思考。“我们还没有真正解决这个问题。”她希望对有不当行为的新鸟进行扑杀。

新西兰还会继续吸纳澳大利亚的鸟类。多年来，偶然到访的动物包括澳洲鹤、鹈鹕和垂蜜鸟。1996年，人们在一只猫的口中发现了帝王蝴蝶。有些动物甚至已经在新西兰繁育了一两次，包括来自澳大利亚内陆的黑眼燕鵙（*Artamus personatus*）。在未来，鹮、林鸳鸯和红隼可能会在新西兰生存得很好；澳洲潜鸭也是如此，它们在19世纪生活在那里，直到火山爆发使它们灭绝。在新西兰北部，全球变暖将有利于澳大利亚的昆虫，我们有望在奥克兰的花园里看到更多的澳大利亚蝴蝶和蜘蛛。

澳大利亚也一直在向其他方向输出鸟类。有6个物种已经扩散到东部的诺福克岛和豪勋爵岛（灰胸绣眼鸟、燕子、白脸鹭、水鸡、红隼和黑鸭）；距我们西海岸很远的圣诞岛上出现了白脸鹭和澳洲鹰隼；白颈麦鸡最近扩散到新喀里多尼亚，而1999年那里仅有11只。澳大利亚甚至影响了新西兰东部偏远的查塔姆群岛，灰胸绣眼鸟和水鸡现正在那里漫步。在这些岛屿中，每个岛上的故事都是相同的：当树林倒下时，澳大利亚的鸟类就开始入侵，有时会引起冲突。由于一只麦鸡被吸入了发动机，空军的一架大力神运输机在豪勋爵岛上迫降。那里的水鸡劫掠了蔬菜园。人们在岛上的耐德海滩给鱼投喂面包，20～30只黑鸭也蹒跚着上岸乞食，令游客大为吃惊。豪勋爵岛上的黑鸭种群（40～100只）主要靠面包喂养。对所有这些鸟的秘密扑杀仍在继续。

这些变化是一种全球现象的重要组成部分，在这种现象中，物种迁进和迁出澳大利亚。在以动物为主角的英国童话《柳林风声》（*The Wind in the Willows*）中，老鼠恳求燕子们不要南飞越冬："就不能今年留下来吗？"燕子们不理他。如今，家燕要冒险飞向更远的南方，比以往的冬天都要远，老鼠要是知道了会伤心的。20世纪60年代在非洲，家燕扩大了数百千米的活动范围，现在英国的燕子可以飞到南非。1860年，澳大利亚人第一次目击并记录了家燕；1960年，家燕再次出现。如今，成百上千只家燕每年夏天都会涌向我们的热带地区，栖息在围场的电力线上。飞到澳大利亚的燕子来自亚洲北部。它们飞到澳大利亚的原因很可能与澳大利亚的燕子向国外传播的原因相同。草地围场吸引了燕子爱吃的飞虫，而电力线是很好的栖息之处。

我们已经弱化了将澳大利亚与其他土地分隔开的障碍，鸟类正在迁入和迁出这块大陆。我们的15种鸟到了新西兰，新西兰也回赠我们一种足以让我们感到惊讶的生物：黑背鸥（*Larus dominicanus*）。这是一种健壮硕大的海鸥，翅膀呈黑色，它们学会在捕鲸站和港口附近游荡，并在新西兰生息繁衍。1882年，鸟类专家T. H. 波茨（T. H. Potts）指出："自从一些地方建起了肉类保存与蒸煮厂，可观察到数千只这种鸟聚集起来，从这些巨大屠宰场运出的垃圾中摄食。”这些海鸥也会攻击绵羊。沃尔特·奥利弗（Walter Oliver）观察到：“受害者可能是羊毛厚重、摔倒后难以起身的老羊，或者是脆弱的羔羊。”他说，黑背鸥“吃羊的眼睛，然后从眼眶中啄食大脑，也吃舌头”。新西兰还有另一种吃羊肉的鸟，名为啄羊鹦鹉（*Nestor notabilis*），这是一种会跳到活羊身上并啄食鲜肉的大型鹦鹉。这两种鸟是利用资源的行家。

黑背鸥在这里游荡是必然的，因为这里的人类废弃物很多。我在霍巴特的垃圾弃置场见到了数百只黑背鸥，它们正贪婪地吞食新倾倒的废弃物，但它们还不够聪明，无法啄开塑料袋。塔斯马尼亚州的一项研究发现，这些海鸥进食后吐出的颗粒中，塑料、玻璃、绳子、纸、铝箔、剁骨等垃圾占到了55%。塔斯曼海两岸（澳大利亚和新西兰）的垃圾助长了它们的入侵。黑背鸥是人类废弃物处理带来的另一个长期恶果，它们可能对太平洋鸥（*Larus pacificus*）构成威胁。

牛背鹭（*Bubulcus ibis*）是漂亮的白色鸟类，如今在奶牛周围觅食，捕捉奶牛蹄下匆忙奔逃的蚱蜢。一个世纪前，它们仅分布于非洲和东南亚；现在，它们占据了欧洲、美洲、印度和许多遥远的岛屿。它们的祖先很可能在大象和水牛周围觅食，但现在奶牛围场成了它们的主要栖息地。它们于20世纪40年代进入澳大利亚，如今分布范围一直延伸到塔斯马尼亚州。每年都有数千只牛背鹭飞到新西兰，再返回澳大利亚繁殖。

黄鹡鸰（*Motacilla flava*）这种会摇尾的小鸟是另一种亚洲来客。格雷厄姆·比齐在1997年更新其1980年版鸟类指南时，将黄鹡鸰从“流浪的鸟”升级为“夏季定期迁徙的鸟”。黄鹡鸰喜欢橄榄球场、机场、犁过的田地和草坪。印度尼西亚的农场和公园很可能将它们引诱到了更南的地方。

蝴蝶也在向南飞翔。在19世纪，奇莱孔弄蝶（*Tagiades japetus*）仅在昆士兰州北端和新几内亚为人所知，但到1955年，该物种已扩展到凯恩斯，如今它们在昆士兰州南部玛丽河的岸边飞舞，在80多年间前进了1800千米。这种蝴蝶的幼虫以山药叶为食，可能受益于托雷斯海峡生长的山药，由此能够从新几内亚迁移到澳大利亚大陆。我曾在托雷斯海峡的一些岛屿上看到过大量缠结的废弃藤蔓。

小红蛱蝶（*Vanessa cardui*）是澳大利亚的另一种新蝴蝶物种，它们完成了一项令人难以置信的壮举。这种蝴蝶在英格兰广为人知，在非洲和亚洲也有发现，多年前，它们出现在珀斯附近。它们是如何到达那里的？专家怀疑，它们从非洲穿越印度洋，行程9000千米。小红蛱蝶的小黑毛虫喜欢咀嚼蓟和荨麻，珀斯的“野草”很可能助长了它们的入侵。澳大利亚的另一种长着四翼的远距离移民是黑脉金斑蝶（*Danaus plexippus*），它们只食用外来“野草”，而我们进口的非洲和美洲棉灌木使它们的移居成为可能。它们以越岛的方式横跨太平洋后，1871年首次出现在人们的视野中。现在，黑脉金斑蝶是我们最熟知的昆虫之一，这里的人们将其称为“漫游者”。我们带来了树叶，而树叶引来了蝴蝶。

鸟类的分布在世界各地都发生了变化。例如，英格兰的麻雀实际上应当算作来自亚洲的入侵物种。树麻雀（*Passer montanus*）从西亚的祖居地一路迁徙到爱尔兰、日本和巴厘岛。英格兰的树木曾经与新西兰一样多，那里的许多农田鸟类（家燕、椋鸟、云雀、仓鸮等）很可能是在人类砍伐森林之后入侵的，就像在新西兰发生的那样。不过，英格兰这方面的化石记录很少，我们无法确定这一点。在苏格兰北方外海的奥克尼群岛上，人们在一处新石器时代遗址发现了云雀和椋鸟的骨骼，旁边是木炭，表明人类点燃了森林大火。考古学家能够证明，家鼠、野鼠、家兔和野兔等典型的英国动物是引入到不列颠的，英国的一些鸟类也肯定是入侵物种。

研究物种入侵的生物学家经常就生态全球化提出警告（见我的书《野性未来》）。家鼠和蓟等有害生物跟随可口可乐和蓝色牛仔裤的轨迹遍布全球。书中提到的不少动物也是全球赢家。牛背鹭、黑背鸥、黑翅长脚鹬、水鸡、白骨顶、家燕、麻雀、黑脉金斑蝶、小红蛱蝶和指名毛眼灰蝶都征服了3个或更多的大陆。外来物种的传播令人警觉，但这里提到的变化几乎没有引起人们的注意。这是因为人们认为它们是自然事件，但实际上，它们受到人类活动的影响。动物对人类行为做出的反应方式比我们愿意承认的更多。

图1　涵洞下有一个旧的燕巢，为洞穴蝙蝠在远离任何洞穴的地方提供了庇护所。澳大利亚的桥梁和涵洞已经变得具有重要的生态意义

图2　昆士兰北部热带雨林中的一株省藤，依然保留着用以抵挡已经灭绝的巨型有袋类动物啃食的长棘刺

图3 濒临灭绝的天鹅绒独行菜在塔斯马尼亚州奥特兰兹的公园草坪上生长

图4 大卫·阿莫斯的农场被一种稀有植物——澳洲茶树入侵

图5 塔斯马尼亚州圣克莱尔湖附近的纽扣草荒原是一片人工荒野。人们在国家公园里人为纵火，以阻止雨林入侵这片人造栖息地

图6 在塔斯马尼亚州的玛丽亚岛，灰袋鼠像羊一样过度放牧，阻碍了灌木和树木的再生

图7　20世纪30年代，人们怀着善意把树袋熊带到了鹌鹑岛

图8　被放生到鹌鹑岛的树袋熊杀死了供其啃食的所有树木，饥荒悲剧随之而来

图9 在维多利亚州的弗瑞林姆森林，原住民土地所有者赫比·哈拉丁眼看着树袋熊杀死了这些树木

图10 津巴布韦的一棵被非洲象毁坏了的巨大猴面包树。非洲象是世界上仅次于智人的最具破坏性的动物

图11 津巴布韦赞比西河附近的土地受到侵蚀，树木发育不良，这是大象造成的荒凉景观的特征。注意背景中的那个人

图12 噪钟鹊是一种精明的掠食性鸟类，在澳大利亚的城市里大量繁殖

图13 冠鸠曾是一种内陆鸟类，现在喜欢在沿海城市生活

图14 吵闹的矿吸蜜鸟可以说是世界上最具攻击性的鸟类。它在花园里比在自然栖息地活得更好

图15 别处引进的澳洲灰雁把玛丽亚岛的牧草啃得光秃秃

图16 坦布里奇的垃圾弃置场是一片意义重大的原生草原，稀有植物在这里生长

图17 在墨尔本附近的巴克利保护区，一种主要的本土野生植物——波叶海桐悄悄入侵了森林下层原本长草的地方

第 11 章

隐秘的搭车客

——交通工具促进物种扩散

“善行无辙迹。”

——老子，《道德经》

拥有飞行能力的鸟类和蝴蝶能够设法到达新的地方，但大多数其他物种需要依靠人类的卡车、火车和飞机等。在今天的澳大利亚，许多动物或植物通过“搭便车”的方式到新的地方生活。有时，它们会混淆我们关于什么是自然的看法。

1987年，蜘蛛专家罗伯特·雷文（Robert Raven）提出了一个令人惊讶的观点。他认为，澳大利亚著名的红背蜘蛛（*Latrodectus hasselti*）实际上是外来入侵物种。他的想法埋藏于一本书中，直到第二年我为《澳大利亚地理》杂志撰稿时详述，这个想法才引起了相当的反响。昆士兰博物馆蜘蛛馆的负责人罗伯特发现自己成为了媒体关注的焦点，报纸《澳大利亚人》甚至以他为灵感来源创作了一幅漫画。

罗伯特为其论点收集了强有力的论据。他质疑：如今的红背蜘蛛如此丰富，为什么生物学家直到1870年才为其命名？那时，科学界已知晓了200种澳大利亚蜘蛛。这种致命的毒蜘蛛非常喜欢房屋，怎能在那么长的时间里不被注意？罗伯特还谈及了这种蜘蛛的共生习性。与天然丛林相比，红背蜘蛛似乎更偏爱棚屋、栅栏和垃圾堆。在国家公园里，它们通常在厕所和野餐桌周围生存状态最好。1952年，基思·麦基翁写道："确实，人们可能会发现这些蜘蛛定居在树桩、树干空洞中或林地成堆的砾石间，但在人类定居、为住所或工作盖起建筑物的地方，红背蜘蛛似乎最为舒适自在，数量也最多。"如同麻雀和厨房的蟑螂一样，红背蜘蛛在行为上很像外来入侵物种。

我收集了更多证据以支持罗伯特的主张。在1880年之前的文章中，很少有澳大利亚人提到红背蜘蛛，我在任何探险者的日志、第一舰队的日记或原住民的传奇故事中都找不到关于红背蜘蛛的只言片语，从原住民的语言中也找不到明确的相关词汇。对栖息于小屋和木柴堆中的如此危险的生物来说，这是难以置信的。红背蜘蛛本应作为主角，出现在许多故事和传说中。自19世纪80年代开始，红背蜘蛛才引起了人们的注意，但那个时代的评论令人费解。看看弗雷德里克·阿弗拉洛（Frederick Aflalo）在1896年《澳大利亚自然历史概述》（*A Sketch of The Natural History of Australia*）中的叙述："澳大利亚有一些可怕的狼蛛和地蛛，尤其是昆士兰州北部有一种毒性很强、黑红相间的种类，它们就像新西兰的卡提波蜘蛛（katipo）一样，在突然受到干扰时会诈死。"阿弗拉洛没有为这种蜘蛛命名，并将其限定在昆士兰州北部。爱德华·莫里斯（Edward Morris）教授在其1898年版大洋洲词汇词典中使用了毛利语的"卡提波"一词。在澳大利亚，新西兰的卡提波蜘蛛显然比红背蜘蛛更出名，而这两种蜘蛛有紧密的联系。"红背蜘蛛"（redback）本身就是一个20世纪的名字。

然而，人们从未发现过红背蜘蛛的海外家园，罗伯特的理论因此搁浅。新西兰、日本和比利时的红背蜘蛛种群显然是最近才从澳大利亚迁移过去的。1993年，芭芭拉·约克·梅因（Barbara York Main）提请人们关注探险家爱德华·斯内尔（Edward Snell）1850年写的一篇日记，其中提到了一种“尾巴上有一个红点的有毒黑蜘蛛”。斯内尔在阿德莱德附近抓到了这种蜘蛛。目前，罗伯特·雷文已改变了立场。他说，红背蜘蛛起源于澳大利亚更西部的地区，然后乘搭卡车和火车向东迁移。它们是澳大利亚东部的新物种，但来自澳大利亚内陆地区而不是海外。这是一个符合所有事实的理论。有时，人们会在澳大利亚大陆西半部的自然环境中发现红背蜘蛛。1952年，基思·麦基翁发表了这样一段有说服力的评论：“多年来，人们认为这种蜘蛛栖息于更加干燥、尘土飞扬的内陆地区，但在过去20年左右的时间里，它们的数量在沿海地区显著增长，至少在新南威尔士州是这样，现在那里和其他地方一样，都成为红背蜘蛛的稳定栖息地。在悉尼的城市和郊区尤其如此，我记得在那里发现红背蜘蛛是件相当不寻常的事情。但现在，它们成千上万地出没。”澳大利亚内陆的鸟类已经东迁，蜘蛛为什么不能？

红背蜘蛛的移动能力确实很强。它们会搭乘木材和排水系统迁移，然后很快在新的家园定居。对我来说，它们是杰出的赢家——比以往任何时候做得都好。它们（冒充多汁的麝香葡萄）藏在葡萄运输箱和旧火车头中抵达了新西兰。它们显然搭乘了一座来自新南威尔士州内地的美国卫星通信站，途经檀香山和迈阿密后，抵达了大西洋上遥远的特里斯坦—达库尼亚群岛（Tristan da Cunha）。

人类的迁移能力为搭便车的动物创造了极好的机会。在我们的船舶、飞机、汽车和火车上，大部分“免费旅客”都是外来的有害动物，但澳大利亚的动植物也时常四处旅行。哪里有公路，哪里就有本地搭车客。澳大利亚如今有许多本土青蛙、蜥蜴、蜗牛、蝴蝶、黄蜂、蜘蛛、蚯蚓、扁虫、贝类和植物，生活在远离其自然家园的地方。

当水果和蔬菜进入市场时，青蛙也常一起来到市场。在任何时间点，迁移中的青蛙数量都会颠覆认知：据说每年有8000～10000只青蛙进入维多利亚州，主要是藏在香蕉中运进来的。另有7000只青蛙来到了悉尼。在全国范围内，估计每年有50000只青蛙迁徙。会搭乘水果便车的还有蟒蛇，有一次甚至有一条太攀蛇。悉尼和墨尔本的青蛙救助人员会前往市场和商店拯救迷路的青蛙，这些青蛙常成为宠物（出于生态学原因，它们不会回到野外）。经营维多利亚州"迷失青蛙之家"的格里·马兰泰利（Gerry Marantelli）讲述了一些有趣的故事："有人去科尔斯超市买了一把香蕉，售货员将香蕉放进一只塑料袋，那人带回家，把香蕉倒入盆中，然后一只青蛙跳了出来。这种情况曾发生在一只来自昆士兰州北部、身长8厘米的巨型树蛙身上。不仅农民没有注意到树蛙，包装工、超市工作人员和买香蕉的女士也没有注意到。她按千克买香蕉。实际上，这只青蛙的价格很实惠，因为宠物青蛙每只售价50～60澳元。"

搭乘香蕉迁移的动物数量最多，因为青蛙会挤进香蕉间的缝隙中。在农场，当人们用软管冲洗或用肥皂水浸洗整把香蕉时，大多数青蛙会跳离，但在冬季，青蛙通常麻木迟钝，懒得逃跑。水果的运输可能解释了为何澳大利亚矮莎草蛙（*Litoria fallax*）会生活在关岛（位于新几内亚以北）机场的简易跑道旁。目前人们在托雷斯海峡的灯塔岛——布比岛（Booby Island）上发现的澳大利亚绿色雨蛙（*Litoria caerulea*），以及出现在奇怪地方的其他蛙类也是如此。例如，莎草蛙在其自然分布范围以南的一处墨尔本采石场中鸣叫。但与红背蜘蛛不同，蛙类在搭便车过程中的存活状态不佳，大多数青蛙在抵达市场后就命不久矣。

一种混在香蕉中运输或作为宠物非法饲养的蛙显然给塔斯马尼亚岛带去了一种新疾病。塔斯马尼亚州的几条河流中出现了垂死的鸭嘴兽，它们会流泪，有时还会出现蛆虫溃疡，这归咎于一种毛霉菌（*Mucor amphibiorum*）。毛霉菌有段奇怪的历史。1972年，人们在德国首次发现了这种真菌，它附着在从澳大利亚进口的一只绿蛙身上。

后来，人们将毛霉菌溯源到昆士兰州，在那里它寄生在青蛙（和巨型海蟾蜍）身上，并在土壤中生长。昆士兰州的鸭嘴兽（和蛙类）不会受毛霉菌的困扰，因为这种真菌在温暖的环境中传染性不是很强。但塔斯马尼亚的鸭嘴兽缺乏免疫力，并会在较冷的水中游泳。令人遗憾的情况发生了——鸭嘴兽死于昆士兰州的蛙病，这表明搭便车现象有多危险。还有一种会杀死蛙类的真菌——蛙壶菌（*Batrachochytrium*）进入了澳大利亚。它于1978年发现于布里斯班附近，1985年到达澳大利亚西南部,1996年到达阿德莱德，可能是通过香蕉上的蛙类传播的。

澳大利亚危害最严重的农作物害虫当属昆士兰果蝇（*Bactrocera tryoni*），它们也藏在水果中传播。很久以前，果蝇自其热带雨林故乡长距离迁移，进入新南威尔士州和维多利亚州的果园，并于1989 年2月到达珀斯，可能是藏在了走私的水果中。当调查显示，果蝇已在珀斯周围蔓延超过100平方千米，5个月后超过270平方千米时，州政府积极投入了战斗。人们将9万只毒饵钉在树上，每个后院4只，其他置于人行道上，以引诱性兴奋的雄果蝇前来赴死。几乎每个受影响的花园中都喷洒了杀虫剂，每周喷洒2.25万升。然后是致命一击：政府在珀斯释放了3000万只因受辐射而致不育的雄果蝇，以挫败可育果蝇的交配尝试。所有这一切都是为了毁灭一种远离家园的澳大利亚雨林动物。行动生效了：珀斯最后一次目击到昆士兰果蝇是在1990年11月（不过几年后它们从澳大利亚东部返回，又需要重新灭蝇）。这些果蝇还入侵了斐济、塔希提岛和新喀里多尼亚，甚至曾在南美洲外海的复活节岛上出现，都是通过水果传播的。它们的事迹可与红背蜘蛛相提并论，是另一则澳大利亚成功故事。

昆虫也会搭乘活植物旅行。露兜树（*Pandanus tectorius*）歪斜的枝条和低垂的树叶是昆士兰海滩的标志性景象。像棕榈树一样，它们在度假小镇很受欢迎，一件大标本售价1500澳元。在20世纪80年代，一家苗圃显然将一些露兜树从昆士兰州北部带到了中南部的阳光海岸。结果灾难来袭，从努萨到黄金海岸的海滩沿线各处，有成千上万棵露兜树凋亡，它们的树叶变黄，脱落。第一产业官员丹·史密斯（Dan Smith）回忆起这场疫情时告诉我："1995年，努萨国家公园里大约有3200棵大露兜树。三年后，其中一半都消失了，包括许多美丽的大树——人们过去常在树荫下休息。这疫情就像是一场蔓延的火灾，带来了墓地般的寂静。"在濒临凋亡的树上，丹发现了吸取树汁的棕色小飞虫——露兜树飞虱（*Jamella australiae*）。"我们估计，一棵大树上有100万只的飞虱种群。这些树可能有 6米高，30或40年的树龄，但会在12个月内死亡。"

人们将露兜树飞虱溯源至昆士兰州北部，并开始寻找它们的天敌。丹的儿子奈特（Nat）发现，玛瑞巴镇（Mareeba）的露兜树上飞虱数量很少，一定有什么东西降服了它们。原来，两种不到1毫米长的小黄蜂正在攻击飞虱的卵筏，它们的幼虫以飞虱卵为食。人们将这些蜂引进到南方，同时给数百棵露兜树注射了杀虫剂。丹回忆起公众的反应："有人表示这很恐怖，怎能想到在国家公园里使用化学品？但是不能眼看着树木像苍蝇一样死去……"这项工作取得了成效。其中一种蜂（*Aphanomerus*）征服了飞虱，露兜树幼苗从虫子的尸骨间长了出来。露兜树一路延着昆士兰海岸生长，我们可能好奇，为何这些飞虱不自己往南飞。但是有些地区树木稀疏，例如鲍恩港口周围，也许飞虱没发现它们。飞虱更喜欢跳跃，而不是飞行。它们再次说明了隐秘搭车客构成的危险。

棕榈镖蝶是一种形似喷气式战斗机的小蝴蝶，它们承载着澳大利亚对棕榈树的热爱。游泳池旁的棕榈树象征着咀嚼棕榈叶的蝴蝶幼虫的美好生活。根据《那是什么蝴蝶？》（*What Butterfly is That?*）一书中的描述，橙棕榈镖蝶的分布范围向南可至悉尼，黄棕榈镖蝶则南至洛坎普顿。1932年该书问世时确实如此，但大自然一直在变化。如今，橙棕榈镖蝶出现在墨尔本的花园里，黄棕榈镖蝶在新南威尔士州东北角的拜伦湾（Byron Bay）飞来飞去。两种蝴蝶的分布也都扩展到了珀斯，橙棕榈镖蝶出现在售卖昆士兰棕榈树的苗圃中。

会搭乘植物传播的更糟糕的害虫包括桉象（*Gonipterus scutellatus*）和叶疤桉叶蜂（*Phylacteophaga froggatti*），两者都会损害西澳大利亚州种植园的蓝桉。此外，小黄蜂大批出没，侵扰风蜡花种植场。这种黄蜂甚至落在鲜花上，经运输到达美国加利福尼亚州，并袭击了那里的风蜡花种植场。我还可以举出更多例子，例如在珀斯蜇咬儿童的纸蜂（*Polistes humilis*）、悉尼和豪勋爵岛的蝉（*Cystosoma saundersii*）、艾丽斯泉附近的蝴蝶等。

通过园林植物扩散的其他“乘客”包括蜥蜴、蜗牛、种子，甚至还有针鼹。一种原产于昆士兰州南部的黏滑小扁虫（*Parakontikia ventrolineata*）附着在园林植物上，被带到了墨尔本、诺福克岛、新西兰、夏威夷、英国、南非和北美洲，现在它们栖息于所有这些地方。在堪培拉花园里发现的鼬蜥（*Saproscincus mustelinus*）很可能是搭乘来自悉尼的树蕨入侵的。你不能总以为自家花园里的虫子、蜥蜴或青蛙是本地物种。在我位于布里斯班的家附近，我曾听到一只产自昆士兰州北部的华丽蛙（*Cophixalis ornatus*）趴在花坛上叫个不停。昆士兰州中部的一种条纹蜗牛（*Figuladra aureedensis*）已经扩散到该州北端的花园。没有人会认真考虑所有搭乘植物扩散的物种，但在这个瞬息万变的世界中，它们令人惊奇，有时也令人担忧。

木头也能载运“乘客”。堪培拉居民最远从500千米外获取木柴，有时会收到随木柴“附赠”的爬行动物。生物学家马克·林特曼斯（Mark Lintermanns）告诉我：“我知道人们在木柴里找到了活物，有人敲它们的头，有人把它们扔出栅栏。”一项针对霍巴特木柴的调查发现，木柴里藏有漏斗蛛、白蚁、肉食蚁、蟑螂、蛀木甲虫和蚯蚓等56个物种，主要是本土物种。木头就像特洛伊木马，将蝎子和蜘蛛带入舒适的家中。在西澳大利亚州，通过壁蜥（*Cryptoblepharus plagiocephalus*）爬上了南方的木质栅栏柱，在海岸附近安家。豪勋爵岛以前没有青蛙，后来，木材（或盆栽植物）将东部草蜥（*Lampropholis delicata*）和棕树蛙（*Litoria ewingii*）带了进来。

动物也会贴在交通工具上。蜗牛专家约翰·斯坦斯蒂奇（John Stanistic）惊讶地发现，昆士兰州中部特有的一种条纹蜗牛（*Figuladra*）出现在布里斯班以南600千米的热带雨林中。当他看到那里一个标牌上印有“当心未爆炸物”时恍然大悟，蜗牛显然是搭乘在训练营间转场的军用卡车来到昆士兰州南部的。蚯蚓和植物也附着在汽车上，一路泥泞后找到了新的聚居地。几年前，地理学家N. W. 韦斯（N. W. Wace）在堪培拉洗车场的沉淀池中收集种子，经他发芽的18,566株幼苗中，有6株是没有在堪培拉附近发现过的本土物种。在位置更南的维多利亚州，通往威尔逊岬（Wilsons Promontory）的蜿蜒道路两旁长着茂密的沿海植物，它们的种子粘在汽车上，被带到了内陆。

种子也随着牲畜的运输向港口扩散。1968年，弗莱明顿寄养场（现为悉尼农产品市场）关闭时，植物学家发现有269种植物在牲畜粪便浸透的土壤中发芽。在外来野生植物中争夺空间的是至少30种澳大利亚内陆植物，它们混在羊毛、饲料和粪便中被运往东部地区。这座大城市里生长着滨藜、纸雏菊、禾草和刺果，距它们的原产地有数百千米之遥。由于种子会从货运列车或干草捆上掉下来，许多植物长在了奇怪的地方。1887年，记者唐纳德·麦克唐纳（Donald MacDonald）回忆，当绵羊被引入墨尔本时，它们“被放牧在每一片开阔的牧场和公共用地，各种陌生的植物在这些地方不断涌现”。

种子在到达港口后常会继续旅行。有170种澳大利亚本土植物在国外的羊毛厂和港口附近发芽，其中一些会成为永久性野生植物。一个世纪前，在苏格兰羊毛厂的下面，来自澳大利亚内陆河漫滩平原的博根跳蚤籽像“苔藓”一样铺满河岸，而酸模（*Rumex brownii*）一直长到下游数英里外。酸模的钩状种子可抓住羊毛、袜子和麻袋，具有强悍的迁移能力，入侵了新西兰、夏威夷和英格兰。它是一种非常成功的草坪野草，也喜欢在我的花园中定居。

我还能举出更多的例子，但你可能已经看够了*。我将用一个故事结束本章，因为这个故事涉及了严重的问题。1974年，罗斯河病毒入侵塔斯马尼亚岛，受感染者遭受了常规症状的侵袭：情绪波动、莫名不适、注意力不集中、夜间盗汗、关节酸痛和强迫性睡眠。有些人发展成了慢性疲劳综合征（CFS）而无法继续工作，他们的生活被毁掉了。这种来自澳大利亚大陆的疾病最初是在有袋类动物中发现的，显然是通过人或牛羊的血液传播到了“苹果之岛”（塔斯马尼亚岛的别称）。

只看罗斯河病毒、红背蜘蛛、果蝇、毛霉菌和露兜树飞虱这5个例子，我们便能意识到“搭便车”的动植物们构成了一个严峻的现象，而且会在未来产生许多新问题。在未来的“新自然”中，我们将看到更多动物、植物和疾病出现在新的地方。

---

* 其他例子列入了“信息来源”。

第 12 章
运输的故事
——野生生物搬家

"将野生生物放生到陌生地域涉及很大的风险，这风险大到无法计算。然而，动物迁移的游戏仍在这片土地上继续进行着。"

——乔治·莱科克（George Laycock），

《外来动物》（1966）

我躺在珀斯附近约翰森林国家公园中的一条小溪里，虽然水流很舒缓，但我无法完全放松，因为我周围的植被太不协调了。我知道，无论是岸边的澳大利亚银叶金合欢（*Acacia podalyriifolia*）和澳洲梧桐（*Brachychiton populneus*），还是另一边的白羽松（*Callitris glaucophylla*）、河湾处的雪松金合欢（*Acacia elata*），或树上那只嘎嘎笑的笑翠鸟，都不属于这里。我身处西澳大利亚州，但周围是一群来自东边数千千米外、这片土地另一端的生物，它们是人们有意带过来的本土化进口货。

澳大利亚的许多地方都给人这种体验，尤

其是在岛屿上。通常，造成这种体验的原因并非动植物“搭便车”或者利用生境变化，而是人们有意将它们释放到野外，或是它们从圈养或种植环境中逃逸。结果，树袋熊、鸭嘴兽、袋狸、琴鸟和鸸鹋跑到了不属于它们的地方，成为了事实上的外来种群。澳大利亚现在有“外来的笑翠鸟”和“野生蜜袋鼯”等诸多实例。这种变化的规模非同寻常。

在可获得统计数据的南澳大利亚州，人们有意迁移过32种本土动物（哺乳动物、鸟类和爬行动物），其中超过60%的个体最终超出了其原始分布范围。人们还给植物搬家。许多搬迁行为都是在政府支持下进行的，人们却从未考虑过任何不良后果。外来害虫的入侵引发了许多抱怨，但澳大利亚的同类事物——野生动物在国内的搬迁——却很少引起人们关注。这是个错综复杂的故事，我无法在这里公正地评判它。

在过去，原住民很可能广泛传播了一些植物。据称，山药是被人们种植到昆士兰州北部的岛屿上的，而托雷斯海峡群岛的居民种植叫作“山梨”（*Syzygium branderhorstii*）的番樱桃以收获果实，番樱桃很可能就是这样广为传播的。在北领地的“红土中心”，阿利亚瓦雷（Alyawarre）居民近来用汽车向营地运送水果并散播种子，使灌木番茄（*Solanum chippendalei*）向南传播。第一批殖民地定居者也曾造成物种迁移。来自新南威尔士州的深红玫瑰鹦鹉（大概是逃逸的宠物）很早就在诺福克岛获得了自由，1835年，传教士詹姆斯·巴克豪斯（James Backhouse）发现它们很常见，当时的囚犯称它们为“红鹦鹉”，这或许是澳大利亚的第一种移居动物。19世纪30年代人们从墨尔本带到塔斯马尼亚岛上的蜜袋鼯很可能是第二种。到了40年代，澳大利亚已拥有了繁盛的野生鹦鹉和袋貂种群，为随后的一切奠定了基础。

19世纪60年代，澳大利亚人受到“物种驯化热”的深刻影响，这种心态起源于英国和法国。绅士们梦想着用异国的财富填满“空旷”的土地和水域。他们的想象力高涨，畅谈在农场上放牧牦牛和美洲驼，以及在森林中放生羚羊、夜莺和萤火虫的前景。这些过分自信的干涉者认为上帝的造物工作是不完整的：他们继承了这项崇高工作，在全球重新分配生物。

物种干涉者将澳大利亚的动物列入了计划。1862年，在阿德莱德第一次驯化会议上，乔治·弗朗西斯（George Francis）惊异于鸟类的现状："新南威尔士州有这里找不到的88种鸟，而我们有16种南澳大利亚州独有的鸟；西澳大利亚州有36种特有鸟，塔斯马尼亚州有32种。交换所有这些鸟类物种是多么有趣、多么有用的事！"确实很有趣。维多利亚州物种驯化协会（成立于1861年）的第二项目标是"将原生动物从现有分布区传播到其他地区"。他们尤其想到了鱼。令他们恼火的是，墨累河沿岸的渔民可钓到硕大的鳕鲈，而浑浊的亚拉河至多只出产鲶鱼。由于他们的努力，到1862年，鳕鲈开始在亚拉河中畅游。西澳大利亚州（那里的鱼更小）的驯化者渴望鳕鲈，也进口金鲈、斑鳕鲈和鳗鱼。1897年，西南的河流中被放生了令人难以置信的800条鳗鱼。澳洲鳕鲈在奥尔巴尼市（Albany）附近的一个湖中兴盛了一段时间，但如今它们在西部几近绝迹。1896年，人们（主要是原住民）在昆士兰州的玛丽河中捕获了100多条澳大利亚肺鱼（*Neoceratodus forsteri*）。然后，人们将肺鱼放入水槽，用火车运送至南部，放生到布里斯班附近的水域中，肺鱼在此一直生存至今。昆士兰州皇家学会在听闻肺鱼面临灭绝后对这项工作进行了监督，殖民地政府为此承担费用（肺鱼并未灭绝，河岸的清理使更多光线透入水中，促进了水生植物的生长，肺鱼因此受益）。鱼类放养的历史悠久而肮脏，这是第14章的主题。

西部的驯化者想要牡蛎和更多的鱼。19世纪90年代，西澳大利亚州的奥尔巴尼市和弗里曼特尔市开设了牡蛎养殖场，使用从新南威尔士州和鲨鱼湾运送来的牡蛎繁殖。国王河（King River）中也养殖了8000个悉尼牡蛎和4000个来自鲨鱼湾及以北地区的贝类。结果，没有一个能生存下来。1900年，人们进口了30只天鹅。这听起来难以置信，因为黑天鹅是西澳大利亚州的象征，但事实证明，当地对天鹅的屠杀极其残酷，以至于人们担心这个象征会灭绝。一道进口的还有数百只笑翠鸟。人们期待笑翠鸟会捕食据传数量有所增长的虎蛇。到1918年，政治家沃尔特·金斯米尔（Walter Kingsmill）可能会惊呼："笑翠鸟的笑声正在成为一种熟悉的声音，而且引进更多笑翠鸟的申请越来越多，表明这种典型的澳大利亚鸟类受到了多么高的评价。"人们还将笑翠鸟带到了塔斯马尼亚岛。今天，人们认为笑翠鸟正将稀有的大草鸮（*Tyto novaehollandiae*）从塔斯马尼亚岛的树洞中驱逐，还在西澳大利亚州捕食鷦鷯。

驯化者也喜欢植物。他们之中最杰出的植物学家是可敬的费迪南德·冯·穆勒（Ferdinand von Mueller）男爵。1870年，他在墨尔本工业博物馆的一次漫长而沉闷的演讲中提议，在维多利亚州森林中栽种数百种外来树木，包括来自新南威尔士州和昆士兰州的红雪松和银桦（*Grevillea robusta*），以及来自西部的红柳桉树。冯·穆勒认为，银桦这种雨林树木会适应维多利亚州的荒漠。在另一次谈话中，他表示："澳大利亚内陆的探险者永久性标记露营地的最好方法，是在其露营地附近撒上一些金合欢（*Acacia lophantha*）、木麻黄（*Casuarina quadrivalvis*）或一些桉树的种子，这可能比在许多树上烧蚀或刻字母效果更佳。"欧内斯特·吉莱斯（Ernest Giles）一定接受了这个建议。1872年，他探索了乌鲁鲁（艾尔斯岩）以西的地区，到达了一片绿洲，在那里，他的日志记载："我在这里播种了大量蔬菜种子，还有一些塔斯马尼亚蓝桉、一些金合欢和三叶草、黑麦和北美雀麦的种子。"

时至世纪之交，驯化者失去了影响力。促进物种迁移的下一波动力来自尝试生物防治新科学的农业官员，以及担心物种灭绝的自然环境保护主义者（见第13章）。早期的生物防治较为鲁莽，缺乏今天的深谋远虑。由于蚜虫和介壳虫侵染作物，人们随意传播以它们为食的昆虫。在航空旅行出现之前，人们很少能从国外带来这些昆虫，许多交易都在各州之间进行。1895～1902年，珀斯和东部各州之间的交通十分复杂。瓢虫向东并向西迁移（也向南到达塔斯马尼亚岛）。人们将一些昆虫带到西部，结果证明它们原本就已栖息于那里。有些昆虫从未得到确认，人们也没有预先进行任何试验。大多数引进都失败了，或是由于气候不匹配，或是由于引进的昆虫太少。一份报告提到，人们仅以“小包裹”的方式将西澳大利亚瓢虫引进到整个维多利亚殖民地，而昆虫无法以这种方式成功移居。

但一些物种确实移居成功了，包括西部的3种瓢虫，现在它们使柑橘和蔬菜种植者受益*（尽管瓢虫可能会伤害森林中的本地昆虫）。这3种瓢虫还输送到国外以对付外国害虫，结果在印度、南非、埃及、新西兰、加拿大（将瓢虫安置在温室中），以及其间许多地方大获成功。

豪勋爵岛曾进行过一次生物防治尝试，结果令人沮丧。1918年，玛卡姆博号（Makambo）运输船遭遇停电事故，然后撞上了一块岩礁，船体爆裂。该船搁浅上岸进行维修，一些黑鼠趁机溜上海岸。它们很快就破坏了岛上的生态。黑鼠大肆吞食鸟蛋和雏鸟，11种热带雨林鸟类中有5种永远消失了。1921年，鸟类研究者艾伦·麦卡洛克（Alan McCulloch）来到岛上参观，他对这里的生态破坏或物种损失状况感到惊骇：

> 但在短短两年前，豪勋爵岛的森林弥漫着鸟类欢快的音符，大小和种类各异的无数鸟类栖息于此……然而，人类最大的敌人——老鼠此时意外引入并泛滥成灾，从此人们很少再能听到鸟鸣声，除了喙部强有力的喜鹊和翠鸟外，人们看到鸟的机会更是罕见。两年之内，这个鸟的天堂成了荒野，为死亡的寂静所笼罩，而在过去，岛上流淌着优美的旋律。

---

* 这3种瓢虫分别为：孟氏隐唇瓢虫（*Cryptolaemus montrouzieri*）、铁蓝瓢虫（*Halmus chalybeus*）和大斑点瓢虫（*Harmonia conformis*）。

老鼠劫掠岛上的主要出口产品——肯蒂亚棕榈树的种子（全球流行的室内盆栽植物），豪勋爵岛控制委员会对此感到惊恐。委员会策划了一个冒险的计划，让捕食老鼠的猫头鹰布满整个岛屿。人们从新南威尔士州的肯普西买了8只仓鸮，从美国加利福尼亚州圣迭戈动物园买了10只（美洲）仓鸮，而塔斯马尼亚州提供了近100只大草鸮。仓鸮并没有生存多久，但体型硕大的大草鸮很快就给该岛蒙上了一层阴影。大草鸮是可怕的掠食动物，在夜间发动精确的鹰爪攻击，杀死白玄鸥（*Gygis alba*）、丘鹬（*Scolopax rusticola*）和黑翅圆尾鹱（*Pterodroma nigripennis*），棕头圆尾鹱（*Pterodroma solandri*）毛茸茸的雏鸟也在它们捕食之列。这些遭受大草鸮捕食的鸟均没有受到老鼠的干扰。到今天，大草鸮已对白玄鸥种群造成了沉重的打击。白玄鸥是一种精致、雪白的鸟，眼神忧郁，在无遮蔽的主枝上筑巢。

但是不会飞的豪勋爵岛丘鹬损失最大，它们已经受到猪和宠物的威胁，大草鸮几乎导致它们消亡。到1979年，只剩下37只丘鹬，分布范围局限于两座山峰的顶部。由于现在人们射杀猫头鹰，丘鹬的数量在精心管理下有所增长，至今已恢复至200只。但是，豪勋爵岛布布克鹰鸮（澳大利亚著名的布布克鹰鸮的一个变种）完全消失了，它们悲哀的呼唤在20世纪50年代最后一次响起。另一个输家是一种小蝙蝠。1972年，一处洞穴中发现了一颗小头骨，这是洛德豪威长耳蝙蝠（*Nyctophilus howensis*）的全部遗骸。老鼠和猫头鹰是它们的克星吗？大概是。今天，老鼠仍然是豪勋爵岛的一个令人头疼的问题。

这个故事还有更多后续。森林鸟类消失后，肯蒂亚棕榈树受到象鼻虫的攻击。委员会认识到“迫切需要更多食虫鸟”，于是引进了灰胸绣眼鸟和68只诺福克岛鸫（灰头黑鸫）。黑鸫很快就死光了，而且在诺福克岛上也灭绝了。具有讽刺意味的是，黑鸫在诺福克岛上的消亡主要归因于黑鼠。不过，1924年从悉尼塔龙加动物园带到豪勋爵岛的10只鹊鹨喜欢岛上的生活，其后代如今在田野上闲逛，甚至在捕食后冒险进入室内。但鹊鹨不是在森林中栖息的鸟类，可能对有虫害的棕榈树没有任何帮助。

在过去，岛屿常成为人们愚蠢引进物种的目的地。1930年，在西澳大利亚州外海的卡纳克岛上，一位巡回表演家在妻子被一条虎蛇（*Notechis scutatus*）杀死后，放生了80条虎蛇。这种蛇主要以蛙类为食，但在这个没有蛙类的岛屿上，虎蛇捕食蜥蜴、引进的老鼠，偶尔还有海鸥。许多虎蛇失明了，因为顽强的海鸥啄掉了它们的眼睛。

宠物贸易也造成了许多野生种群。1851年，塔斯马尼亚州的博物学家罗纳德·古恩指出："早期的游客带来了相当数量的飞鼠，它们很美丽，被人们当宠物养。"他说的是很像松鼠的蜜袋鼯。从墨尔本被带到塔斯马尼亚州的朗塞斯顿后，蜜袋鼯"在抵达后几乎立即逃脱；现在看来，它们很快在毗邻城镇的树林里找到了食物和居所"。

很久以前，澳大利亚人就喜欢将鸟类当宠物养。1827年，旅行者彼得·坎宁安（Peter Cunningham）沉思道："你很快就会意识到自己身处一个与英格兰截然不同的国度，因为鹦鹉和其他陌生鸟类的数量很多，它们的鸣叫声和羽毛色彩各异。你会看到它们落在很多人家的门上，外出行走时可见用于出售的各色笼中鸟。"多年来，各种各样的鹦鹉和其他鸟类不断逃逸，在城镇周围，人们也放生鸟类以增添欢乐气氛。塔龙加动物园于1920年放生了粉红凤头鹦鹉，后来又放生了冠鸠。西澳大利亚州的野生凤头鹦鹉可追溯至1935年。现在，我们所有大城市都栖息着成群的野生鹦鹉，它们的祖先是逃逸的宠物或人们有意放生的。悉尼拥有小凤头鹦鹉（*Cacatua sanguinea*）、蓝颊玫瑰鹦鹉（*Platycercus adscitus*）和澳大利亚环颈鹦鹉（*Barnardius zonarius*）；墨尔本有鳞胸吸蜜鹦鹉（*Trichoglossus chlorolepidotus*）和澳大利亚环颈鹦鹉。布里斯班的长嘴凤头鹦鹉和小凤头鹦鹉可聚成100只的大群，在天空中盘旋着。珀斯的鸟类最丰富，有虹彩吸蜜鹦鹉、长嘴凤头鹦鹉和小凤头鹦鹉，更远的地方还有葵花凤头鹦鹉（*Cacatua galerita*）和红眉火尾雀（*Neochmia temporalis*）。

长嘴凤头鹦鹉的生存状态非常好，它们是一种胆大的白鹦鹉，最初发现于以墨尔本、阿德莱德和新南威尔士州南部为界的三角地带，以一种被称为山药雏菊、类似蒲公英的植物的主根为食。后来，数以百万计的绵羊和兔子入侵它们的领地、大肆啃食山药雏菊，定居者也手持斧头和火种而来，于是长嘴凤头鹦鹉的数量急剧下降。它们转而摄食农作物和野草，数量反弹并成为严重的害鸟。为了控制它们的数量，人们捕捉了数千只，作为笼中鸟广泛出售。但事实证明，这种鹦鹉非常难以驾驭，以至于许多宠物主人将它们放归野外。目前，在塔斯马尼亚岛、新南威尔士州北部、黄金海岸、布里斯班、洛坎普顿、昆士兰州内陆、昆士兰州北部和珀斯，野生鹦鹉群在天空中嘈杂地盘旋。有朝一日，这些种群中必定有一些会彼此发生联络。因此，宠物贸易推动了一种作物害鸟在整个澳大利亚大陆上的扩散。如今的凤头鹦鹉不再大量采食已变得稀缺的山药雏菊。尽管它们也能抑制某些野草，但它们更喜欢吃小麦、燕麦、稻米、大麦和向日葵。

在珀斯，叫声最响亮的鸟是野生的虹彩吸蜜鹦鹉。它们栖息在市中心的椰枣树上，发出刺耳的尖叫声。自1968年首次发现以来，它们的数量一直在增长。大卫·拉蒙特（David Lamont）在其1997年的文章《虹彩吸蜜鹦鹉：西部的一种鸟类“野草”》中认为，这种鸟由1000～2000只组成一个种群，可在30千米的范围内活动。它们为行道树的花蜜争吵，尤其喜欢州际公路旁的桉树。它们还抢夺本地鸟类的食物和巢洞。大卫指出：“有几次，我观察到它们把澳大利亚环颈鹦鹉的雏鸟从巢洞中拖出来并发动凶狠的攻击，然后将雏鸟掷到地上。”果园作物处于危险之中。多年来，鹦鹉问题已使西澳大利亚州的种植者损失了超过100万澳元。

在开放池塘中作为宠物饲养的淡水龟很容易逃脱，主人也常有意放生它们。悉尼世纪公园的池塘里挤满了昆士兰州和澳大利亚内陆游客放生的宠物。再往南，墨尔本的亚拉河中的所有龟都是引进种。约翰·考文垂（John Coventry）记得，30～35年前，人们在吉普斯兰湖区用网捕获了成千上万只普通长颈龟，将它们在墨尔本的市场上出售。亚拉河现在也是引进的墨累河龟的家园，而以前没有龟的塔斯马尼亚岛如今生活着野生的澳洲长颈龟（*Chelodina longicollis*）。

在墨尔本，有人曾将原产于东部远处的澳洲水龙（*Physignathus lesueurii*）沿着亚拉河放生，这些半米长的健壮蜥蜴现栖息于费尔菲尔德（Fairfield）和克佑（Kew）。

野生动物保护区也是传播媒介。1939 年，大卫・弗莱（David Fleay）在希尔斯维尔保护区内放生了6只灌丛火鸡，尽管这些大鸟根本不属于维多利亚州。到1946年，它们已经“牢牢占据了这个地方”，不过后来它们消失了，可能是狐狸捕食造成的。但时至20世纪80年代，火鸡再次逃逸到野外：幼小的火鸡从一座观赏鸟舍的大门逃了出来。几千米外的小山丘上密密麻麻全是火鸡，引起了当地人的担忧，人们把这些鸟统统诱捕起来。在位于阿德莱德山的贝莱尔国家公园（Belair National Park），人们于1972年拆除了一处小型动物围栏，并放生了居住在里面的各种动物。那一年，几只半驯化的袋鼠死在公路上，但大约有10只红袋鼠在高尔夫球场周围安家，它们的后代今天就住在那里。红袋鼠是来自澳大利亚内陆的动物，不喜欢茂密的森林，修剪过的草坪是唯一适合它们的生境。树袋熊和鸸鹋也在这里赢得了自由，有一对鸸鹋最近产下了6只雏鸟。它们通过排泄散播非洲核果菊的种子，这是一种主要的野生植物。

为了恢复生态稳定，蒂姆・弗兰纳里希望让袋獾（塔斯马尼亚恶魔）返回它们几千年前漫步的澳大利亚大陆，但这个想法存在风险。最近的事件已使一些本地动物变得稀有，袋獾可能会对它们造成严重破坏。对于澳大利亚的大自然而言，回到过去是不可能的。物种迁移时常带来苦难，即使动机是保护生态环境。下一章里，我将讲述一些令人尴尬和毁灭性的例子。

第13章
高贵的方舟
——国家公园的储备

“我们希望妥善安排我们的文明，从而使澳大利亚大陆本土的每一种植物和动物都能在其环境中得到保护，以便它们能在自然状态下生存并繁衍后代。”

——詹姆斯·巴雷特（James Barrett）

爵士，《拯救澳大利亚》（1925）

澳大利亚的拓荒者装备着斧头、火柴和枪支，给野生生物造成了可怕的损失，而他们还得到了狐狸和兔子的协助。一个世纪前的博物学家曾担忧，很少有生物能幸存下来。建立国家公园的新想法似乎带来了最光明的希望。但是，必须保护国家公园免受狐狸的侵害，它们被视为特别具有破坏性的物种。岛屿似乎提供了最好的前景。人们建立第一个保护区的目的不是保护生态系统（这是后来时代的观念），而是建立能够储存动物的安全容器。这个想法更多来自诺亚方舟的故事，而不是任何生物学知识。数百甚至数千英里之外的动物被一起安置到森林岛屿上，但它们通常很快就会消亡。

建立保护区的尝试首先发生在维多利亚州最南端的威尔逊岬。1884年，前往那里徒步旅行的三位博物学家对“维多利亚州康沃尔这处高贵的花岗岩岬角”感到敬畏。三年后，政府计划于此安置1000名苏格兰天空岛（Skye）的自耕农，惊恐的博物学家和生物学家发起了澳大利亚第一次环境保护运动，最终——在得到政客们惯常的虚假承诺后——确保了这片土地成为国家公园。但是“岬角”并非因为动物而受到保护，人们认为那里没有多少动物。1906年，博物学家A. D.哈迪（A. D. Hardy）承认：“我们看不到袋鼠、琴鸟或鸭嘴兽，也听不见它们的任何声音。”公园的真正价值在于其壮丽的风景和战略设计：仅凭一条纤细地峡与大陆相连的岬角。就像塔斯马尼亚岛的亚瑟港一样，威尔逊岬很容易与外界隔离，从而保护后来进入的动物。哈迪解释了如何保护：

> 首要工作必然是毒杀澳洲野犬，并在地峡上竖立起防护栏，将狗、狐狸和兔子挡在保护区外。下一步是引进袋鼠、鸸鹋、其他种类的沙袋鼠（而不是目前存在的物种），以及较小的有袋动物。从维多利亚州吉普斯兰引进的琴鸟可安置到西勒湾（Sealer's Cove）、庇护湾（Refuge Cove）等小海湾东侧的溪谷中，以及南部的呼啸梅格溪（Roaring Meg Creek），而鸭嘴兽可在许多溪流中适应环境。这里总共有约1万英亩的牧场，品质或好或差，适合部分袋鼠和鸸鹋，以及整个地区的沙袋鼠生存……

哈迪认为，这就是发展国家公园的方式。

人们没有浪费时间，很快建起了7英里长、8英尺高的铁丝栅栏。到1912年，人们已放生了21只红颈袋鼠（*Macropus rufogriseus*），还有数只袋鼠、5只袋熊、26只袋貂、2只袋狸、6只鸸鹋、3只琴鸟和5只缎蓝园丁鸟。管理委员会的“主要目标”之一即是供应动物。人们还很快放生了大袋鼠、眼斑营冢鸟（*Leipoa ocellata*）、鹮、铃鸟和澳洲长颈龟（*Chelodina longicollis*）。到1923年，共有252只动物放生于此，但有些选择是荒谬的。来自昆士兰热带丛林的树袋鼠遭遇了维多利亚州南部凉爽的冬季，来自内陆的虎皮鹦鹉和红袋鼠以及来自澳大利亚西北部的大袋鼠也是如此。1925年，鸟类研究者约翰·里奇（John Leach）仍然坚信：“当引进的琴鸟、鸸鹋和其他鸟类成为普遍和驯化的动物后，我们位于威尔逊岬的国家公园有望成为伟大的国家资产。”

植物是这项计划的重要组成部分。1912年的圣诞节，一群博物学家造访公园，阿尔弗雷德·尤尔特（Alfred Ewart）教授及其同事后来写道：“就这座国家植物标本馆而言，这次旅行的主要目的是兑现很久以前作出的承诺，在国家公园里种植尽可能多的本土植物，尤其是那些有灭绝危险的植物。”他忙着在溪流沿线、山峰上、荫蔽的林间空地和小径上播种。桉树、茶树、金合欢、异叶瓶木、柏松、波叶海桐、本地啤酒花的种子进入了酸性土壤，总共有60种，其中并无一种是稀有植物。尤尔特为他的同事留下了例行的选择工作，正如其中的J. 克肖（J. Kershaw）回忆道：

> 下午茶后，我们发现有个惊喜在等着我们。营地附近的小径两侧已备好了小块土地，根据安排，每个人种下一棵提供好的幼树。主办方坚持，每位成员应当用桩支撑好自己种下的树苗、挂上标签并浇水。皮彻（Pitcher）先生担任仪式主持人，并监督了整个过程。考察团的领队受邀在营地对面种下第一棵——阳光金合欢（*Acacia discolor*）。每棵树种完后，种树人都说些应景、适当的话，随后是三声热烈的欢呼。就这样，种下了13棵本地幼树。这项独特的仪式自然占用了一些时间，结束时人们对尤尔特

教授和皮彻先生报以额外的欢呼声，他们的深谋远虑颇为恰当合理，为此次营地活动增添了许多乐趣。

1930年，尤尔特教授自豪地记录下他的工作："从前公园里没有的许多本地植物种植在了那里，随着时间的推移，那里很可能成为本地植物群的原始状况和自然关系清晰可见的唯一大片区域。"所称"自然关系"中的植物包括来自西澳大利亚州的桉树和来自北方1000英里外热带雨林中的银桦。

向公园中引进物种的行动一直持续到1941年，当时知名博物学者大卫·弗莱提供了3只虎纹袋鼬（*Dasyurus maculatus*）。人们总计引入了23种哺乳动物、9种鸟和43种植物。一些动物已放生到公园里，包括袋熊、袋貂和树袋熊。幸运的是，引进的物种很少能幸存下来，除了袋鼠、鸸鹋和一些澳洲蒲葵（*Livistona australis*）。威尔逊岬如今是价值无限的公园，但这只是因为人为干预失败了。那里没有在番樱桃树丛间觅食的树袋鼠。

袋鼠岛成为澳大利亚的第二艘"物种方舟"，其后果严重得多。1892年，大洋洲科学促进协会敦促，将岛的西端"划为保留地，用于保护本地动物群和植物群"。当时，岛上没有狐狸和兔子。经过13年的运动，1919年的一项法案将弗林德斯·彻斯（Flinders Chase）留作岛上的一处野生动物保护区。控制委员会成员怀特上校指出："委员会的目标是将可能在澳大利亚大陆灭绝的那些动物样本安置到彻斯。"他补充说，"彻斯的前景是无限的。它作为疗养胜地简直完美，但最重要的是，它是我们美妙的植物和动物的理想保留地。"他于1925年写下这些时，人们已在那里放生了一些眼斑营冢鸟。

放生动物清单很值得关注：

1923年：6只树袋熊、2只澳洲灰雁、2只眼斑营冢鸟

1924年：2只更格卢鼠、2只眼斑营冢鸟

1925年：12只树袋熊及其幼仔

1926年：15只环尾袋貂、2只鼠袋鼠、1只袋熊、2只鸸鹋、4只笑翠鸟、50只短尾蜥

1928年：3只鸭嘴兽、2只鸸鹋

1929年：2只鸸鹋

1932年：2只澳洲灰雁

1936年：1只袋熊（为了给10年前引进的第一只做伴）、6只眼斑营冢鸟、2只澳洲灰雁、2只灌丛火鸡

1937年：2只大袋鼠、12只冠鸠、12只斑胸草雀、6只戈氏姬地鸠、4只铜翅鸠、4只钻石鸠

1940年：10只戈氏姬地鸠、8只红冠凤头鹦鹉、4只斑肩姬地鸠、2只鹊雁、2只刺草地鸠、2只冠鸠

1941年：6只鸭嘴兽

1946年：6只鸭嘴兽、4只巨地鸠、2只陆龟

1948年：3只眼斑营冢鸟

1956年：16只红冠凤头鹦鹉

1957年：3只鸸鹋

这简直是大杂烩！东部热带雨林鸟类（灌丛火鸡、巨地鸠）、北部沙漠的刺草地鸠和热带湿地的鹊雁都在袋鼠岛凌乱的荒地上定居。开始时形势还好。到了1948年，一些物种已消失，但护林员仍可数出100只澳洲灰雁、数百只树袋熊，还有大量环尾袋貂、短尾蜥和铜翅鸠。巨地鸠在金合欢下的沙丘上昂首阔步。

然而，如今没有人感到高兴了。树袋熊已成为臭名昭著的害兽，它们导致了树木落叶（见第18章）。灰雁也引起了麻烦，它们在牧场上觅食并弄脏草地。鸭嘴兽沿溪流不断扩展活动范围，它们对本地甲壳类动物的影响引起了人们的关注。灌丛火鸡在距最近的热带雨林数百千米的地方繁衍生息，这令每个人都感到惊奇，因为只放生过两

只。我上一次去那里时，一只火鸡正待在国家公园办公室的阳台上，等候人们施舍食物。

20世纪30年代，一次媒体宣传使一只“技艺精湛”的琴鸟获得了全国赞誉，塔斯马尼亚州也郑重成为了保护区。1944年，博物学家迈克尔·沙兰德（Michael Shaland）讲述了它的故事：

> 大约10～12年前，琴鸟声名鹊起并受到广播、新闻和电影的广泛宣传，被誉为澳大利亚独一无二的鸟类。民众情绪高涨，感觉必须给予如此著名的鸟应有的保护……“拯救琴鸟免于灭绝”成为了口号，尽管并不能说琴鸟受到了灭绝的威胁。

民众的这种情绪使得塔斯马尼亚州获得了一种新鸟。狐狸捕食琴鸟，因此长满蕨类植物但没有狐狸的塔斯马尼亚州似乎是理想的琴鸟庇护所。1934年，第一批21只琴鸟经空运来到岛上，并放生在哈斯丁洞穴（Hastings Cave）和菲尔德山（Mt Field）国家公园。大卫·弗莱当时正在希尔斯维尔保护区，他在墨尔本附近的茂密森林中设置麻绳套索，捕获了其中一些琴鸟。他的琴鸟安置在飞机里的茶箱中运送。琴鸟种群在它们的塔斯马尼亚新家园发展壮大。

今天，琴鸟被视为一种资产。菲尔德山国家公园拥有一条琴鸟自然步道。但是生态学家对琴鸟的翻土及捕食昆虫的行为表示担忧。佐伊·坦纳（Zöe Tanner）告诉我：“在某些地方，森林底土翻覆的面积令人难以置信，看起来像数百只小鸡乱跑的结果。”在她获奖论文中，琴鸟的行为好比野猪。她写道：“在觅食期间，琴鸟用强有力的爪子挖掘土壤和垃圾，剥掉树木和原木的外皮，分割腐烂的原木，移动重达2千克的岩石，破坏大块岩石致其坍塌，用爪子挖掘、连根拔起或折断大量灌木，并剥掉岩石表面的苔藓和地衣。”

琴鸟能在1小时内翻动36千克的土壤和枯枝落叶，一年内它们能在每公顷土地上翻动45吨的矿质土壤。在维多利亚州，它们可能会破坏肥沃表土的稳定性，从而在塑造地貌中起到关键作用，因为受破坏的表土会与琴鸟移动的岩石和原木一起滑入沟壑。每公顷多达38个雄琴鸟展示丘也造成了“大量干扰”。佐伊发现，在塔斯马尼亚岛，琴鸟成群出没的地方总会有蕨类植物和树苗减少的问题。这种大鸟抓挠幼树的行为可能会阻碍雨林的演替并打开林冠。佐伊最惊人的发现是，琴鸟可能会导致珍稀的弯头兰花（*Thynninorchis nothofagicola*）灭绝，已知这种兰花的唯一生长地恰好接近琴鸟抓挠树木的地方。佐伊总结说，琴鸟是“生态系统工程师”，因此“同捕食和竞争造成的影响相比，它们可造成更严重的生态保护威胁”。它们“耕作”土壤、踢起碎屑，这改善了昆虫的生境，相当于是在“养殖”昆虫。但较小的植物则被这些碎屑掩盖。

尽管琴鸟生长缓慢，每年只产一个卵，它们的种群在塔斯马尼亚岛迅速蔓延。很快，除一些孤立的小块树林外，它们将占领所有热带雨林。种群模型表明，1980年有1000只琴鸟，到2000年有8000只。到2010年，塔斯马尼亚岛的琴鸟数量将达到饱和。“它们已经成了一个问题，但现阶段做什么都无济于事，”佐伊告诉我，“要控制或消灭它们确实很难，因为它们生活在热带雨林最深、最幽暗的地方。即使用狗也很难抓住它们，因为塔斯马尼亚西南部分布有数十万公顷的灌木林，附近的道路并不多。”她认为，有针对性的致命病毒可能会产生效果。

在塔斯马尼亚岛以东，人们进行了更大规模的驯化试验。1966年，政府决定将玛丽亚岛设为保护区。“历史意义重大且地理位置优越的玛丽亚岛……最终可能成为澳大利亚第一个南非型野生动物保护区”，《霍巴特水星报》如是宣传。动物和鸟类保护委员会主席埃里克·吉勒（Eric Guiler）博士提议，将非原产于玛丽亚岛的塔斯马尼亚动物放生到那里，使其生活在“自然状态”中。玛丽亚岛将建设一个研究中心，并开辟为旅游胜地。

从1969年到1972年，人们在岛上共放生了766只鸟和哺乳动物，足以填满一艘诺亚方舟，其中包括凤头鹦鹉、鸭子、玫瑰鹦鹉、山地矮袋貂、本土猫和袋鼬。仅在1971年，放生的动物就有136只长鼻袋鼠、127只红颈袋鼠、61只环尾袋貂、43只针鼹、84只袋狸、45只袋鼠、15只帚尾袋貂、13只小型沙袋鼠、16只袋鼬、23只盖氏袋鼠和28只袋熊（其中的袋熊、针鼹和长鼻袋鼠等物种已在岛上生活）。人们还希望引进塔斯马尼亚虎（亦称袋狼）。在世界自然基金会（WWF）资助下，吉勒在塔斯马尼亚西北部设下陷阱，其中位于卢伊纳（Luina）附近一处旧锅炉中附近可能有袋狼巢穴，陷阱保持打开两个月之久，但没有收获。几乎可以肯定，那时袋狼已经灭绝了。

但引进玛丽亚岛的许多动物都繁盛地发展。灰袋鼠的数量从1971年的45只增长到20世纪80年代的1000多只，它们挤满了简易机场周围清理干净的围场。许多袋鼠看起来像得了病。1985年，兽医蒂姆·麦克马纳斯（Tim McManus）告诉国家公园和野生动物管理局，袋鼠的数量过多，并指出“草很短，表面几乎沾满了袋鼠的粪便”，而且“附近的灌木丛也被剥光，所有可食用的东西都被啃得一干二净”。他在一只死袋鼠体内发现了数量“惊人”的寄生蠕虫。于是他建议进行彻底的捕杀。起初只是消灭了虚弱痛苦的袋鼠，但行动颇为谨慎，因为园林管理员害怕公众的强烈抗议。但是袋鼠不断繁殖，许多显然都在挨饿。到了1987年，管理员不得不采取行动。公众的反应是可以预测的。一名当地的渡船主声称，他看到了一处埋有1000具袋鼠尸体的大坑。公园管理局坚称，他们只埋葬了671只袋鼠，其中200只死于饥饿。时至今日，玛丽亚岛仍然有太多的袋鼠。

其他问题也出现了。1982年给国家公园部长的一份备忘录中指出，“一些老年鸸鹋变得非常具有攻击性，露营者的补给品经常被这些大型鸟抢走，它们甚至进入帐篷偷窃”。人们捕杀了18只鸸鹋。当一种致命的流行病席卷而来时，袋狸引起了人们的关注。玛丽亚岛直至今天仍然一片狼藉，袋鼠和鹅将古老的绵羊牧场啃食得惨不忍睹。走在那里的粪土和尸体之间，不弄脏靴子是不可能的。灌木丛看起来像修剪过的植物。

兴建“物种方舟”的时代是生态环境保护史上令人尴尬的一段尝试。此类保护区并未实现任何有益成果，却引发了生态恶果。今天，人们仍在建立“岛屿方舟”，不过原则已经改变。人们很少再将动物迁移到其原始生存范围之外。在南澳大利亚州，稀有的盖氏袋鼠和刺巢鼠（*Leporillus conditor*）进入几个小型岛屿国家公园。在西澳大利亚州，人们最近用栅栏隔开了鲨鱼湾的两个半岛，即1050平方千米的佩伦（Peron）半岛和12平方千米的海里森半岛（Heirisson Prong），从而建立起两艘“物种方舟”。眼斑营冢鸟、盖氏袋鼠和兔耳袋狸进入佩伦半岛，因为前两者曾经栖息于该地区，而兔耳袋狸的亚化石骨骼仅在80千米外被发现。国家公园官员科林·西姆斯（Colleen Sims）表示，放生兔耳袋狸的决定并非是轻率做出的。“有些人不同意这一点。”当然，没有人考虑引进热带的树袋鼠或棕榈树。

“岛屿方舟”也出现在世界上其他许多地方。大约100年前，人们认为巴黎和纽约时装贸易对帽子羽饰贪得无厌的需求威胁到了西印度群岛小多巴哥岛上的鸟类生存，威廉·英厄姆（William Ingham）爵士购买下这个岛，作为一个更大的鸟类天堂保护区。他从新几内亚附近的岛屿上获得了47只鸟放生到这里，它们的后代在岛上生存到20世纪70年代，不过数量很少（约十几只），因为小多巴哥岛太小了。最近，非洲南部的布须曼岩画正在引导人们将物种再引入围栏公园。花岗岩露头上的羚羊和犀牛形象通常非常准确。

新西兰的鸟类极易受到袋貂、白鼬、鼠类和猫的攻击，事实证明，保证小型岛屿上没有这些掠食动物对保护鸟类至关重要。我有幸在一个岛上看到人们在夜间迁移一只鹬鸵（几维鸟）。但是迁移至岛上的鸟类正在消灭不会飞的稀有昆虫。小巴里尔岛巨沙螽（*Deinacrida heteracantha*）显然是世界上最重的昆虫，它们面临的灭绝威胁赫然耸现，因为人们将濒危的掠食性鸟类——鞍背鸟安置在了唯一有巨沙螽栖息的岛上。

所有这些关于“岛屿方舟”的故事再次提醒我们，澳大利亚（以及世界上其他任何地方）的自然环境已经不再像从前那样了。我们不能假定树上的树袋熊或岛上的鸟真的属于那里。通常，这些故事揭示了人类造成的生态系统变化。这是一个现实，甚至连环保主义者也参与了这一塑造过程。

第 14 章

恣意放养鱼类

——渔业管理者的胡作非为

“大鱼吃小鱼。”

——中国谚语

伊查姆湖（Lake Eacham）位于昆士兰州东北部的阿瑟顿高原上，是一个精致的小火山口湖，为热带雨林环绕。国家公园内的保护并没有起到很好的作用。直到最近，湖中还栖息着独特的大眼虹银汉鱼（*Melanotaenia eachamensis*），这种银色的小鱼带有橙色条纹，在浅水区成群游动。1983年，伊查姆湖中的大眼虹银汉鱼数量丰富；后来出于某些原因，该物种消失了。四年后，生物学家带着网、捕捉器、探照灯和呼吸管来到这里，发现了许多射水鱼（*Toxotes*）、相鱼、横纹羊鳚（*Amniataba percoides*）和舌天竺鲷（*Glossamia aprion*），但唯独没有大眼虹银汉鱼。他们发现的物种是昆士兰州北部的鱼，并不属于这片湖。有人无缘无故地非法将它们放入国家公园。湖边的警示牌已告知人们不要喂鱼，但横纹羊鲗在水中等待投喂。如果你晚上带着灯来扫描漆黑的湖水深处，你会看到颜色更深的鱼——舌天竺鲷从水下向上张望。它们是这个故事中的恶棍，就是它们吃光了所有大眼虹银汉鱼，毁灭了湖泊中最著名的物种。

但是伊查姆湖的大眼虹银汉鱼并没有灭绝。20世纪80年代初，一些鱼类爱好者非法捕捞了一些鱼，养在水族箱中。该物种在匿名人士的起居室和车库中幸存了下来。经过协力繁殖，这种鱼在圈养条件下得以保全。然后在1990年，昆士兰渔业部门将3000条大眼虹银汉鱼送回湖中。但四个月后，它们再次消失了。人们举办了一场研讨会，讨论放生更多的鱼，但这样做有希望么？与此同时，在附近一条溪流和火山口中发现的一些银汉鱼经证明是伊查姆湖大眼虹银汉鱼。该物种终归在野外幸存下来，尽管很脆弱。曾栖息于伊查姆湖的彩塘鳢（*Mogurnda mogurnda*）也从湖中消失了（而在其他地方的数量还不少）。小硬头鱼是唯一依然存在的原生鱼种。来到这个世界遗产地的大多数游客永远不会猜到，他们看到的鱼并不属于这里。

人为迁移鱼类产生的后果令澳大利亚人担忧。超过20种本地鱼类（和4种淡水螯虾）被投放到不属于它们的水域中。许多主要流域受到了影响，它们的生态出现偏差。政府代表钓鱼爱好者推动了这项工作的大部分事项，而昆士兰州则是受影响最严重的州。

昆士兰州是迁移鱼类的一个目标，因为这里的水体很温暖。在很久以前，南部各州的河流和湖泊中就存储着从欧洲和北美引进的鳟鱼和鲑鱼（参见我的《野性未来》一书）。这些凶猛的掠食动物吞食本地鱼类、蝌蚪、淡水螯虾和昆虫，将充满鳟鱼的水域变成了水上荒漠。它们严重威胁到7种鱼和3种蛙。尽管昆士兰的大部分地区并不适合这些鱼类，因为那里的水太暖了，但人们还是在伊查姆湖等地放生了它们，它们却未能生存下来。受挫的渔业官员只得另寻他处。他们的目标鱼类大而美味，并具有本地供垂钓的鱼类不具有的行为：在昆士兰州各地正在建起的大坝中繁殖。他们转向非洲寻找这种鱼。

非洲的维多利亚湖虽然只有不到100万年的历史，却堪称鱼类进化的非凡实验室。300多种形状和体色各异的慈鲷由一个未知的祖先迅速进化而来。许多慈鲷物种一直生活在湖边的多岩石区，在那里它们的数量可能不超过几百条。但在20世纪50年代，英国人将尼罗河尖吻鲈（*Lates niloticus*）作为食用鱼引进到湖中时，它们自然出现在距慈鲷不远的水域。这些硕大的掠食动物在这片新家园发现了大群的慈鲷，等着它们捕食。至20世纪80年代末，超过一半的慈鲷物种已经消失。它们的消亡是现代最大的灭绝事件之一。

1968年，昆士兰州政府将目光投向了尼罗河尖吻鲈。这些鱼与尖吻鲈（*Lates calcarifer*）具有密切的亲缘关系，但与尖吻鲈不同，尼罗河尖吻鲈会在水坝中繁殖。在联邦政府要求进行适当的风险评估后，位于阿瑟顿高原上的沃尔卡敏（Walkamin）研究站布置了池塘来测试这种新鱼。但是，1985年，维多利亚湖生态悲剧的消息传来，澳大利亚对尼罗河尖吻鲈的短暂兴趣也随之结束。乌干达生物学家理查德·奥古图–奥瓦约（Richard Ogutu-Ohwayo）严厉谴责澳大利亚险些造成本地鱼类灭绝的冒险行为。

昆士兰州仍有一个研究站跃跃欲试，随后推出了“淡水渔业增强计划”，该项计划雄心勃勃，旨在培育数百万条尖吻鲈及其他澳大利亚本土鱼类，以便持续放养到水坝中。这个想法的目的是补充资源枯竭的水域，改善林区生活，并吸引游客前往衰落的乡镇。由于在水坝中繁殖的澳大利亚鱼类很少，放养将无限期进行，并使用新技术来诱导鱼产卵。该计划总共放养了超过1700万条鱼种。

在不到10年的时间里，新鱼几乎进入了凯恩斯以南东海岸沿线的每条河流。目前，有至少10个物种在不属于它们的地方游动。一些物种被迁移到很遥远的地方，包括澳洲鳕鲈（即虫纹麦鳕鲈，*Maccullochella peelii*）、金鲈（即圆尾麦氏鲈，*Macquaria ambigua*）和澳洲银鲈（*Bidyanus bidyanus*）。另一些鱼类进入了合适的河流，在人为帮助下迁移至瀑布等不可逾越的古老障碍之上。昆士兰州南部的伯内特河（Burnett River）如今拥有6个新鱼类物种，即澳洲鳕鲈、金鲈、鲈鱼、澳洲银鲈、利氏硬仆骨舌鱼（星点珍珠龙鱼，*Scleropages leichhardti*）和淡水黑鲷（厚唇弱棘鯻，*Hephaestus fuliginosus*），玛丽河则有3种。这些河流是著名活化石——肺鱼的原产地，玛丽河中还栖息着濒危的玛丽河麦鳕鲈（*Maccullochella mariensis*）和极为珍稀的隐龟（*Elusor macrurus*），两者都不会自然地出现于其他任何地方。

放养的鱼符合两项标准：它们是捕食者（会吞鱼饵）并且它们体型较大。利氏硬仆骨舌鱼长达1米。它们以前局限于一个生态系统——费茨罗伊河，但现在它们潜伏在更北端的水域，一直延伸到黄金海岸，成为了它们所在大多数河流中最大的淡水鱼。澳洲鳕鲈可长到1.8米（虽然不常有）。像这样的大型掠食动物会对淡水螯虾、蛙类、软体动物和其他鱼类造成伤害。澳洲鳕鲈捕食金鲈、蛇、龟，甚至鸭子。无论到哪里，它们都会影响生态。放养者说，他们的工作很安全，因为放养的鱼进入了人工水域而不是河流，但大多数水坝都坐落于河流上，鱼会在洪水中逆流而上或沿溢洪道扩散。在凯恩斯附近的水坝——蒂纳鲁湖（Lake Tinaroo），人们必须安装一张巨大的网，因为每次大雨后，一半的鱼会随水流冲走（昆士兰州渔业部门承认这一点）。

很难确切地说这些大鱼正在造成什么损害，因为它们隐藏在水下。昆士兰州渔业部门的彼得·杰克逊（Peter Jackson）承认："没有资源，也没有人真正研究可能有什么影响。"伊查姆湖就是一个例子，但那个小火山口具有特殊性，而且那里的舌天竺鲷较小——我从来没见过体长超过12厘米的。南部的鳟鱼带来了毁灭性的影响，但所有这些重新安置的"本地"鱼呢？詹姆斯·库克大学的艾伦·韦伯（Alan Webb）在放养尖吻鲈之前和之后研究了汤斯维尔的罗斯河河堰上游的情况。尖吻鲈是这里的本地物种，但它们无法靠自己的力量越过水坝。艾伦记录了"本地鱼类的数量骤降"，是因为当地的放养者太过分了。"他们只是在生态系统中增加了越来越多的捕食者。"他解剖了一些尖吻鲈。“它们正在捕食幼鱼，这表明它们已经吃光了较大和亚成体种群，正在转向更小的猎物。”过度放养可能是司空见惯的。根据生物学家达米恩·伯罗斯（Damien Burrows）的说法：“不成文的规则是放养尽可能多的鱼种，能买到多少，就放养多少。”

格里菲斯大学的布拉德·普西（Brad Pusey）进行了另一项发人深省的研究。线纹尖塘鳢可能最初只栖息于伯德金河（Burdekin River）的下游，在伯德金瀑布之上并未发现它们的身影，直到20世纪80年代，人们将培育自沃尔卡敏的一些鱼放养到了瀑布上游。10年后，它们的数量激增。布拉德记录了一大群线纹尖塘鳢从河源上游顺流而下。他写道：“它们现在已占领了河流上游的每一片可用生境。随着它们定居前沿的显现，我能够追踪其他物种的损失，尤其是其他鲄鱼的损失。”他怀疑干旱影响了他的调查结果，但将大部分生态变化归咎于线纹尖塘鳢，这种行动迟缓的鱼在夜间静止于水中，然后猛然扑向游经的猎物。

我们需要更多这样的研究。正如昆士兰博物馆的杰夫·约翰逊（Geoff Johnson）指出的那样，没有这些研究，我们只能推测关于放养的信息。“好吧，不可能是好消息，”他告诉我，“但无论是灾难性的还是中等程度的坏消息，只有时间会证明一切。”

20世纪90年代，昆士兰州渔业部门内部越来越担心放养的鱼类严重失控。这种行为与生态可持续发展的新政策相冲突。彼得·杰克逊起草了一项新政策。大多数放养活动将继续，以安抚垂钓者，但有些会被叫停。菲尔·卡德瓦拉德（Phil Cadwallader）受到维多利亚州的影响，宣传政策的变化，但他拒绝了一些人将利氏硬仆骨舌鱼放养到错误水域的请求，昆士兰州淡水渔业和放养协会大声反对。有人要求采用“一种更加基于常识和共识的方法”。菲尔告诉我说：“人们说我招人厌。”

彼得和菲尔游说鱼类放养者，而一场新的生态灾难帮助他们实现了目标。横纹羊鯻渗透进了一个孵化场的亲鱼群，这是一种好斗的鱼，属于更北方的水域。它们最终扩散到了昆士兰州南部的许多水坝中，甚至在新南威尔士州的克拉伦斯河（Clarence River）中定居，导致那里的艾氏麦鳕鲈（*Maccullochella ikei*）的生存岌岌可危。它们体型太小，不值得大鱼捕食，而且它们会抢食大鱼的饵料，并对本地虾造成沉重打击。

昆士兰州现在有了方向正确的鱼类放养政策。所有西部和海湾河流都永久禁止放生物种，但在东部达到预期仍很困难。彼得表示："我们肯定是想让昔日重现，但这并不容易。"一位生物学家说，核心问题是"每个休闲渔民都认为他有上帝赋予的权利，可以在澳大利亚的每一片水域捕到可以捕捉的鱼，而这从根本上就是荒谬的。"

要是能得到环境保护主义者的支持，昆士兰州渔业部门就能做得更多。彼得·杰克逊认为："在环境保护运动中，人们并不真正担忧水生生态系统。如今情况发生了不少变化。"所有政治压力依然都来自垂钓者。他们在1994年展示了力量，使得一项禁止在国家公园内捕鱼的政府计划像烫手山芋一样遭到抛弃。一份报纸宣称："垂钓者猛烈抨击国家公园禁令计划。"渔民现在知道，他们比环保主义者拥有更大的影响力。

当然，昆士兰州并不是唯一迁移鱼类的地方。其他州放养的鳟鱼和鲑鱼搅扰了他们的水域。在南部，可供选择的本地鱼种类更少，适于放置它们的水坝也更少，但多年来人们已做了充分的尝试。维多利亚州曾发起为孤立的维么拉（Wimmera）水生系统储备鱼类的活动，引进了澳洲鳕鲈、金鲈、鲶鱼、澳洲银鲈，无意间将克氏黄黝鱼（*Hypseleotris klunzingeri*）也带了进来。现已稀有的澳洲麦氏鲈（*Macquaria australasica*）曾遍及维多利亚州。在塔斯马尼亚州，人们将斑鳕鲈（*Gadopsis marmoratus*）四处迁移；而澳洲鳗鲇（*Tandanus tandanus*）现经常在霍克伯里河（Hawkesbury River）和猎人河（Hunter River）中出没。

要考虑的物种还有淡水螯虾。来自澳大利亚内陆的天空蓝魔虾

（即破坏者螯虾，*Cherax destructor*）已广泛放养于水坝中，它们现在占据了西澳大利亚州的河流和自然保护区，以及悉尼和昆士兰州南部的池塘。它们从农场水坝爬行到附近的溪流。近年来，人们以无节制的热情在昆士兰州各地迁移原产自澳大利亚北部的四脊滑螯虾（红螯螯虾，*Cherax quadricarinatus*），它们现栖息于湿热带的新溪流中，以及通向布里斯班的一系列水库中。人们放养它们，过一段时间后便带着捕捉器回来抓虾。杰夫·约翰逊告诉我："在布里斯班附近的松北水坝（North Pine Dam），它们的数量绝对在激增。每到周末，这里就成为一座帐篷城。人们忙着捕捉一桶桶的硕大螯虾，他们驱车数百千米，纯粹是为了捕捉它们。"西澳大利亚州渔业部门不允许在原始河流附近的任何地方养殖四脊滑螯虾，但昆士兰州渔业部门一直在努力创造它们的野生种群，他们将这种螯虾倒进伯德金河和塔利河，以及其他什么地方。

人类迁移物种的副作用也令人担忧。首先是疾病。鱼和淡水螯虾在放生到野外之前，会拥挤在温暖、粪便污染的池塘中，这才是真正让人感到害怕的事情。最近，尖吻鲈将海豚链球菌（*Streptococcus iniae*）从澳大利亚北部传播到了阿德莱德，一个养殖场的澳洲银鲈因此丧生。一种对澳洲银鲈非常致命的原生罗达病毒也以几乎相同的方式向南传播。微孢子虫最近在西澳大利亚州的农场杀死了许多淡水螯虾，这令人怀疑有人从更远的东部地区走私贩来了受感染的淡水螯虾。疾病专家李欧文（Lee Owen）为我们的无知感到痛惜。"因为人们不想了解这些，所以很难获得资助。"

其次是基因污染，这是人们意外或有意地将孤立的鱼类资源库聚集在一起产生的结果。昆士兰州渔业部门的伯纳黛特·克比（Bernadette Kerby）担心，昆士兰州最终将失去一些鱼类的纯种群。再次是遗传贫化，即从少数几次产卵中繁殖出大量的鱼，导致数十万条几乎相同的鱼种涌入野外，大幅降低了遗传多样性。最后是信息丢失，即专家无法查清某些鱼是否属于某条河流。

但放养已为人们普遍接受。我们的一些内陆鱼类不再能在野外环境中很好地繁殖，因为诱导产卵的夏季洪水不再到来（这要归咎于灌溉设施）。澳洲鳕鲈、澳洲银鲈和金鲈现在是半驯化的物种，其大多数野生种群来自孵化场。放养还有助于拯救濒危的玛丽河麦鳕鲈和艾氏麦鳕鲈免于灭绝。

我不知道未来会怎样。人们放养的鱼类品种只会越来越多。事实将证明，任何新规则都是难以执行的。正如杰大・约翰逊所谈的非法放养："如果你被抓住了，你真是世界上最倒霉的人。"未来会有更多奇怪的鱼和小龙虾潜伏在我们的水域，既包括澳大利亚原生种也包括外来种。会有任何河流免于物种入侵的威胁吗？澳大利亚有一项"活体水生生物迁移国家政策"，但这并无真正的帮助。该政策宣称："对放养计划而言，野生种群的建立可能是理想的结果。"放养者对水体做了当地园艺和宠物主人在陆地上所做的事情：对生态结构进行重新洗牌，将各物种以不可预测的新组合形式聚集在一起。

第15章

请原谅我的花园

——本地花园长满野草

“何时原生物种不再原生？”

——柳荆上的国家公园传单

我和环境顾问罗汉·卡明（Rohan Cuming）在丛林中漫步。当我们穿过杂树林和灌木丛时，他不停调侃：“这种悉尼蓝桉是棵相当不错的杂树。这棵金合欢长得是真的枝繁叶茂。这里有棵白千层，一个杂交的杰作，我见过它沿路生长。我们徒手拔过很多哈克木，这些都是幼苗，它们也会迁移，是真的迁移。这里还有一种西澳大利亚开花桉。”

我蹒跚前行，难以置信地睁大了眼睛。即便在最黑暗的梦里，我也从来没想过会发生这样的事情。我们身处墨尔本附近莫宁顿半岛上的玛莎山公园，这里是澳大利亚的混乱之所。这个地方的野生植物泛滥成灾——最绝的是它们中大部分是澳大利亚植物。38种植物缠结在一起，占据了一个山坡，而这片山坡曾是长满草的澳洲木麻黄林地。它们构成了浓密的下层灌木丛，我们只能艰难地通过。所有这些都位于一个重要的自然保护区内。

在20世纪50年代和80年代，玛莎山上种植了数百种澳大利亚植物，形成了一座植物园。后来管理废弛，超过1/3的物种“不翼而飞”。植物园现在成为一个占地8.5公顷的生态麻烦。来自西澳大利亚州的树香桃（*Agonis flexuosa*）与来自昆士兰州山区或新南威尔士州北部的南澳糖桉（*Eucalyptus cladocalyx*）和柠檬香茶树（*Leptospermum petersonii*）相互竞争。在这里传播的11种植物从前在维多利亚州从未被视为野生植物。“用白话来说，这就是野生植物入侵的恐怖秀，”罗汉信誓旦旦地向我保证。莫宁顿市政委员会希望他清除所有的野生植物，我建议他使用凝固汽油弹。

玛莎山是一个很普遍的问题的夸张版。原生园林植物通常不会像“方舟”上的动物那样被人直接带入野外，但它们很快就以散播种子的方式自行采取行动。无论生长在哪里，一些原生园林植物都会“走进”附近的森林并成为“野生植物”（指在不需要它们的地方生长的植物）。这类植物的存在削弱了原生花园对环境有益的观念，它们是改变自然及野生生物迁居的又一例子。

维多利亚州是迄今为止受影响最严重的州，其野生植物清单上有200种澳大利亚植物，其中包括30多种金合欢和桉树、10种茶树和白千层、少量热带雨林植物，甚至还有原产于西澳大利亚州的袋鼠爪花（*Anigozanthus flavidus*）。西澳大利亚州生长着近60种漂泊的原生植物，包括沟壑中的树蕨（*Cyathea cooperi*）、海岸上的澳洲木麻黄（*Casuarina equisetifolia*），以及我在约翰森林国家公园的溪流中看到的植物（见第12章）。堪培拉至少有26种入侵植物，包括9种金合欢和4种哈克木。行为不当、四处蔓生的植物还包括：澳大利亚植物象征——密花金合欢（*Acacia pycnantha*）、塔斯马尼亚植物象征——蓝桉、北领地植物象征——陆地棉（*Gossypium sturtianum*），以及非常罕见的热带雨林树木——细叶塔克洛树（*Lepiderema pulchella*）。

公园广布的维多利亚州将其投入莫宁顿半岛预算的30%用于摧毁澳大利亚植物。在玛莎山附近的亚瑟王宝座州立公园（Arthur's Seat State Park），人们就花费9.5万美元处理了一种植物：原产于西澳大利亚州的蓝铃海桐花（*Sollya heterophylla*）。维多利亚州以北的丹顿农山脉国家公园（Dandenong Ranges National Park）控制了9种野生树种，其中6种是澳大利亚植物。在悉尼，有公路穿越的保护区里，管理者担心3种将公路边缘染成蓝色的金合欢：来自西澳大利亚州的柳荆（*Acacia saligna*）、来自新南威尔士州南部的贝利氏相思树（*Acacia baileyana*）以及来自北部地区的银叶金合欢（*Acacia podalyriifolia*）。在阿德莱德的贝莱尔国家公园，人们认为波叶海桐（*Pittosporum undulatum*）是两种最糟糕的野生植物之一。墨尔本以西的冲浪海岸郡（Surf Coast Shire）出版了一本看上去像野花指南的小册子。每张茶树或金合欢图片下方的文字都有"用内吸性除草剂处理茎干"之类的建议。这本野生植物手册记载的16种灌木和树木中，有一半是澳大利亚植物。

在澳大利亚南半部，大多数市政委员会的野生植物名录中都充斥着本地植物。政府科学家布鲁泽塞（El Bruzzese）在考虑对其中一些植物，例如皇后澳洲茶进行生物防治。这种植物是如此令人反感，以至于西澳大利亚州产生了一个致力于消灭它的组织，即野生茶树清除组织。

澳大利亚的野生植物有时比外来入侵的任何植物都要更糟糕。它们挤开当地植被，改变火烧机制，造成物种单一的林地并遮蔽较小的植物。波叶海桐形成的灌木丛如此黑暗，以致桉树幼苗无法在其下发芽，原本阳光充足的桉树林地变成了永久阴暗的林间空地，森林演替由此结束。在阿德莱德的贝莱尔国家公园，波叶海桐正在遮蔽一种稀有的翅柱兰（*Pterostylis cucullata*）。（在牙买加，波叶海桐遮蔽了许多稀有植物，在葡萄牙以西大西洋上的亚速尔群岛，它正接管濒危的亚速尔红腹灰雀的栖息地。）在布里斯班周围，来自昆士兰热带地区的大伞树（*Schefflera actinophylla*）正在以完全相同的方式遮蔽下层林木。我从1平方米的桉树林中拔出了80株幼苗。很少有外来野生植物造成如此恶劣的影响。在阳光海岸的一项研究中，我将大伞树列为43种野生植物中危害最大的一种。

这类问题在本质上也是全球性的问题。澳大利亚园林植物到处造成恶劣影响。大伞树在夏威夷占据了山地，金合欢正渗透到非洲，波叶海桐在四大洲造成了问题。树蕨是最不可能入侵西澳大利亚州的野草之一，但它也在入侵夏威夷、新西兰、南非和毛里求斯。澳大利亚植物在国外长期以来都很受欢迎。1826年，波叶海桐的种子在美国出售，两年后，罗伯特·斯威特（Robert Sweet）出版了他的英文园艺书籍《澳洲植物志》(*Flora Australiensis*)。

种子贸易为许多植物提供了向全世界传播的通行证。没有任何物种比贝利氏相思树更能说明这一点。这种非常美丽的灌木生长在新南威尔士州南部的库塔蒙德拉（Cootamundra）以北的山丘上。该镇曾是悉尼—墨尔本铁路的重要枢纽站，这种带有花边叶子的金色灌木很快就进入了澳大利亚各地的花园，然后出口海外。现在它在欧洲、非洲、美洲以及澳大利亚的每个州都成为了野生植物。我看到这种金合欢在悉尼、墨尔本、堪培拉、珀斯、塔斯马尼亚岛、新西兰和美国加利福尼亚州扩散肆虐，并得到了一个绰号“库塔野蛮杂种金合欢”(Coota-bloody-mongrel wattle)。澳大利亚的“国家野生植物战略”甚至提及了该物种。对于最初分布范围仅有约25千米见方的植物来说，这结果还不错。很少有事物能发展得如此迅速。就像红背蜘蛛一样，库塔蒙德拉金合欢在100年内从默默无闻一跃为声名狼藉。

第一部“反园艺”图书是托马斯·谢泼德（Thomas Shepherd）的《新南威尔士园艺讲座》(1835年)，该书内容局限于蔬菜。但仅三年后，一本以本土花卉为特色的书问世，即《适应范迪门之地气候的实用园艺手册：厨房、果园、花园、苗圃、温室和清理间全年管理简明指导》，由花厂工人丹尼尔·邦斯（Daniel Bunce）著。1850年，该书在墨尔本再版为《澳大利亚园艺手册》重新发行。邦斯敦促读者挖掘森林灌木的幼苗并移栽到自己的花园中。“许多这些植物不仅免费，而且是漂亮的开花植物，”他断言道，“大多数植物的叶子在摩擦时会散发出强烈的宜人香气。与生长缓慢、不适应环境的外来植物相比，它们使边缘地带充满青翠的生机，若没有它们，灌木丛不可能完美。”邦斯推广了豌豆灌木、薄荷灌木、臭木和许多其他植物，但它们已不适合当今城市中过度施肥的土壤。

完全专门讲述本地植物种植的第一本澳大利亚图书是威廉·吉尔福伊尔（William Guilfoyle）出版于1911年的《适合花园、公园、木材保护区等地的澳大利亚植物》（*Australian Plants Suitable for Gardens, Parks, Timber Reserves, etc.*）。

同一时期，爱德华·佩斯科特（Edward Pescott）向维多利亚园艺学会谈及“适合生长在澳大利亚花园的澳大利亚花卉”，他抱怨本土植物“受到了严重忽视”。到20世纪50年代，澳大利亚植物终于赢得了应有的赞誉。西斯尔·哈里斯（Thistle Harris）1953年出版《澳大利亚花园植物》（*Australian Plants for the Garden*）一书，澳大利亚植物种植学会也于1957年成立。这种兴趣在70年代高涨并延续至今。不幸的是，对本土植物的嗜好可能与对岛屿动物方舟的信仰一样有害。有时，出售本土植物的苗圃弊大于利。1998年，在维多利亚州对野生植物的一项调查中，护林员韦恩·希尔（Wayne Hill）对毁了亚瑟王宝座州立公园的蓝铃海桐花（*Sollya heterophylla*）表示反感：“我们已与约20家苗圃谈过种植这种野生树木的问题，但公园对面的那家坚持继续销售。我和他们进行了愤怒而友好的交谈。我尝试过心理战，说我告诉人们这家苗圃质量不高——但他们仍在销售蓝铃海桐花。”

科学家们担心的是“沉睡者”，即在爆发生长前等待时机达数十年之久的园林植物。我们的本土花园蕴藏着极为丰富的“沉睡者”。

森林大火经常导致野外环境发生变化，有时会促使“沉睡者”植物逃逸出花园。杰夫·卡尔（Geoff Carr）欣赏墨尔本附近安格尔西（Anglesea）周围富饶的荒野："在无树木、辽阔的海岸荒地上生长着100多种兰花。但它们正在消失，全部植被正转变为更高的灌木林。"这里的赢家包括海岸茶树、海岸金合欢（*Acacia sophorae*）、哈克木属植物（*Hakea drupacea, Hakea laurina*）以及白千层属植物（*Melaleuca diosmifolia, Melaleuca armillaris*），而它们原本都是在靠近丛林的花园里种植的。在"圣灰星期三"（Ash Wednesday）大火[1]后，这些植物大量生长。种子乘着上升气流散播数百米之远，数以万计的幼苗从灰层中萌发出来。古老的生态系统因一场大火而改变了发展方向。

还有一些植物，包括波叶海桐、大伞树和蓝铃海桐花，是由鸟类传播的，这些鸟同时也传播外来野生植物。毛叶桉（*Corymbia torelliana*）是一种由狐蝠授粉的热带桉树，本地的无刺蜂（*Trigona carbonaria*）也帮助它们传播，它们在筑巢时使用种子上的树脂。毛叶桉是地球上已知唯一用树脂换取"种子运输"的植物，它们沿着飞向蜂巢的航线迅速繁殖。我家阳台上的本地蜂巢入口周围粘着100多颗毛叶桉的种子。

未来需要担心的植物将包括那些跨越东部和西部之间的沙漠，扩散进匹配气候区的植物。我们不应当被任何关于"自然平衡"的概念所愚弄，臆想植物只在其自然生境中长得好。我会留意向东迁移的西澳大利亚观赏性桉树，以及向西扩散的热带雨林植物——它们迁移到了沃波尔（Walpole）周围雨量充沛的土地上。

植物的南北运动出奇地普遍，这可能反映了自然的全球变暖过程。昆士兰州南部的植物，例如柠檬香茶树和银桦，现已向南扩展至维多利亚州。昆士兰州中部低地的大伞树现已在南至悉尼的地方成为了野生植物。

那么面对所有这些情况，我们应该怎样做呢？首先，我们应当重新思考"原生"的含义。在我的字典中，它的部分意思是"出生地"。蜡花（*Chamelaucium uncinatum*）原产于珀斯周围的沙原，说蜡花原产于澳大利亚并不确切，而是使事实含糊不清。澳大利亚是世界上最大的国家之一，独占整个大陆，而蜡花自然只占据其中一小部分地区。珀斯和悉尼之间的距离堪比从葡萄牙到俄罗斯，或从瑞士到阿拉伯。探险家尼古拉斯·鲍丁（Nicolas Baudin）曾宣称西澳大利亚州属于法国，那么悉尼的蜡花则理应算作外来（外国）物种。“原生物种”作为生物学类别，不应由政治边界来定义。世界自然保护联盟（IUCN）将外来（或异域）物种定义为“从过去或现在的正常分布范围之外引入”的物种。这意味着这里提到的所有植物在它们的新家园中都属于外来物种。

澳大利亚植物种植协会知悉这些问题，并发布了这样的网页：“不要种植澳大利亚植物！既然我们引起了你的注意……一个以鼓励种植澳大利亚植物为目标的组织真的建议人们**不要**种植这些植物吗？嗯……是的！在某些情况下。”该协会列出了一些“无赖”植物，强调它并没有“不惜一切代价种植澳大利亚植物”的政策，不想促进“丑陋的澳大利亚植物”传播。协会提出了一些规则：种植本地植物（即你所在地区的原生植物）；熟悉野生植物清单并避免问题物种；与专家一起检查不寻常植物等。如果种植新的东西，应仔细观察，倘若它变得猖獗，就把它拔掉。“如果有任何疑问……**不要种植**！不值得冒这种风险！”这个建议非常明智。

美国景观设计师约阿希姆·沃尔施克–布尔曼（Joachim Wolschke-Bulmahn）激烈批评本土园艺，并将其与种族主义相联系。纳粹曾想要禁止外国的园林植物，他的一篇文章表明阿道夫·希特勒曾向一位著名的景观设计师致意。沃尔施克–布尔曼的观点不能太当真，但我倾向于同意他的结论：

> 我们在地球上面临着许多环境问题，而使用“原生”植物的倡议可能是对其中一些问题的道德回应。然而，没有理由支持原生植物教义，也没有理由假设，所谓原生植物会服务于环境目

标。区别对待好植物和坏植物、原生植物和非原生植物，并将后者谴责为侵略者的做法过于简单化了，这样会掩盖真正的问题，无助于处理问题。

如果“本土园艺”取代了其他形式的园艺，它可能会对环境有所帮助。然而，它的实际结果却是将更多种类的植物推向市场，而没有减少任何物种。入侵物种库扩大了。幸运的是，问题通常只发生在花园毗邻丛林的地方。在这些环境中，我们确实需要长满非入侵性植物的花园。它们来自何处不重要。一个真正的原生花园应该只种植源于当地种子的当地原生植物。对于有时间尝试的人来说，这是个值得尝试的目标。澳大利亚植物园真的应当称作国家花园。它们通常看起来很令人愉悦，但我们不应该令它们充满它们本不具备的优点。

以上六章从四个角度审视了物种分布的变化。迁移的物种包括自力传播的“移民”、“搭车客”、放养动物和逃逸者，由此组成一幅错综复杂的变化图景。新的种群并不完全符合我们先入为主的“原生”和“外来”概念。我们应当如何定义它们？当物种跨越了不可逾越的障碍（如沙漠或大海）时，“异域”通常是恰如其分的词语。豪勋爵岛现在有外来种的蜥蜴、蛙类、昆虫、蜘蛛和植物，其中一些新来者威胁着稀有的岛屿物种，澳大利亚却没有将它们挡在岛屿之外，未能履行对这个世界遗产地的义务。

但如果迁移距离较短，又当如何界定？布里斯班的血桐（*Macaranga tanarius*）正从花园中大量逃逸，我在铁路的一处路堑中看到一株幼苗，在市中心的停车场看到另一株。它们茶碟大小的树叶显著改变了所入侵的任何森林。血桐是布里斯班的原生植物，但仅此而已。它们自然生长在一条从西边蜿蜒而下的长长的山脊上。我在当地的热带雨林中看到的“逃逸者”并没有传播很远，我避免称它们为异域物种。在过去更潮湿的气候期，它们很可能长期在这里生长。如果是这样，它们不符合世界自然保护联盟对外来入侵者的定义，该定义排除了重新引入的情形。尽管如此，我憎恶将它们用于当地植被恢复项目的想法，这似乎太不小心了，也没有必要。我们可以将它们排除在当地森林之外，但用不着将它们标记为异域物种。

阿德莱德附近的树袋熊也未能通过世界自然保护联盟的“异域物种测试”。化石表明，当气候较为温和时，它们曾在南澳大利亚州广泛分布。塔斯马尼亚州的琴鸟、维多利亚州中部的海桐和悉尼的澳洲火焰木也可能正在“收复失地”。我不愿称塔斯马尼亚州的琴鸟为外来入侵物种，但我承认它们造成了很大的危害。入侵新地区的粉红凤头鹦鹉和冠鸠也属于“原生”和“异域”之间的某种未界定类别。

我也想知道所有向南的物种迁移是何情况。全球变暖肯定有助于大伞树、棕榈镖蝶和海桐的扩展。就像过去一样，我们让动物和植物随着气候变化而迁移，这是一种生态保护思维的规则。如果大伞树已经开始南下，我们助其一臂之力有什么不好吗？这里有个有趣的概念性问题需要解决，但幸运的是，行动方案通常保持清晰。大伞树和海桐（在较小程度上血桐和鸮蜜莓也属此列）需得到控制，因为它们具有很强的入侵性，会导致单一物种取代多样化的系统。南澳大利亚州的树袋熊需要遏制，因为它们会杀死树木。大自然很少会产生由单一树种组成的森林，即死寂的森林。即使我们会对过程和定义产生疑问，我们对生物多样性的承诺也应当引领我们。

1 “圣灰星期三”大火：1983年发生于维多利亚州和南澳大利亚州的山林火灾，造成75人死亡，约2500处房屋被毁。

第三部分
冲突

受保护的袋鼠在围场和水坝上大量繁殖，啃食灌木、破坏濒危植物；树袋熊被人类带到不属于它们的地方，它们会啃食树木直至其枯亡；人们焚烧草地以促进新草生长，却烧光了羊喜欢的阿拉伯黄背草，为毁坏毛皮却更适应火的黄茅腾出了空间……

保护自然是为了保护过去，还是为未来做准备？我们需要一个比自然性更好的目标。

第16章

害　鸟

——本地鸟类成为生态威胁

"这些鸟怎么啦？"

——杰西卡·坦迪（Jessica Tandy）在阿尔弗雷德·希区柯克（Alfred Hitchcock）的电影《群鸟》（*The Birds*，1963）中抱怨道

濒危的辉凤头鹦鹉（*Calyptorhynchus lathami*）生活在袋鼠岛上，它们远离栖居于澳大利亚东部的其他亚种的凤头鹦鹉*。数年前，当史蒂芬·加内特（Stephen Garnett）写到它们的困境时，他认为大火（烧毁它们的食用植物）和蜜蜂（侵占它们的巢洞）是它们未来的主要威胁。然而在对辉凤头鹦鹉进行第一手研究后，他改变了看法。它们面临的主要问题是本土袋貂、白凤头鹦鹉和粉红凤头鹦鹉，其次才是蜜蜂。

袋鼠岛的围场和适于帚尾袋貂生存的森林

---

* 只有袋鼠岛的亚种处于濒危状态，而非整个物种。

星罗棋布，袋貂夜晚在肥沃的牧羊场吃草，白天则在附近的树洞里打盹。但凤头鹦鹉也需要树洞。史蒂芬的团队监测鸟巢里的辉凤头鹦鹉时，发现鹦鹉蛋和雏鸟总是莫名消失，而现场的袋貂毛是唯一的线索。当遥控相机录下一只袋貂驱逐成年鹦鹉的画面时，案情便水落石出了。袋貂狼吞虎咽地吃着鹦鹉蛋和幼鸟，并且霸占树洞。帚尾袋貂很久以前被引进到新西兰（这是一场不折不扣的灾难），它们吞食珍稀鸟类的蛋和雏鸟的行为已人尽皆知，但没料到同一罪行竟会在此重演。在目前哺乳动物的相关书籍中，鸟蛋和雏鸟居然没有出现在袋貂的食谱中。袋貂被描绘成食草动物，但它们其实也爱开小荤。在袋鼠岛上，它们避开了凤头鹦鹉最初栖息的大片森林，而在森林开荒之前，两者少有交集。

发现这一点后，筑巢树周围被钉上了防御袋貂的金属片，凤头鹦鹉的繁育状况因此有所改善。1996年，16只幼鸟长出了羽毛，而上一年仅有5只。1997年，林恩·佩德勒（Lyn Pedler）在森林的沿路带向我展示了他负责的三棵钉有金属片的树。我们交谈时，一只凤头鹦鹉雏鸟正窝在其中一棵树里。他说，在100多棵树上钉了金属片，袋貂问题得到了缓解，但出现了新危险。粉红凤头鹦鹉和小凤头鹦鹉霸占巢洞，吞食辉凤头鹦鹉的蛋和雏鸟。林恩将假的蛋放在一个树洞中，一周后发现这些蛋被粉红凤头鹦鹉的爪子挠得不成形，并被丢出了树洞。粉红凤头鹦鹉和白凤头鹦鹉生活在澳大利亚内陆，但在农民开垦了岛上的土地后，袋鼠岛分别于1913年和1969年迎来了粉红凤头鹦鹉和白凤头鹦鹉，它们先后聚居于此。林恩称，白凤头鹦鹉群足有400只。然而，为了保证辉凤头鹦鹉的生存机会，目前它们正遭到捕杀。

接下来的故事同样阐明了本书的主题之一。当出现问题时，我们要以开放的态度探究缘由，其中可能涉及一两种本土动物，它们或可爱，或鲜艳。生物学家遇到了越来越多的由鸟类和有袋动物造成生态冲突的案例。澳大利亚的本土动物正在成为严重威胁。我们随后再谈哺乳动物，现在我关注的是鸟类。

2000年，澳大利亚联邦政府出版了《澳大利亚鸟类行动计划》（*Action Plan for Australian Birds*）。在这本4厘米厚、意义非凡的著作中，史蒂芬·加内特和加布里埃尔·克劳利（Gabriel Crowley）解释了为何数量急剧下降的本土珍稀鸟类陷入了生存困境。这部巨著令我震惊的一点是其中被列为“威胁”的本土鸟类。我数了数，足足有19种。其中一些只是有可能造成威胁，比如笑翠鸟可能会侵占塔斯马尼亚岛上日益减少的大草鹦的巢洞，但绝大多数的确是威胁。12种国家濒危鸟类正处于危险中（见附录），而其他物种的处境也多少令人担忧。但在澳大利亚的27种外来鸟类中，只有一种能算作威胁：椋鸟。最近有报告将桉树、澳洲草树以及濒危植物的死亡归咎于鸟类。佐伊·坦纳（Zöe Tanner）写了一篇关于琴鸟的论文（见第13章），一切证据都将鸟类与野生植物联系了起来。澳大利亚正深陷于本土鸟类危机，这一切都与我们以及我们开垦土地的行为脱不了干系。我在此谈论的只是自然保护，而非农场上的矛盾。

下面这个故事很有意思。在维多利亚州的科特尔桥镇（Cottles Bridge），也就是克利夫顿·皮尤（Clifton Pugh）[1]曾经生活过的地方，有一个艺术社区。当地人会喂养白翅澳鸦（*Corcorax melanorhamphos*）。这是一种生性狡猾、貌似乌鸦的鸟，它长着镰刀般的喙，叫声颇为奇怪。它们的数量逐渐增多。这些不愁食物的鸟几乎要使一种极为珍稀的兰花灭绝了，因为当人类没有给它们喂面包时，它们便会把兰花的假鳞茎当作点心饱餐一顿。“我25年前就知道这个地方了，当时这里是我见过兰花长得最茂盛的地方之一。”杰夫·卡尔（Geoff Carr）解释道，玫瑰裂缘兰（*Caladenia rosella*）便是他发现并命名的，“山鸦几乎要把它们摧毁了。”他发现的新种类“是一种长着粉色花朵的美丽植物”，由当地植物学家卡姆·贝尔德索尔（Cam Beardsall）保存。卡姆买了一块地保护兰花，却眼睁睁看着它们变得越来越少。他无法理解为什么一个种类可以从100株减少到区区10～15株。直到他看见一只山鸦连根挖起一株兰花，一切都水落石出了。于是他将笼子罩在幸存的兰花上，并恳求当地人停止喂鸟，兰花的数量因此慢慢回升。目前有70～100株兰花存活。“那个人凭一己之力拯救了一个濒临灭绝的物种。”杰夫对我说。其他地方的玫瑰裂缘兰确实活了下来，但增长速度极其缓慢，仅增至约20株。

卡姆说，山鸦和兰花都喜欢长有树的山丘，科特尔桥镇的居民同样如此。每座山的山顶都生活着一群山鸦，它们每天在厨房窗户和农场水坝间三点一线来回飞。卡姆告诉我：“山鸦喜欢疏林和林中空地。”森林中正在发生灾难。“这儿就像一个鸡笼，”他这样描述一面山坡，“山鸦把它翻了个底朝天，那些漂亮的苔藓床全被毁了。”现在山鸦是变少了，但喜鹊开始霸占山丘，植物因此遭到了围困。而在墨尔本附近，山鸦又对另一种珍稀兰花——蜘蛛裂缘兰（*Caladenia amoena*）构成了威胁。

澳大利亚西南部珍贵的草树（*Xanthorrhoea*）即将消亡，鸟类又一次被视作罪魁祸首。鸟类学家哈里·雷切（Harry Recher）向我展示了占安达森林国家公园（Dryandra Woodland）中老草树的树冠，环颈鹦鹉在树冠上磨喙，将它们啄得七零八落。环颈鹦鹉在农业景观中逐渐壮大，导致农场中越来越多的老草树死去。它们还会咬断蓝桉树的嫩枝，剥去树皮，结果种植园中的蓝桉树长成了畸形树，这一问题日益严重。粉红凤头鹦鹉也是树木杀手，它们在西澳大利亚州的巢洞周围咬掉树皮，有时会环剥树皮。丹尼斯·桑德斯（Denis Saunders）和约翰·英格拉姆（John Ingram）于1995年写道：“在小麦带的一些地区，粉红凤头鹦鹉是树木死亡的一个重要原因。然而一个世纪前的小麦带根本不见粉红凤头鹦鹉。”

这些问题着实令人困惑。没人能预料到，海鸥会攻击艾尔湖上的斑长脚鹬，或琴鸟会侵蚀塔斯马尼亚州的荒野。我们不应狭隘地认为鸟类一定能与自然和谐共处。自然一直在变化，一切皆有可能。鸟类制造问题的范围很广。噪钟鹊、黑额矿吸蜜鸟和澳洲红嘴鸥在我的名单上居于首位。接下来是渡鸦和钟矿吸蜜鸟（*Manorina melanophrys*），但其他鸟类也很重要。如果我把所有令人头疼的鸟类都算进去，这个名单会更长。鹊鹨（泥百灵）就是一个例子，它会发起怪异的攻击。最近，凯恩斯滨海大道（Cairns Esplanade）上有几只鸟因为啄人眼而被捕杀。许多年前，一名妇女真的因此失去了一只眼睛，而就在几年前，鹊鹨还经常攻击阿瑟顿小学的孩子们；它们开始和结束攻击的原因不得而知。斯蒂芬·加内特认为，鹊鹨攻击的是自己在人眼中的倒影（它们也会朝轮毂盖和窗户攻击自己的倒影，其他鸟类亦是如此）。澳洲渡鸦（*Corvus coronoides*）在偷高尔夫球时也表现得很不寻常。悉尼国家公园的管理员杰夫·罗斯（Geoff Ross）说："我一直觉得这事儿很搞笑，但在高尔夫球场上，这非同小可。渡鸦可以偷走好几千只高尔夫球。"

如今，在所有的问题鸟类中，斑噪钟鹊（*Strepera graculina*）引发的公愤最为强烈。哈里·雷切希望毒死它们以免其他鸟类受害。这些羽毛乌黑、目光敏锐的猎手已经进入了澳大利亚东部的花园，它们在那里攻击其他鸟并传播野草种子。它们曾是在山脉中繁衍的候鸟，冬季转而飞往海岸。寒冷时节食物匮乏，但噪钟鹊在花园里发现了女贞子、山楂、栒子和香樟的冬熟浆果。这些北半球植物在寒冷时节结果，此时北方少有昆虫。噪钟鹊因此大饱口福，并发现了不少其他食物——宠物食品、花园里的昆虫、食物残渣以及留给鸟类的种子和肉类，它们在此待到春天以便繁殖，此时其他小鸟也会筑巢，而这些花园小鸟的雏鸟便不幸成为了噪钟鹊幼雏的盘中餐。

1993年，澳大利亚博物馆的理查德·梅杰（Richard Major）与同事进行了一项简单的噪钟鹊相关研究。在电视节目《伯克的后院》（*Burke's Backyard*）中，节目组请房主们在自家花园中放置假扇尾鹟巢（在半个网球里放进黏土捏成的蛋作为诱饵）。在1803个鸟巢中，有近2/3的鸟巢遭到攻击，攻击主要来自鸟类*，且其中有一半来自噪

* 袋貂和老鼠靠气味觅食，不会攻击黏土蛋。

钟鹊。其他作恶者包括喜鹊（13%）、黑额矿吸蜜鸟（10%）、垂蜜鸟（3%）、钟鹊（2%），以及渡鸦、笑翠鸟、鹊鹨，甚至灰胸绣眼鸟（各占1%）。考虑到城市里小型鸟的数量正在减少，这些发现颇为有趣。噪钟鹊等其他鸟类可能也在吃它们的蛋。

噪钟鹊很大胆。它们会对付成年斑鸠，扯下它们的头；它们会杀死垂蜜鸟、乌鸫、麻雀和椋鸟；它们会啄伤飞行中的燕子。噪钟鹊聪明机警，善于把握机会，知道如何观察并静候时机。它们会躲在灌木丛中，从背后发起袭击，也会注意其他鸟巢建在何处。

噪钟鹊的受害者往往是常见鸟类，其中很多是外来种。它们将椋鸟幼鸟从屋檐下叼出，黄昏时分则将麻雀从栖息处叼走。噪钟鹊也许还很好地控制了麻雀数量，因为澳大利亚的麻雀数量正在减少。但噪钟鹊几乎给白翅圆尾鹱（*Pterodroma leucoptera*）这一珍稀鸟类带来灭顶之灾，直到国家公园管理人员介入，事态才有所好转。这是一种漂亮的小海鸟，身披淡灰色羽毛，它们只在白菜树岛（Cabbage Tree Island）繁育，此地距新南威尔士州的史蒂芬港数千米远（其他亚种在新喀里多尼亚岛、斐济和瓦努阿图群岛上繁育）。白翅圆尾鹱在雨林里的棕榈树下产蛋。约1000颗蛋得以存活，但这个数字在快速变小。

当生物学家调查该现象时，一件奇怪的事发生了。1906年，为研究黏液瘤病毒，一批兔子被带到澳大利亚，它们在灌木丛里觅食。本地胶果木（*Pisonia umbellifera*）结的荚果有黏性，会粘在圆尾鹱的翅膀上，使它们无法正常飞行，甚至因此丧命。在野兔泛滥之前，这种有黏性的果实会落在灌木丛中。但1992年，胶果木被大量毒害，于是出现了噪钟鹊肢解圆尾鹱尸体的场景。生物学家找到了50多具圆尾鹱残骸。噪钟鹊将珍稀的圆尾鹱喂给自己的幼鸟。研究员大卫·普里道（David Priddel）和尼古拉斯·卡莱尔（Nicholas Carlile）称这种杀戮是“恶劣且不可持续的”。现在岛上的噪钟鹊便是当初由附近大陆上的香樟和马缨丹吸引过来的。野兔将圆尾鹱窝暴露在了狡猾的噪钟鹊那双爱窥探的黄色眼睛之下。噪钟鹊雏鸟被去除后，圆尾鹱生存的概率也随之升高。澳洲渡鸦是另一个问题，它们同样得到了控制。疾病、毒药和陷阱使得野兔不再泛滥。灌木越长越茂盛，捕食者难以找到圆尾鹱巢。这是因果关系的一个有力证明。史蒂芬港的园丁只是种了一些长满浆果的植物，便给这种海鸟带来了厄运。

此外，其他掠食性强的鸟还包括钟鹊、渡鸦、海鸥、矿吸蜜鸟、喜鹊和笑翠鸟。史蒂芬·加内特在数年前考察了濒危的金肩鹦鹉（*Psephotus chrysopterygius*）的困境，威胁似乎来源于非法陷阱和猫。现在他将钟鹊确定为威胁。他的推理如下：约克角半岛上的金肩鹦鹉以草籽为食。在牛群和放牧人的帮助下，绿花白千层（*Melaleuca viridiflora*）正在入侵，因为牛群将草吃干净到林火无法烧起来的程度，而放牧人会扑灭林火。过去原住民时代的林火会烧死白千层幼苗，使其无法扩张。但现在，钟鹊可以躲在白千层树丛中伏击鹦鹉。

"我们有视频证明黑喉钟鹊（*Cracticus nigrogularis*）和白喉钟鹊（*Cracticus mentalis*）频繁造访金肩鹦鹉（*Psephotus chrysopterygius*）的巢，并仔细观察鸟巢内部，"史蒂芬告诉我，"另外，雨季来临时，黑喉钟鹊经常会向金肩鹦鹉发起俯冲攻击。我们也发现了头骨粉碎的雏鸟，显然是钟鹊的惯用作案手法造成的。我们还发现一些雏鸟卡在了巢顶，这同样是钟鹊的典型作风。"目前有两个地区的金肩鹦鹉最为安全，因为那里的放牧人会像原住民一样进行火耕。

一只钟鹊曾在我的家里发起了攻击。两只冠鸠每天都会上门讨食，一天我将种子故意放在屋里以测试它们的胆量。它们刚进来，一只灰钟鹊便发动了袭击，逼得其中一只愈发往里飞。那只冠鸠撞向客厅窗户后落到了地板上。我不得不把这只捕食心切、一直环飞的钟鹊赶出去。自那以后，我便不再喂鸟了。我也见过钟鹊在鸟舍中恐吓雀类，吓得所有鸟四处逃窜，停落在电线上。

喜鹊和笑翠鸟也不愁食物，它们同样会攻击其他鸟，但还不至于威胁到珍稀物种。早期拓荒者会射杀笑翠鸟，因为它们会从笼子里偷鸡吃。它们也会突袭鸟巢。喜鹊经常被人当宠物养（特别是塔斯马尼亚岛上叫声悦耳的喜鹊）。众所周知，它们喜欢吃肉。假如草坪上有一只被关在笼里的金丝雀，它们会穿过铁栏，发起进攻。喜鹊甚至会啄瞎靠近鸟巢的树袋熊——布里斯班树袋熊医院中便有数只处于长期护理下的失明树袋熊。

掠食性强的鸟类是一个全球性问题。海鸥、乌鸦和渡鸦依靠人类垃圾大量繁殖，如今它们几乎随处可见，珍稀物种的处境愈发艰难。比如，日本为救助受威胁的海鹦，正在捕杀海鸥。阿尔弗雷德·希区柯克聪明地选择了海鸥和乌鸦作为电影中的大反派。除了斑长脚鹬，澳洲红嘴鸥还会攻击正在筑巢的白玄鸥、白额燕鸥、鹲，以及黑头鸻——它们都是稀有鸟类。在大堡礁的岛屿上，它们以船只、旅游景点和附近城镇中的垃圾为食。米迦勒礁（Michaelmas Cay）的黑枕燕鸥（*Sterna sumatrana*）六年来未曾成功繁殖过，因为每当游客打扰鸟巢中的雏鸟时，它们便会发起攻击。全世界有海鸟的岛都有一个共同问题：游客到达后，海鸥就会发动袭击。

澳大利亚有两种攻击性特别强的鸟，铃鸟（学名：钟矿吸蜜鸟）和黑额矿吸蜜鸟，它们不会捕食其他鸟类。它们的故事很重要，所以我会详细展开谈谈。

铃鸟的鸣叫是澳大利亚最悦耳的声音之一，亨利·肯德尔（Henry Kendall）甚至把它写进一首诗："比梦乡柔软，比歌声甜美，铃鸟的音符在欢快地跃动。"对房屋中介来说，铃鸟能使土地升值。为了听见它们悦耳的叫声，房主愿意花大笔钱购买能听见它们叫声的住宅。售房人员开玩笑说，要录下钟矿吸蜜鸟叫声以假乱真。但铃鸟并未将这份甜美带给森林。其他鸟听见的只有恐怖的前兆。银铃般的叫声给森林敲响了疾病和死亡的钟声，美妙的鸟鸣掩盖了它们的凶残习性。这些绿色的吸蜜鸟驱逐了桉树林中的其他鸟类，甚至包括硕大的渡鸦和笑翠鸟。只有小型的下层林木鸟类逃过一劫。它们的叫声在告诉其他鸟儿，切勿靠近。

铃鸟当属饮食专家。它们吃木虱、桉树叶上吸食汁液的小虫以及昆虫蜜露（一种昆虫分泌的富含糖的保护壳）。在规模为20～200只的铃鸟群居地中，它们积极守护着长有食物的树木。一个群居地可能会存续40年，占据森林中2公顷的土地。因为铃鸟只采集一部分食物，所以它们栖息的桉树上通常害虫泛滥成灾。布须曼人[2]会告诉你铃鸟生活在“生病的”森林中。

几年前，墨尔本市郊丹顿农（Dandenong）的一位土地所有者在他的土地上非法射杀了铃鸟，其他鸟类便飞来吃木虱，树木状况因此得到了改善。这一做法传到了森林生物学家理查德·洛恩（Richard Loyn）的耳中，1981年，他曾多次试验，将铃鸟从墨尔本附近木虱侵蚀的森林中移除。甚至在铃鸟还剩最后几只没捉到时，刺嘴蜂鸟、啄果鸟和深红玫瑰鹦鹉就迫不及待地飞来享受蜜露，树木也长出了繁茂的新叶。吸蜜鸟会致使树木死亡这一结论十分怪异，以至于洛恩的发现登上了国际学术期刊《科学》。看来铃鸟当属世界终极鸟类工程师。

“铃鸟是真正的农民，”理查德称，“它们霸占地盘，利用木虱将树木变成食物生产者，但牺牲的却是森林。”它们为了占有足够多的蜜露，必须让其他鸟无法靠近。然而，铃鸟的辨别能力还未强到只攻击其他吃蜜露、掠夺鸟巢的鸟，因此许多无辜的鸟都被迫远离，比如那些以树皮为食的鸟。当它们的“农场”生病时，铃鸟会以不同的方式做出反应。有些鸟群让它们的树木死去。但更多的时候，它们会慢慢向溪谷转移，或来回调整地盘的边界，那些树没有了铃鸟的守卫，其他鸟便会飞来除虫。理查德把这比作轮耕农业，此时树木得以“休耕”。

墨尔本位于它们栖息的山脉西侧，铃鸟已向城市进发。铃鸟群常常横跨溪谷，进入附近的公园，吸食灌木中的花蜜，从喂鸟器中喝水。人和猫狗有时还会被打劫。园林树木则很少遇害，因为铃鸟不那么用心守卫它们。也许是因为城市中的花蜜供应更加稳定。20世纪20

年代，铃鸟潜入了东郊，尽管一些鸟群就地繁衍，但仍有一些鸟群选择大胆深入墨尔本这个大都市。20世纪90年代，铃鸟占据了皇家植物园。一群鸟聚集在植物园的自助餐厅上，另一群在附近战争纪念馆旁人工种植的桉树上。1991年出版、在商店出售的植物园鸟类清单中并没有列入铃鸟。同时，它们持续向西行进。2000年，我看见了世界最西边的一只铃鸟，它生活在南部城市吉朗的一处公园中。甚至在我锁车前，我就听见了它“叮铃铃”的叫声。“你听见了吗？”当地博物学家瓦尔达·戴德曼（Valda Dedman）喊道，他是我当天的向导。这只鸟占领了公园一块地上的13棵小桉树，这片地带的一侧是波涛滚滚的河流，另一侧是若干家工厂。瓦尔达说，它几个月前就出现了，之后再也没离开过这些树。“我不知道它为什么来这儿。”我用步子测了测它的领地大小：30米长，9米宽。

铃鸟似乎在维多利亚州东部大量繁殖。它们在农业区过得清闲自在，因为受到生存压力的树会吸引更多的蜜露。白天，铃鸟让其他鸟类望而却步，此举可能会让那些夜间食用蜜露的动物受益。某个晚上，我用聚光灯照向一处群居地，看见了两只蜜袋鼯和一只小倭袋鼯。

铃鸟需要水，所以它们会飞向澳大利亚东南部更潮湿的果园和溪谷。但它们乡下的一个表亲却不那么受限，黑额矿吸蜜鸟亦称黑头矿鸟（micky miner，这个英文名得名于印度八哥Indian myna，但与其无亲缘关系）喜欢更干燥的森林，口味也更广，除蜜露外还吃很多昆虫，花蜜也是它的心头好。在澳大利亚东部的林地和花园中，它们的数量猛增，取得了主导地位。黑额矿吸蜜鸟会攻击任何生物，比如树袋熊、牛、蝙蝠、狗、狐狸、马、羊、沙袋鼠、蛇、猪、巨蜥和人。也许会有100只鸟一起骚扰一只巨蜥。我曾见过它们袭击一只正在穿过公园的蓝舌蜥蜴。早在1865年，约翰·古尔德就为此感到头疼：“当它们跟着你穿过整个森林，在树枝间跳跃、飞行时，它们就变得非常麻烦、恼人了。”它们骚扰所有鸟，甚至水边的鸭子。它们是唯一能压制铃鸟的生物。有时它们也会开杀戒。有人看见两只黑额矿吸蜜鸟为了杀死一只麻雀，猛啄它的头骨。另一群则啄咬一只啄果鸟的眼睛和头顶，直到它倒地身亡。

那些规模多达数百只的群居地占据了多达40公顷的土地。两种矿吸蜜鸟都集体繁殖，由多只雄鸟照料一只雌鸟，并喂养幼鸟。雌性黑额矿吸蜜鸟相当滥情，多达20只雄鸟会做客同一个鸟巢，尽管其中大部分不会与它交配。当出现紧急事件时，雄鸟会聚在一起。它们使用的词汇相当复杂，包括对不同的入侵者发出不同的叫声。当我听见尖厉的叫声时，我便能判断有雀鹰飞过。但黑额矿吸蜜鸟并不能驱逐所有的到来者。大型鸟（如喜鹊、乌鸦、钟鹊、鹦鹉和笑翠鸟）常常不顾挑衅而来，黑额矿吸蜜鸟只得容忍。人们常能看见它们与黑额矿吸蜜鸟一同出现。钟鹊和乌鸦听得懂一些矿吸蜜鸟的语言，因此它们会加入攻击，袭击袋貂和猫头鹰，于是嘈杂声中多了一些鸦叫。我曾将一只不明所以的环尾袋貂从矿吸蜜鸟和钟鹊的联合攻击中救了出来。

对黑额矿吸蜜鸟来说，空地周围或树木间隔适宜之处最为宜居。无灌木的下层林木之间的稀疏桉树非常适合生存，因为它们能从地面以上的各个高度捕捉昆虫。茂密的灌木丛可以阻止它们在低处觅食，从而为其他鸟类提供庇护。但在有道路或定居点穿过密林的地方，它们会待在边缘地带。我们所做的一切几乎都会使它们受益：清理部分区域、伐木、建造道路和铁轨，以及通过放牧、割草、放火来清除下层林木。其他鸟类既要遭受丧失生境的代价，又要受辱于黑额矿吸蜜鸟的攻击。

黑额矿吸蜜鸟吸引了许多学者对其进行研究。在干旱期间牛被放进森林后，理查德·洛因看到黑额矿吸蜜鸟入侵了一片森林。这些树木随后经历了“昆虫造成的枯萎和脱叶”。梅丽琳·格雷（Merilyn Grey）将黑额矿吸蜜鸟从路边的残余森林中移除，看着其他鸟类涌入了森林，包括濒临灭绝的王吸蜜鸟。卡拉·卡特罗尔（Carla Catterall）将黑额矿吸蜜鸟从格里菲斯大学附近布里斯班图海森林

（Toohey Forest）的部分区域中驱逐了出来，她的发现同样具有戏剧性。从她的办公室可以看到小吸蜜鸟曾在冬季栖息的树木。她种了一棵银桦来喂养它们。“但后来停车场扩建了，大学周围又多了一些延伸建筑，”她告诉我，“然后，两场大火真正打开了这片林地。”黑额矿吸蜜鸟搬了进来，小鸟便不再来了。她的银桦现在成了黑额矿吸蜜鸟的食物来源。

卡拉在矿吸蜜鸟群进行横断面调查时，录下了大量鸟叫声。她也在别处进行了调查，记录了不同鸟类的叫声。鸟类的边界非常分明。她告诉我：“在矿吸蜜鸟聚集地的边缘，有些地方的分界线几乎是清晰可见的。往前走几步，你就到了矿吸蜜鸟的领地，能听见它们特有的叫声。往另一边走一小段路，则是扇尾鹟、啸鹟、吸蜜鸟等混合鸟群所在地。”她把我带到一个草木旺盛的溪谷里，她已经移除了一个聚集地中的大部分鸟。在森林边缘的房屋旁，我们听到一些矿吸蜜鸟、乌鸦、吸蜜鹦鹉和斑鸠的叫声。我们穿过茂密的欧洲蕨、蝶形花和金合欢树。我本来不会想到，矿吸蜜鸟居然可以阻止生活在下层林木间的鸟类利用这些植物。再往前走，我们遇到了一群小吸蜜鸟和啄果鸟。它们沿着溪谷向遗留的矿吸蜜鸟飞去，然后突然转向一边。卡拉发现，当一些矿吸蜜鸟被困住时，其他矿吸蜜鸟会向靠近道路和房屋的森林边缘——“似乎最适合它们的生境”撤退。它们喜欢边缘地带：在这里，两个生境得以合二为一。随后，森林里的鸟会重新占据腾出的矿吸蜜鸟领地，不过它们在几周后才会这样做。它们似乎知道各个聚集地的边界在何处。

矿吸蜜鸟是我生活的一部分，它们正在我家门口鸣叫。我会留心听它们的叫声，因为它们就像看门狗一样，叫声能预报来访者的到来。有一次，它们叫得十分古怪，以至于我和邻居吉尔都走出了家门，结果发现一条瘦小的绿蛇在树上蜿蜒爬行。在布里斯班，黑额矿吸蜜鸟的密度在有桉树残存的郊区公园里达到了峰值。其次便是在种植了外来灌木和树木的公园里、小树林里，以及失去下层林木的森林里。很少有矿吸蜜鸟会占据未受侵扰的原始森林。

但过去的情况如何呢？200年前，布里斯班本是一大片森林，黑额矿吸蜜鸟一定很稀少。今天，它们成为了优势鸟类物种，而且还在不断扩张。几年前，它们占领了我母亲的住处。现在她的篱笆上爬满了蜘蛛，却没有小鸟来吃。灰胸绣眼鸟、鹊鹨、褐岩吸蜜鸟和麻雀都离开了。我的母亲很怀念做园艺时经常停落在她身旁的黑白扇尾鹟。麻雀正在从布里斯班消失，这也是拜矿吸蜜鸟所赐。“斯普拉格斯”是我童年常有的声音，但现在我听见这声音时，会饶有兴趣地开始张望。格雷姆·查普曼（Graeme Chapman）在《澳大利亚常见城市鸟类》（*Common City Birds*，1967年）中写道：“黑额矿吸蜜鸟喜欢长有大桉树的开阔原野，所以它们不是城镇和城市中的庭园鸟。”它们“还未适应密集的建筑区”。然而，如今这种鸟在悉尼的海德公园里随处可见。它们会在一些公园里吃桌子上的面包屑。黑额矿吸蜜鸟正在变成大型本地雀类。

我问卡拉，在布里斯班建成之前，它们是如何谋生的？没有道路、草坪和花园，它们如何生存？她沉默良久。布里斯班的大部分森林都很茂密。它们到底有没有在这里住过？我们猜测有些住过，但只是在原住民放火烧光下层林木的地方。约翰·奥克斯利（John Oxley）在1823年勘测河流时（在布里斯班市郊贝尔博），看到了一些“开阔的林地”，其中有一段“非常开阔，可以说是相当平整”。这听起来很是理想。但是，矿吸蜜鸟在定居后仍有可能从附近较干燥的林地入侵。这在塔斯马尼亚州首府霍巴特发生了。1867年，莫顿·奥尔波特（Morton Allport）在塔斯马尼亚皇家协会会议上谈到了突然到来的矿吸蜜鸟、喜鹊和东玫瑰鹦鹉（*Platycercus eximius*）。他说：“自霍巴特建成初期起，直至几年前，这些……鸟不为人所知，一直生活在德文特河霍巴特一侧，从格莱诺基镇到休恩河都有它们的身影，尽管不难看出其间的大部分原野很像它们远方同类的生境。”随着国家加大开发，矿吸蜜鸟显然从更干燥的中部地区来到了南部。

矿吸蜜鸟的确在早期占据了悉尼。伪造犯托马斯·沃特林（Thomas Watling）在1790年画了一幅画，上面题了这行字："当运动员追捕袋鼠时，这种叽叽喳喳的鸟经常会给袋鼠报信。它们的数量相当多，而且总是与其他鸟群发生冲突。"它们可能是原住民猎人的眼中钉。正如鸟类学家基思·欣德伍德在1944年指出的那样，当时它们主要栖息于悉尼西部页岩遍布的原野，在页岩中则相当罕见。今天则不然。现年69岁的希拉·沃克顿（Sheila Walkerton）在诺斯伍德（Northwood）一片遍布砂岩的原野上长大，现在她仍住在同一片土地上，她还记得矿吸蜜鸟到来前在那里生活的所有鸟类。自1947年起，她就坚持写鸟类观察日记，当时她不过十几岁。日记显示，她第一次看到矿吸蜜鸟是在1949年，不是在花园里，而是在去班克斯敦的路上。我坐在希拉家的客厅里，翻阅着这本褪色的、钢笔写成的笔记，而矿吸蜜鸟正在外面鸣叫。直到20世纪80年代初，它们才飞进她居住的山谷。随着时间的推移，越来越多的森林鸟类从希拉的生活里消失。自从我一年半前的拜访后，她就再也没见过灰胸绣眼鸟、刺嘴吸蜜鸟和啄果鸟了。

矿吸蜜鸟是森林砍伐及栖息地碎片化等宏观问题的一部分。未来的土地使用将有助于它们的扩张，而代价是牺牲小型森林鸟类，这些鸟类物种的衰退速度堪忧。在塔斯马尼亚州，人们认为矿吸蜜鸟会危及濒危的四十斑啄果鸟（*Pardalotus quadragintus*），而在澳大利亚本土上，它则会威胁濒危的王吸蜜鸟。小鸟从城区消失时，猫通常被视为罪魁祸首，但黑额矿吸蜜鸟往往也要承担责任。猫如何能杀死栖于树上的鸟，这一点有待解释，但矿吸蜜鸟驱逐鸟类的手段是众所周知的。它们甚至可以阻止吃浆果的小鸟进入森林，从而改变林木的组成，因为这些小鸟可以散播种子。

铃鸟也威胁着濒危的头盔吸蜜鸟。在墨尔本附近的耶陵博（Yellingbo）保护区，仅有约100只头盔吸蜜鸟得以存活。它们以前的所有生境都被大量的铃鸟占领了。生物学家认为，它们最近的一次集体死亡发生在丹顿农的卡迪尼亚溪（Cardinia Creek），那里的水坝和其他干扰因素使当地树木饱受生存压力，木虱和铃鸟因此有机可乘。在耶陵博，为保证吸蜜鸟的生存率，铃鸟遭到了捕杀。

花蜜是一种值得捍卫的资源，各地以花蜜为食的鸟类都具有攻击性，即使是微小的蜂鸟也是如此。澳大利亚以桉树和其他盛产花蜜的树木为主，因此它比其他任何国家都更适合喜食花蜜的鸟类以及体型更大的鸟类生存。我们有全世界最具攻击性的鸟类区系，我在这里看到的鸟类斗殴远比我在海外观鸟时多。虽然黑额矿吸蜜鸟和铃鸟是地球上最好斗的鸟类，但其他吸蜜鸟也同样争强好胜。红垂蜜鸟（*Anthochaera carunculata*）和黄翅澳吸蜜鸟（*Phylidonyris novaehollandiae*）在郊区大量繁殖，其他鸟类深受其害。每当我们种植富含花蜜的灌木时，我们都是在奖励它们的暴力行为。因此，新南威尔士州的一些园丁正在移除杂交银桦。

黑额矿吸蜜鸟是独一无二的，但美洲也有一些鸟实现了相同的目标——它们在碎片化森林中取代了其他鸟类，但策略却是大异其趣。褐头牛鹂（*Molothrus ater*）当属罪魁祸首。从前，它以草原上的种子为食，捕食野牛蹄和鹿蹄搅起的飞虫。现在，它直接在牛的身旁觅食，在粮库里徘徊。褐头牛鹂的数量已经出现爆炸式增长。牛鹂就像布谷鸟，也是巢寄生鸟类。雌牛鹂趁其他鸟类不在时，将蛋偷偷放到它们的巢里，让它们帮自己孵蛋并哺育雏鸟。既然跳过了哺育环节，它们便有精力大量产蛋，有时一季能产20多个蛋。而且与杜鹃不同的是，褐头牛鹂会无所顾忌地产蛋，220多种鸟的巢中都出现了它们的蛋，其中140种鸟帮助哺育了它们的雏鸟，故其繁殖速度远高于美洲的任何其他鸟类，其宿主则在不断减少，其中两种宿主鸟类已被逼至濒危状态。

我第一次看到牛鹂是在新奥尔良附近的一个粮仓。我惊奇地盯着路边那一大群黑得发亮的鸟。如果不是因为它们的巢寄生习惯，这里本会有五颜六色的红衣凤头鸟（*Cardinalis cardinalis*）、拟黄鹂、莺、菲比霸鹟（Tyrannidae）、灯草鹀、捕蚋鸟（*Polioptila californica*）等鸟类。褐头牛鹂甚至不该出现在新奥尔良。它们的活动范围最初集中在大平原的最北边，它们在那里跟随着野牛群。但当水牛倒在子弹下，牛鹂学会了追随拓荒者的篷车，并在途中到达新牧场。美国的加利福尼亚州于19世纪90年代，加拿大的不列颠哥伦比亚省于1955年成为它们的定居地。从东海岸到西海岸，现在美国的大部分地区都是牛鹂的天下。离群的牛鹂甚至已经到达了英国和挪威。牛鹂的扩张活动甚至超过了澳大利亚的冠鸠，而且新的牛鹂正在入侵。紫辉牛鹂（*Molothrus bonariensis*）从南美洲“跳岛”飞越西印度群岛，于1985年到达美国；铜色牛鹂（*Molothrus aeneus*）正在从墨西哥向北扩张。牛鹂的入侵在美国是个大新闻，在拉丁美洲也是个祸害。亚马孙雨林倒在了斧头下，于是牛鹂又聚居在新的农场和田地中。它们在新的森林边缘生活得非常顺利，因为当地的鸟类对寄生生物并不敏感。

我把这章命名为“害鸟”，只是为了引起读者的注意。卷入冲突中的动物仍值得我们的喜爱和尊重。卡姆·贝尔德索尔虽然制止了山鸦对兰花的灭绝，却从未失去对它们的热爱。“这是一种很棒的鸟，”他告诉我，“它们有趣、聪明、社会意识强，而且和人类没有什么不同。”确实，它们也可以像人类那样摧毁其他物种。关于人类在地球上的生态角色，我们还需要向它们多多学习。

1 克利夫顿·皮尤（1924—1990），澳大利亚艺术家，三次获阿奇博奖。

2 布须曼人最初指在澳大利亚广阔内陆的灌木地带居住、流动、工作的剪羊毛工人、畜牧工人和农村劳动者等，后逐渐形成代表“典型澳大利亚人”的浪漫的刻板印象。

第17章
袋鼠的所作所为
——在保护区过度食草

"吃就是通过毁灭来占有。"

——让-保罗·萨特,《行为与拥有》

自然环境保护是众多现代议题之一,可追溯至囚犯时代早期。气候变化这一令人担忧的问题早在1796年便出现了,当时地方法官理查德·阿特金斯(Richard Atkins)担心天气是"因为国土开发得太快"而改变的。1890年,维多利亚州"出于气候考量",预留了部分土地免于开发。对树木砍伐的管理可追溯至1803年,时任新南威尔士总督金(King)因担心洪水情况恶化,禁止在毗邻霍克斯伯里河(Hawkesbury River)的私人土地上砍伐雪松。此时,对海豹的屠杀也引起了人们的关注。100年前,物种灭绝、森林砍伐、污染和水土流失无一不招致批评。1898年,悉尼书商J. W. R. 克拉克(J. W. R. Clarke)称,他已经写了"近千封信给澳大利亚媒体",呼吁保护野生生物。

在殖民时代早期，城镇周围任何移动的东西都会被射杀，这使得人们早在1822年就担心袋鼠会灭绝。1832年，博物学家乔治·贝内特（George Bennett）提倡将袋鼠与鸸鹋和琴鸟一起驯化，“以免它们因灭绝而永远消失在我们眼前”。四年后，查尔斯·达尔文乘贝格尔号（Beagle）访问澳大利亚时，称袋鼠已“在劫难逃”。约翰·古尔德敦促对它们进行法律保护，“否则将为时晚矣”。

1888年，人们对物种灭绝的关注催生出一个绿色环保组织：南澳大利亚州野外博物学家协会动植物保护委员会（Flora and Fauna Protection Committee of the Field Naturalists' Society of South Australia），这很可能是澳大利亚首个环保组织。该组织在阿德莱德举办成立仪式时，阿瑟·罗宾（Arthur Robin）发言并警告说：“30年前，有成千上万只袋鼠，而如今在离城市数百英里的地方，它们几乎消失了。”到1914年，委员会“颇为担忧”袋鼠已经灭绝了。

然而，现在生活在南澳大利亚州的袋鼠比人多得多。袋鼠的数量超过300万只*，而人口不过120万。它们不仅给农场带来了麻烦，还破坏了自然保护区。根据国家公园的工作人员彼得·亚历山大（Peter Alexander）的说法，“南澳大利亚的几乎每一个公园都存在袋鼠问题”。在参观阿德莱德北部的帕拉维拉休闲公园（Parra Wirra Recreation Park）时，我明白了彼得的意思。园丁将草修剪得与草地保龄球场上的草齐平。若想坐在山丘上吃午饭，必须先把袋鼠粪便耙掉；周围没有一块能坐的干净草皮。在开车前往山丘的路上，我经过了一处草木茂盛的袋鼠隔离区，那里有一些只防野兔的围栏，也有既防野兔又防袋鼠的围栏，这些动物的危害性可见一斑。袋鼠会对野兔避开的一些植物造成危害，如巧克力百合（*Fritillaria camschatcensis*）、淡香草百合（*Arthropodium milleflorum*）和粉眼苏珊（*Tetratheca pilosa*）。它们还会咬掉兰花的花蕾，将其“斩首”。而

* 红袋鼠、西部灰袋鼠和大袋鼠的总数。

它们造成的矮牧草地（称作“沙袋鼠草坪”）会使野兔受益。

袋鼠给澳大利亚带来了严峻的挑战。它们在围场和水坝上大量繁殖——换句话说，几乎无处不在。记录显示，铁宾比拉（Tidbinbilla）自然保护区的袋鼠密度曾高达每平方千米367只，给土地造成了巨大压力。原住民、澳洲野犬和干旱也阻挡不了它们的扩张。正如罗夫·波得伍德（Rolf Boldrewood）于1884年指出的那样：“野狗可以有效控制袋鼠数量，但在它灭绝后，事实证明袋鼠才是更耗财力、更难对付的对手。”为了创造一个更适宜牛羊生长的环境，政府对澳大利亚进行了改造，而改造后的环境同样适合袋鼠生存。它们在破碎的景观中生活得最为舒适，因为那里毗邻森林和牧场，家畜使牧场保持稳定，也不再会有澳洲野犬出没。南澳大利亚州、维多利亚州和新南威尔士州内陆的情况最为糟糕。罪魁祸首则是东部和西部灰袋鼠、红袋鼠和大袋鼠（或岩大袋鼠）。很多情况下，沙袋鼠也制造了冲突。袋鼠和沙袋鼠同属袋鼠科，澳大利亚的袋鼠科动物造成了复杂的大问题。

维多利亚州西部的哈塔卡尔凯恩国家公园（Hattah-Kulkyne National Park）的袋鼠问题是出了名的严重。这个位于墨累河边的新公园在很长一段时间内都是放牧区。树木已被清除，西部灰袋鼠的数量过多。到20世纪80年代，袋鼠和野兔侵蚀沙丘，破坏本地牧场，并杀死幼苗和草本植物。野草正在茁壮成长。七种濒危植物受到了威胁。斯蒂芬·佩奇（Stephen Page）是公园的常客，他说：“看着那些沙丘受到不可逆的风蚀，让人很是心痛。”

公园管理员首先瞄准了野兔。他们围起一大片土地（5700公顷），成功驱逐了大部分野兔。但这片围场上也生活着1500只袋鼠，四年过后，情况仍未得到改善。随后，管理员驱逐了围场部分小区域里的袋鼠——看呀，本土植物回来了。裸土上铺了一层柔软的本土针茅和豆科植物。金合欢树和柏松也复苏了。接下来的目标是减少整个围场的袋鼠数量。管理员尝试聚集所有袋鼠，却以失败告终，于是他们转而进行捕杀。1984年，近800只袋鼠被射杀并埋进了深坑。对此，公众表示强烈抗议。

国家公园的工作人员大卫·切尔（David Cheal）解释了捕杀背后的想法："我们当时天真地认为，这只是另一种调节手段，就像人为控制的焚烧草木。抗议声传来时，我们意识到必须要给大家一个解释。这个决定极其艰难，但毫无针对袋鼠的意思。我们目睹了多种植物，甚至整个植物群落的消失。并不是说袋鼠是问题所在，而是说袋鼠阻碍了问题的解决……有些人莫名相信本土动物不可能危害环境。对他们来说，这近乎是一种神学教义。但对一种珍稀植物而言，是被袋鼠、绵羊还是野兔吃掉并不重要。"

对此，我认为"生态平衡"才是首要教义，即本地物种必须和谐共生。哈塔卡尔凯恩国家公园进行了漫长的磋商后，一场更大规模的捕杀开始了。在四年时间里，1.5万只袋鼠遭到射杀。假如树木越长越多，树冠将遮住一部分草，袋鼠的数量便会受到限制。大卫说："已经出现了戏剧性的变化，占据整个景观的已是多年生牧草，而非光秃秃的沙丘。"鸸鹋的数量已经倍增。曾经稀少的针茅也在茁壮成长。

维多利亚州政府的阿德里安·穆里斯（Adrian Moorrees）在谈到自然保护时说："对袋鼠问题的记录不够充分。人们倾向于把所有的外来物种都看成是'讨厌的东西'。他们只关注野兔和其他外来物种，包括家畜。"他们忽视了本地放牧的影响。阿德里安继续讲道："在本州有袋鼠问题的地方，袋鼠造成的威胁可能排在名单前列——在前三名。它们可能是最严重的威胁，特别是与火结合在一起时。"当袋鼠吃掉所有的燃料时，那些需要火促进发芽的植物便会受到影响。袋鼠在许多位于内陆的国家公园造成了问题。在南澳大利亚州的弗林德斯山脉（Flinders Ranges），大袋鼠是问题物种。当牛羊被赶出土地时，大袋鼠接管了这片土地，它们以牧草为食，阻碍了灌木和树木的再生。

袋鼠爱吃（也爱踩踏）兰花。沙蛛裂缘兰（*Caladenia arenaria*）是受袋鼠威胁的一个品种，是一种长着粉色长花瓣的娇小植物，只有四株存活，最大的一株位于新南威尔士州西部的孤松国家森林（Lonesome Pine State Forest）。饥饿难耐、行动笨拙的袋鼠正在破坏这个地方，杰夫·卡尔告诉我："那里到处都是袋鼠屎，每平方米都有袋鼠脚印。森林中出现了很多物理损坏——踩踏痕迹。每个方向的公路都有'袋鼠出没'警告。这些步态轻盈的动物可不像一些人想的那么无害。"

袋鼠也使数量下降的鸟类雪上加霜。环保人士巴里·特雷尔（Barry Traill）告诉我："在澳大利亚南部，森林鸟类正在经历一波灭绝潮。虽然大范围的开荒是主要原因，但似乎袋鼠的过度食草加剧了这个问题。此外，野生植物、放牧、野兔和拾柴问题也脱不开干系。"袋鼠扫荡了下层林木，因此破坏了鸫鹛、知更鸟和鹪鹩的生境。联邦政府称，白眉短嘴旋木雀（*Climacteris affinis*）处境艰难，因为剩余的林木被家畜和袋鼠严重啃食且仍未恢复。

事实证明，当袋鼠被围在小型保护区内时，它们的破坏力特别大。墨尔本郊区的林地历史公园（Woodlands Historic Park）便是一个例子。1987年，一片400公顷的土地设有防袋鼠围栏，当时围场上约有30只东部灰袋鼠，1991年增长到200只，五年后就超过了1000只。这使维多利亚州公园协会（Parks Victoria）颇为尴尬，因为该保护区是濒危袋狸的重新引入地。1996年，袋狸的数量为120只，两年后骤降至几乎为零。约翰·泽贝克（John Seebeck）告诉我："实际上袋狸已经灭绝了，我们只能找到貌似动物迹象的东西，却无法监测到它们的踪迹。"最终，人们发现了几只幸存的袋狸，并将它们带回来圈养。"干旱和袋鼠啃食牧草的结合是致命的，"约翰说，"林地历史公园也曾郁郁葱葱，最后却沦为一片不毛之地。任何植物（矮生灌木和草本植物）一旦破土而出，都会被吃掉。袋狸因此暴露在了捕食者面前。"

2000年，我前往林地历史公园进行参观，并和一位不愿透露姓名的员工聊了聊。他说："袋鼠的数量已经完全失衡，而袋狸也付出了代价。"不出意外，接下来发生的事引起了争议。在与有关方面进行了长达一年的磋商后，2/3的袋鼠遭到捕杀。该工作人员称："动物解放组织是主要阻力。他们拆掉了围栏，进来到处搞破坏，还摘下不少指示牌。目前袋鼠的数量得到了控制，袋狸也重新引入了公园。"

在哈塔卡尔凯恩国家公园和林地历史公园发生的戏剧性事件也在许多其他保护区上演（如考兰德尔克保护区、延恩水库公园、波特兰森林公园和铁宾比拉保护区），即使在堪培拉最好的地段也不例外。1993年，澳大利亚总督府下令捕杀70只袋鼠，并将其埋葬。由于袋鼠的数量与日俱增，它们不仅啃食观赏灌木，破坏举办庆典的草坪，而且还威胁到了园林工作人员。在许多罪行中，袋鼠都难逃干系。我听说人们控诉它们破坏濒危植物、侵蚀土壤、消灭底层植物、阻碍植物再生、毁坏鸟类生境、助长野兔和外来野草的泛滥，并使入侵性的本土植物和鸟类得以扩张。它们还攻击农作物和种植园中的幼苗、撞击汽车、破坏栅栏，并与家畜争夺草地和水。一次严重的撞车平均要花费3000澳元的修理费，多亏这些国宝的所作所为，堪培拉的汽修工每年得以赚取20万澳元。袋鼠同样会攻击人。生物学家瑞克·凡·费恩（Rick Van Veen）告诉我，他童年时代的一个朋友是如何在一个保护区被"开膛破肚"的。袋鼠用后爪剖开他朋友的肚子后，内脏露了出来。这种情况必须到医院接受治疗。即使在有人喂养袋鼠的地方，也会发生类似事件。它们会一边抱紧受害者，一边用腿进行蹬踹。

令我吃惊的是，即使是体型较小的大袋鼠科动物，也能造成不小的伤害。在昆士兰州风景独好的汉密尔顿岛（Hamilton Island），行动敏捷的沙袋鼠和斑鹿（*Cervus axis*）从房地产开发商基思·威廉姆斯（Keith Williams）的私人动物园中被释放出来，但它们重获自由后却引发了混乱。四只沙袋鼠繁殖到近5000只；斑鹿的数量则达到3000头。它们清除了大量的灌木，以至于该岛周围的珊瑚礁被侵蚀的土壤淤塞，事态严重。大多数斑鹿已被射杀，但沙袋鼠仍在侵蚀陡坡。这是另一个由动物而非人类造成的景观变化。为控制该问题，每年有1000只左右的沙袋鼠被射杀。岛上人工喂养的凤头鹦鹉和噪钟鹊同样令人头疼不已。

短尾矮袋鼠（*Setonix brachyurus*）在西澳大利亚州很有名，这些胖乎乎的小家伙在珀斯附近的旅游景点罗特尼斯岛（Rottnest Island）上蹦蹦跳跳。因为岛上没有天敌，这里大概有一万只短尾矮袋鼠，然而此地环境并不适合它们生长。这里土地贫瘠，土壤中缺乏矿物质，且夏季炎热干燥。大多数短尾矮袋鼠会在夏季感染沙门氏菌，有的死于营养不良和干渴。一些短尾矮袋鼠靠多肉植物生存，另一些则聚在几近干涸的绿洲旁。在大陆上，短尾矮袋鼠是稀有物种，会选择更潮湿的生境，但今天罗塔纳斯岛的大多数短尾矮袋鼠并不需要大自然。它们在高尔夫球场和草坪上吃草，向人乞讨食物，或在垃圾堆里觅食。我在一家自助餐馆外的半截楼梯上第一次看见了野生短尾矮袋鼠。

短尾矮袋鼠对该岛不利，因为它们会啃食灌木和树木。罗特尼斯岛大部分土地都曾被清理过。如今灌木林被火烧过之后，短尾矮袋鼠会啃掉新长的苗木。普氏澳洲柏（*Callitris preissii preissii*）、金合欢树和茶树仍然稀少。一场大火结束几个月后，我朝路边的一个围栏里看了看，里面的牧草繁茂，还有小松树、莎草，以及我在岛上看到的唯一一株澳洲茄（*Solanum aviculare*）正在茁壮生长。围栏外便是短尾矮袋鼠大展拳脚的地方，地面光秃秃的，或长着丛生杂草。短尾矮袋鼠使罗特尼斯岛不断退化。原本，树木可为鸟类带来更多栖身之所，并为短尾矮袋鼠提供更好的食物。

短尾矮袋鼠也对人类造成了威胁。它们溜进房间，咬那些给它们喂食、抚摸它们的人。《澳大利亚医学杂志》（*Medical Journal of Australia*）的一篇文章《短尾矮袋鼠会咬人》报道了8个月内的72起咬人事件，受害者从小孩到老人都有。不过结论让人松了一口气："他们的伤口都痊愈了，没有感染。”但是，当短尾矮袋鼠的粪便中有沙门氏菌时，感染者可能会腹泻。它们制造了一个难题。罗特尼斯岛有一个人工繁育的短尾矮袋鼠种群，这虽然有利于旅游业和自然保护，却使这个并不适合它们生存的岛屿每况愈下。

早些时候，我提到了移居的尤金袋鼠（*Macropus eugenii*）以及它们对南澳大利亚州格伦利岛的灾难性影响。作为最后一个例子，我将提到塔斯马尼亚州菲瑟涅国家公园（Freycinet National Park）的红颈袋鼠，它们正在吃光两种稀有植物，即狭冠茶（*Stenanthemum pimeleoides*）和流苏桐（*Pseudanthus ovalifolius*）。杰米·柯克帕特里克（Jamie Kirkpatrick）说："这些植物被啃食得一干二净。"据他所讲，过去原住民一直在抑制沙袋鼠的数量。

考虑到大袋鼠科动物带来的所有令人痛心之事，我们可能会疑惑，为何那些博物学家会担心它们的命运。达尔文、古尔德和贝内特怎么会犯这样的错误？显然，他们看到了太多对有袋动物的无情屠杀。他们认为，枪口会带来灭绝，但事实证明，这一过程更为隐蔽。澳大利亚灭绝的哺乳动物比任何国家都要多，但其中只有一种是倒在枪口下的。南澳大利亚州的图拉克袋鼠（*Macropus greyi*）之所以灭绝，是因为其分布范围很小。阿德莱德的环保人士在19世纪80年代为袋鼠的生存状况感到担心时，便已预想到它们的灭绝。他们对袋鼠灭绝的担忧是正确的，但对其中因果关系的理解是错误的。这一"进展"的真正受害者是内陆的沙袋鼠、袋狸和啮齿动物，它们因野兔、狐狸、毁林、野火和吃光植被的牛羊群而遭遇厄运。

总的来说，袋鼠受益于固定栖居点。只要有条件，它们便会大量繁殖，重占先前因人类狩猎而失去的土地。有袋动物善于在部分开垦的土地上繁育。在19世纪，新南威尔士州牧场保护委员会针对大量令人困扰的大袋鼠发布了悬赏。1884年，仅在塔姆沃思（Tamworth）地区，猎人就上缴了260,780只战利品，相当于每天有700只大袋鼠遭到猎杀——这还只是在一个地区。从这段时间起，阿德莱德的阿瑟·罗宾开始为它们的未来感到担忧。

今天，澳大利亚的大多数环保人士勉强接受了需要捕杀袋鼠的事实。澳大利亚保护基金会（Australian Conservation Foundation）1991年的书《恢复土地》（*Recovering Ground*）专门写了一章关于捕获袋鼠的内容。与其让牛羊毁坏土地，将袋鼠制成肉制品要合理得多。但在海外，灭绝袋鼠的恐慌仍然出现了。1998年，国际素食者联盟（Viva）怒斥了英国连锁超市森宝利（Sainsbury's）引进袋鼠肉的行为。抗议者穿着袋鼠服，戴着用瓶塞穿起来的帽子，在超市外徘徊。他们的领导人朱丽叶·格拉特利（Juliet Geffatley）在一份题为《为吃肉而杀袋鼠》的报告中称，有四种袋鼠已经灭绝（并不属实），并警告说，红袋鼠可能"紧随其后，两年内便会湮灭"。又是这一套！

并无任何特别原因让大袋鼠比其他动物更容易破坏生境。英国和北美洲的鹿也造成了类似问题，而非洲的大象更为糟糕。当捕食者受到抑制，且水源供应充足时，食草动物往往会开始胡作非为。袋鼠和沙袋鼠可从人类的行为中为自身谋利：砍伐树木、创造边缘地带、筑坝取水、给牧场施肥、种植作物、放牧牛群、控制捕食者数量和迁移受威胁的物种。控制捕食者数量这一举措意义重大。数万年来，澳大利亚的主要捕食者就是人和狗。如果不首先承认这一事实，我们就无法合理管理这片土地。当我们谈论树木所面临的危险时，需要牢记这一点。

第18章

杀死一棵树

——树袋熊和其他树木杀手

“这些事既行在有汁水的树上，那枯干的树，将来怎么样呢？”

——《圣经·路加福音》23:31

树袋熊（考拉）是濒临灭绝的珍稀动物，还是杀死树木的有害动物？我们应当拥抱它们，还是选择性地捕杀它们？在今天的澳大利亚，这些都是需要小心回答的难题。

我在许多年前参观袋鼠岛时，第一次听说树袋熊会伤害树木。那里的一些桉树挂满残枝败叶，好像被旋风袭击过。但直到看见维多利亚州西部的弗瑞林姆森林（Framlingham Forest），我才完全直面这个问题。弗瑞林姆森林占地1200公顷，1861年被定为原住民的狩猎保护区。对移居者詹姆斯·道森（James Dawson）而言，它是“一个悲惨的地方……它能被选中，显然是因为那里有贫瘠寒冷的黏土和沼泽，连种植一点卷心菜都需要付出大量力气”。今天，这里是一片珍贵的森林绿洲，旁边环绕着数英里宽的焦干围场，但在30年前，许多树袋熊被放生于此，森林因此受到摧残。

2001年2月，我和朋友斯蒂芬·佩奇一起到社区中心去见社区主席赫比·哈拉丁（Herbie Harradine），他带着母亲霍普和女儿们，领着我们走到一两千米外的森林。等待我们的是一片阴森恐怖的景象。森林边缘的所有桉树都已死亡，面前100多棵树的残骸让我们目瞪口呆。接着我们继续往前开，青葱的和枯干的纤皮桉相间出现。赫比放慢车速，让我们看清树上的树袋熊。我们到达了一处野餐地，南面的所有树木都已枯死，再往远处即是流淌着霍普金斯河（Hopkins River）的山谷，山谷之外是干燥的围场。几年前可不是这番景象啊。

赫比说：“你要是三四年前来这里，能在一棵树上看到三四只树袋熊。”后来，几乎所有的多枝桉（*Eucalyptus viminalis*）和卵形桉（*Eucalyptus ovata*）都死了。到了1998年，树袋熊已无树叶可吃。几年前，澳大利亚的《当前关注》（*A Current Affair*）节目报道了这片枯萎的森林，头发花白的莱尼·克拉克（Lenny Clarke）说：“看到这些动物在你眼前挨饿，而你却束手无策，这非常残酷。”树袋熊被放生到原本是原住民的禁猎保护区后，政府禁止原住民土地所有者伤害它们。政府对这一争议做出了回应，决定将1000多只树袋熊转移到其他保护区。环境部发言人彼得·戈尔德斯特劳（Peter Goldstraw）在电视上承认，树袋熊一开始就不该去弗瑞林姆森林：“没错，这就是环境部门的错。”1999年，生物学家罗杰·马丁（Roger Martin）和凯瑟琳·汉德赛德（Kathrine Handasyde）抱怨道：“毋庸置疑，数以千计的树袋熊饿死，数百公顷的残存桉树林日渐退化或已毁灭。”赫比·哈拉丁希望今后能更好地管理这片森林。他说：“丛林作为万物之源，必须被放在首位。我认为丛林比树袋熊更重要。滑稽的是，你看到电视上说，树袋熊是濒危动物。我只想知道长辈们会怎么想，比如我的妈妈。”他沉思道，“她看到这样的丛林景象一定很难过。”

参观完弗瑞林姆森林后，我和史蒂夫向南驶向海岸。刚出森林几英里，我们竟在路边的野草中发现了一只树袋熊，这令我们惊讶得屏住了呼吸。它飞快地跑开，蹲在一个干草包旁，接着嫌弃地爬上了一棵古老的大果柏，树旁是一间屋子。柏树上有一只树袋熊——这是多奇怪的景象啊！饥饿的树袋熊从弗瑞林姆踏上遥遥觅食之路，却总徒劳而返。附近农场里的大部分多枝桉都已枯死。这只树袋熊在觅食的过程中穿过了许多没有树木的围场。似乎得再走几英里才有可能找到食物。它很可能会饿死。

霍普·哈拉丁还是个孩子时，弗瑞林姆本无树袋熊。直到1970年，政府放生了37只到森林里。我告诉赫比，它们来自墨尔本外遥远的佛兰西岛，这让他很惊讶。1802年，探险家们发现佛兰西岛时，岛上并无树袋熊。据说，1898年考润纳拉（Corinella）的博物学家吉姆·彼得斯（Jim Peters）把树袋熊带到了岛上。他可能是在大陆发生了丛林大火后，为了安全起见才把它们带过来的。树袋熊天性使然，它们在岛上大量繁殖。20世纪20年代，一位眼尖的居民在一段5英里长的道路上数了数树袋熊的数量，最后数出2300只。桉树正在慢慢枯死。为了拯救桉树，农民们申请了捕杀许可。政府拒绝了该申请，而选择迁移树袋熊。居民每送来一袋“熊”，就能得到两先令六便士的报酬。1923年，50只树袋熊被带到附近的菲利普岛，6只被带到南澳大利亚州。在后来的几年里，树袋熊又被带到了佛兰西岛以北的一个小岛——鹌鹑岛（占地1000公顷）。

罗纳德·芒罗（Ronald Munro）从小就知道鹌鹑岛。他在“二战”中服役三年后，于1943年返乡，而等待着他的是一幅触目惊心的景象。他的话刊登在墨尔本的一份报纸上：“我在离岛一英里外的地方就发觉不对劲。”整座岛望去一片棕色，大部分的树木都已枯死。他说：“一片凄凉景象，散落着骨瘦如柴的树袋熊……那里有数以百计饥肠辘辘的瘦熊，其中许多还背着幼熊，有的坐在枯树上，有的则迟缓地走动觅食。一些树上还有零星的树叶，它们便会为抢夺这寥寥无几的食物而争斗。有些熊则漫无目的地走着，因为它们实在无力爬树觅食了。”

多家报社抨击了这一惨象，墨尔本的一家剧院还放映了一部报道这一惨状的纪录片。但维多利亚州政府利用战时审查制度阻止该影片流向国外，声称“树袋熊在枯木上晒太阳是常有的事”。但政府处境日渐尴尬，很快采取了行动，将1314只幸存的树袋熊迁移到澳大利亚的森林中。

就这样，在此后的几年里，有超过1.5万只树袋熊从佛兰奇岛和菲利普岛迁往维多利亚州的125个地方，还有一些迁往南澳大利亚州、新南威尔士州和首都地区。这两个岛屿成了树袋熊的农场，这种繁殖力及领土拓展力俱强的动物从“泰迪熊”工厂大量生产出来。维多利亚州的大多数树袋熊都是约一个世纪前安置在佛兰奇岛的少数树袋熊的后代。它们大多是近亲繁殖的结果。

曾经，森林中的树袋熊死于疾病、林火或狩猎。如今，它们被送回了森林，我们应该对此表示感谢。但是，弗瑞林姆森林面临的问题已经在其他许多地方爆发了。成为树木杀手的有袋动物在维多利亚州和南澳大利亚州大行其道。一只树袋熊一天可以吃掉一千克的树叶。树袋熊的数量每3年就会增加一倍，如果不受捕食者和疾病的影响，它们会毁掉整片森林。树袋熊会啃食树木，直到它们枯亡。

南澳大利亚州的大多数树袋熊生活在不属于它们的地方。袋鼠岛的树袋熊来自20世纪20年代的法国岛，很久之后，它们的后代来到了艾尔半岛。昆士兰—袋鼠岛的杂交树袋熊生活在墨累河地区，而阿德莱德山区也有自己复杂的杂交种。这些地方都不是树袋熊的原产地。它们最初只生活在该州的东南角。

到1996年，袋鼠岛的“熊”已由最初的18只增加到5000只。国家公园和农场里的树木正在枯萎，南澳大利亚州政府任命了一个特别工作组来寻找解决办法。工作组由多位生物学家、一位环保人士和一位动物福利人士组成，他们得出一致结论：捕杀2000只树袋熊。该工作组称：“引进的树袋熊对残存生境过度啃食，这是当今南澳大利亚州主要的树袋熊管理问题。”

但环境部长大卫·沃顿（David Wotton）大为震怒，他说：“南澳大利亚州会被认为是一个允许捕杀树袋熊的州吗？这将演变为国际事件。”旅行社和联邦政府赞同这个观点，澳大利亚会因此在美国和日本声誉受损。但大多数南澳大利亚人接受了控制树袋熊数量的建议；一项民意调查发现，2/3的人赞成部分捕杀。南澳大利亚环境保护委员会（Conservation Council of South Australia）、澳大利亚科学院（Australian Academy of Science）、澳大利亚有袋动物协会（Marsupial Society of Australia）、澳大利亚生物研究所（Australian Institute of Biology）和袋鼠岛环保行动组织（Eco-Action Kangaroo Island）都发表了支持声明。

但政府启动了一项非常昂贵的计划，对多达2000只树袋熊进行绝育。手术时长15分钟，每只树袋熊花费136澳元，手术完成后它们会被送回野外。没有人喜欢这个选择，经过绝育的树袋熊仍然能够杀死树木。保护委员会的米歇尔·格雷迪（Michelle Grady）对总成本感到不满，因为南澳大利亚州在物种保护上的支出很少，这笔钱本可以为保护受胁物种做出重大贡献。澳大利亚树袋熊基金会（Australian Koala Foundation）同样希望看到树木种植率的提高，因此建议引入衣原体病，染病的树袋熊将失去生育能力，但人们谴责了这一残忍的方案。将树袋熊转移到其他州的计划已成了泡影，因为其他州也不欢迎这些树袋熊。维多利亚州政府专家彼得·门霍斯特（Peter Menkhorst）说：“我们甚至没有地方安置本州的树袋熊，更不用说你们的了。”绝育手术未能解决袋鼠岛的树袋熊问题，现在专家们呼吁进行更大规模的捕杀。

在维多利亚州的弗瑞林姆森林、陶尔希尔（Tower Hill）野生动物自然保护区、桑迪岬（Sandy Point）、南吉普斯兰（South Gippsland），以及几个原本没有树袋熊的岛屿，都存在树木死亡的问题。彼得告诉我：“哪里有树袋熊，哪里就会出现该死的麻烦。”他希望更大的森林能够经受住破坏。著名树袋熊专家罗杰·马丁（Roger Martin）却不这么认为。他对广阔的史庄伯吉山区（Strathbogie Ranges）感到担忧，那里的树袋熊数量不断增长，可能已经超过10万只。他担心那里会出现大灾难，受害者不仅有树袋熊和树木，还有袋貂、袋鼯和鸟类。彼得承认，大面积的森林可能会成为下一个目标，他特别提到了奥特威山脉（Otway Ranges）。“未来我们可能会经历一场可怕的噩梦，”罗杰说道，他认为捕杀是最无害的解决办法，他不愿看到树木死亡、树袋熊挨饿。但是捕杀在政治上是不可接受的，于是彼得寄希望于廉价的抑制繁殖的新方法。

树袋熊对树木的损害已经存在了很长一段时间。早在1915年，某国家公园中就发生过一次捕杀。1925年，博物学家阿尔伯特·勒·苏韦夫（Albert Le Souef）报告说，树袋熊“在威尔逊岬的维多利亚国家公园里非常密集。因为它们毁掉了果实可作食物的树木，所以必须减少它们的数量”。虽然那次捕杀并未引起公众的不满，但时代已然改变。大量的捕杀活动仍在继续，因为农民为了拯救树木，会秘密地捕杀树袋熊。

奇怪的是，白人在定居澳大利亚的头十年里，并未见到树袋熊的踪影。囚犯和士兵在悉尼的森林里辛勤劳作，砍伐树木，猎取猎物，切割茅草，收获菝葜、醋栗和绿蔬。他们很快就看到了澳洲野犬、鸸鹋、袋貂、袋鼯和本地鼠类，但在十年后的1798年，人们才在一棵树上发现了树袋熊。四年后，他们得到了一只“猴子”（原住民称为“colo”）的脚。但又过了一年，才捕获到一只活树袋熊。这件事是如此奇特，以至于载入了殖民地史。丹尼尔·狄更斯·曼（Daniel Dickens Mann）在1811年写道：“当地人发现了树袋熊或树懒，这种奇特的袋貂类动物有一个假肚子。1803年8月10日，它们被活捉并送到镇上。”当时悉尼已有14年半的历史。

在悉尼刚成为定居地时，这些动物（考拉、colo、树懒、猴子、袋貂，或者它们为人所知的任何名字）显然很稀少。当时树袋熊的密度显然不如今天。例如，在20世纪70年代，有人在棕榈滩附近的灌木丛中只数出123只树袋熊。对此最佳的解释是原住民的狩猎。树袋熊行动迟缓，很容易被找到，它们相当于储存在树上的大型肉类储藏室。对捕食者而言，它们找不到其他会在白天睡觉的猎物了，因此树袋熊比其他动物更容易捕获。人类是它们的主要天敌，比澳洲野犬、蟒蛇或老鹰的杀伤力要大得多。在人类到达澳大利亚之前，树袋熊可能命丧袋狮之口或烈火之中。它们很少出现在化石记录中。

原住民失去土地后，树袋熊便开始肆无忌惮地繁衍。1844年，据说树袋熊和琴鸟都在部落衰落的地方大量繁殖。后来，哈利·帕里斯（Harry Parris）也有同样的想法。19世纪80年代，他在维多利亚州的古尔本河畔长大，记得童年时代嚎叫的树袋熊会打扰他的美梦。后来，帕里斯听说在19世纪50年代，一位较早的殖民者三年后才看到树袋熊。出于好奇，他从探险家米切尔少校（Major Mitchell）[1]那里开始研究该地区的历史。他说："我仔细阅读了20多本书，发现没有一个人在古尔本地区看到过树袋熊。"然而，1868年的一名殖民者可以从一棵树上射杀五只树袋熊。帕里斯总结道："因此我敢说，白人到达时，古尔本并没有树袋熊，这是因为它们很容易成为原住民的食物……因此，我认为随着黑人数量的减少，熊的数量反而在增加。在50和60年代，树袋熊的分布面积大大增加，看来主要是在分布在有赤桉树的地区……"过去，树袋熊在其生活范围内十分稀少；探险家和拓荒者很少看到它们。约翰·古尔德说它们"很少被发现"。

19世纪末，树袋熊毛皮的交易市场蓬勃发展，那时树袋熊已十分常见，可轻松捕获。仅在1919年，在昆士兰州就有100万张毛皮售出。对于这种大规模贸易与早期树袋熊稀缺的记录之间的矛盾，唯一的解释便是树袋熊的数量出现了激增。捕杀树袋熊之所以成为可能，只是因为进行捕猎的不再是原住民，这种屠杀令早期环保人士十分担忧。一类猎人取代了另一类。树袋熊经历了两次数量激增：一次是在原住民被赶走后，另一次是在20世纪30年代法律保护出台后。

此版本的树袋熊历史受到了权威专家的认可。为了写这篇文章，我参考了罗杰·马丁（Roger Martin）和卡特琳·汉达西德（Kathrine Handasyde）的获奖作品《树袋熊》(*The Koala*，1999年的一本好书)，以及彼得·门霍斯特的《维多利亚州的哺乳动物》(1995年)。与此同时，澳大利亚树袋熊基金会声称，树袋熊正在消亡。他们无法理解联邦政府为何不把它们列为濒危动物。蒂姆·弗兰纳里（Tim Flannery）等权威生物学家呼吁对澳大利亚树袋熊基金会视为濒危的动物进行捕杀。这是一场大多数环保人士和生物学家都避而不谈的争议话题，因为一提到这个话题，大家都会剑拔弩张。澳大利亚树袋熊基金会已经承认树袋熊正在杀死南方树木，但它同样担心昆士兰州和新南威尔士州部分地区的树袋熊数量减少，那里的低地森林正在被农场和住宅区所取代。山上的树木依然存在，树袋熊需要河滩上茂盛的桉树来度过干旱时节。下文是澳大利亚树袋熊基金会1998年4月的快讯：

> 环保经验不多的人在听到这个消息时会感到难以置信。有些人认为我们在夸大其词。这应该引起举国愤怒，但人们并不相信这一事实。
>
> 目前并没有真正保护树袋熊的法律。故意“伤害”树袋熊会遭到起诉，但因清除一片灌木而杀死整个树袋熊种群却几乎不会受到任何惩罚。

这是事实，但对大多数动物而言都是如此。人类一直在破坏其他众多物种的生存所需，这让环保人士感到痛心。我们可以对其他物种给予同样的道德关怀，但这意味着我们放纵的生活方式将受到约束。树袋熊保护积极分子希望我们仅将这样的道德权利给予树袋熊。澳大利亚树袋熊基金会正在为国家树袋熊法案进行游说。但是，为何要推进这一法案，而非鸭嘴兽法案、绿纹树蛙法案或保护所有动物的法案？为何要给予人类和树袋熊特权？政府是否应该将保护濒危物种的资金转移到保护树袋熊上，而事实上人们已经在这样做了？当然，某些地方的树袋熊确实正在消亡，但大多数物种也面临同样的处境。在澳大利亚中部，帚尾袋貂正在消失（这是一场真正的悲剧），而豪勋爵岛的斑噪钟鹊目前处于极危状态。在塔斯马尼亚州，甚至灰袋鼠的情况也很糟糕。澳大利亚布满了濒危物种。在我看来，如此有选择地宣泄道德愤怒可不是澳大利亚人该有的做法，这是一种平等主义信念的倒退。但我想，对许多澳大利亚人来说，树袋熊象征着自然。善待它们便会产生一种我们在善待自然的假象。因此，一旦树袋熊受到伤害，这种幻觉便会破灭。

罗杰·马丁认为，树袋熊之所以能抓住我们的心，是因为它们会让人想起婴儿和泰迪熊。树袋熊的头身比为1∶3，与一岁的婴儿相仿。树袋熊科普读物中已经出现了树袋熊和人类婴儿同框的图片，同时还有“泰迪熊综合征”和“先天释放机制”等有关情感需求的内容。树上的树袋熊实际上是母亲腰间的婴儿。它们面部平，额头高，长相可爱，动作缓慢，白天很容易见到。伤害它们似乎是不人道的。但我们别无选择，除非更好的绝育技术很快就发明出来。我们不能继续失去树木，也不能让树袋熊惨死。

树袋熊只是当今澳大利亚树木死亡的原因之一。无论我们在哪里分割森林或砍伐树木，残余的树木都可能因哺乳动物、昆虫、植物或病害而死亡。有时，疫霉菌（*Phytophthora*）等外来疾病或土地含盐量升高都难辞其咎，但罪魁祸首往往来自本土。人们常把这个问题称为“梢枯病”，但导致这一问题的原因各不相同。前文已经讨论过铃鸟和木虱，而其他元凶也值得在此一提。

人们通常不会将帚尾袋貂看作树木杀手，但对它们不利的证据越来越多。早在19世纪70年代，墨尔本西部的原住民就已指控它们是杀害树木的元凶。人们不再猎杀袋貂后，它们的数量随之上升。正如彼得·麦克柏森（Peter MacPherson）牧师所说，在早期，“黑人嚼着袋貂肉，而袋貂啃着桉树叶”。现在，只有后一环节存续至今。当澳洲野犬遭受捕杀时，袋貂也从中受益。詹姆斯·道森（James Dawson）在1881年写道，当时弗瑞林姆森林周围的原住民失去了一种食物——蜜露，这是一种树上的昆虫分泌的美味的糖[2]。“他们说自己现在已经吃不到蜜露了，因为澳洲野犬被消灭后，袋貂的数量大幅增加，它们把蜜露吃光了。”人类和袋貂觊觎着同一种甜食。

在今天塔斯马尼亚州的中部地区，帚尾袋貂正在杀死许多残存的围场树木。而在维多利亚州，人们也愈发怀疑帚尾袋貂正在损坏残余的小片树林。杰夫·卡尔说：“现在从我们的工作中可以看出，袋貂是一场噩梦。”他告诉我，犹扬山（You Yangs）里有一个地方，“袋貂刚刚破坏了那里成百上千棵树的整个树冠”。它们毁灭了多花桉（*Eucalyptus polyanthemos*）的树冠，但很少在两米以下的高度进食，估计是害怕狐狸和狗。

新南威尔士台地存在严重的梢枯病问题，昆虫当属罪魁祸首。人迹稀少的围场树林和小型林地经常受到本地甲虫（叶甲和圣甲虫）的侵害。甲虫更喜欢围场里的桉树，因为在树下休息的牛羊为桉树提供了肥料，原始森林因此得以逃过一劫。树叶中氮、磷含量的升高让甲虫欲罢不能。食根虫的幼虫会在牧场上觅食，长成成虫后便侵蚀旁边的树木。本地的茶藨子葡萄座腔菌（*Botryosphaeria ribis*）会侵蚀病树，通常会杀死它们。放牧围场中的树苗长势堪忧，而且濒死的树木也没有被新树替换。这一衰败的景象令人感到遗憾。无独有偶，我在珀斯南部的路边看见数百棵因桉天牛（*Phoracantha impavida*）而奄奄一息的棒头桉（*Eucalyptus gomphocephala*），这种甲虫会使树枝枯死。专家认为，地下水的枯竭，加上干旱和霜冻，使甲虫占了上风。

然而，梢枯病也在森林中大行其道。在维多利亚州和西澳大利亚州，随着伐木工的到来，一种能长出漂亮橙色蘑菇的真菌造成了树木死亡。澳洲蜜环菌（*Armillaria luteobubalina*）是一种寄生生物，它环树根而生，导致根腐病和树叶枯落。20世纪50年代，这种真菌首次进入人们的视野，此后事态每况愈下。它从被砍掉的树桩里悄悄长出，在被伐木工碰伤的树苗和树木上蔓延。金合欢树、豌豆丛、雏菊和百合花成片死去，面积高达20公顷。在维多利亚州中部，有2500公顷的土地受到“中度至重度影响”。珀斯南部的真菌影响了红桉（*Eucalyptus diversicolor*）的再生。红桉森林受到了粗暴的管理，健康树木被移除，剩余树木则被砍光，从而创造出了干净无残留的再生环境。澳洲蜜环菌便在树桩上滋生，随后占据下一代的森林。科学家希望，利用其他真菌的生物防治能抑制其扩张。

另一种西部桉树——边缘桉（*Eucalyptus marginata*）正日益受到穿孔蛾（*Perthida glyphopa*）这种小型蛾的侵蚀。在一项出色的研究中，伊恩·阿伯特（Ian Abbott）和同事研究了澳大利亚和欧洲的各大植物标本馆中329份已脱水的边缘桉叶标本，这些标本可追溯到1791年。欧洲人首次在某地区定居50年后，才出现穿孔蛾袭击的迹象。阿伯特认为，原住民在夏季点燃的大火烧焦了桉树树冠，并烧死了毛虫，而定居者在春季点燃的小火则使毛虫得以扩散。狩猎–采集者会影响树上飞蛾的数量，这使原住民控制树袋熊数量的做法更容易接受。在这两种情况下，人类都是在消灭有害动物，解救树木。

本土槲寄生（*Amyema miquelii*和*Amyema pendulum*）也会杀害树木。它们在农场和道路两旁散布的桉树上长得最好，那里远离丛林大火和帚尾袋貂。由于狐狸会猎取以槲寄生为食的袋貂，槲寄生便受到了庇护，得以茁壮成长。道路上流下的水和农场肥料保证了宿主枝叶繁茂。在森林里，当周围的树投下太多的阴影时，携带槲寄生的低矮树枝便会脱落。但露天的树木则枝叶健全，槲寄生也从额外的阳光中受益。森林中的槲寄生很少会杀害树木，但农场中的槲寄生会毁掉数以百计的树木。1904年，维多利亚州宣布其为有害野生植物。

如今，澳大利亚许多地方的树木正在死亡，我们需要知道原因。直接原因可能是树袋熊、袋貂、昆虫、槲寄生或病害，但故事总比这更复杂。森林是个复杂的互相制衡的网络，无法移除某些组成部分，无论是澳洲野犬、树木还是林火；也无法使森林碎片化，却又期望自然规律能够照常运行。小型保护区并非缩小了的森林，因为它遵循的是不同的法则。在应对杀害树木的动植物和病害时，我们必须牢记这一要点。

1 托马斯·利文斯敦·米切尔爵士，测绘师、探险家，19世纪20年代前往新南威尔士州测绘。

2 其实这种小颗粒的含糖物质是植物在树叶被昆虫损坏处分泌的，而非来自昆虫本身。析出物质会逐渐在伤口处积累，有的最终可达豌豆大小。已知有若干树种可形成蜜露。——编者注

第19章
植物战争
——动荡的生境

“难道，法贡森林中的树木都醒着，森林正在崛起，翻越山岭向战场进发？”

——J. R. R. 托尔金，《魔戒》

澳大利亚第二任总理阿尔弗雷德·迪金（Alfred Deakin）执政期间，议会在墨尔本召开。为了逃避繁忙的政务，迪金经常回到吉朗附近的伦斯达港（Port Lonsdale）的一幢小屋中，小屋坐落于一片五英亩的沿海欧石南荒地上。妻子画兰花，迪金读书。他的隐居地是一幢具有加州艺术与工艺建筑风格的雅致原木房，全家久居于此。1999年，我有幸跟着林区顾问马克·特伦戈夫（Mark Trengove）前往参观。透过窗户，我看到迪金的起居室仍然完好无损，他的书和杂志都摆放齐整。接着，马克带我去看屋外的一个石制日晷。他说：“这是迪金1912年制作的，能注意到它有什么奇怪的地方吗？”皇后澳洲茶投下浓荫，而日晷正隐匿其中。小屋所在的5英亩土地大部分已被这些小树侵占，阳光充足的欧石南地变成了一片黑森林。

随后，马克带我参观了因多年林荫而枯烂的澳洲草树树干。他能辨认帕蒂・迪金绘于1911年的17种各异的土培兰花，而如今此处只长着其中4种。马克和现在的主人已经砍倒并焚烧了整片的茶树，力图使欧石南地恢复原状。这项工作看起来十分艰巨。

这些茶树很可能是附近道旁树掉落的种子长成的。即使是在国家公园，茶树入侵的问题同样日趋严重。自20世纪50年代起，威尔逊岬（Wilsons Promontory）的茶树便在富有价值的欧石南地蔓延开来，这显然是火烧机制改变后的结果：单一的小树取代了多样的灌木丛。这种曾经仅见于海岸沙丘的树木现在正沿着维多利亚州的海岸线向内陆蔓延。

皇后澳洲茶只是现在大规模入侵新地区的众多原生植物之一。每当我们改变焚烧林木、放牧及补充养分的方式时，植被便可能发生变化。某种植物可能会以数以千计的规模入侵，某个植物群落可能会压垮另一个。前面的章节中出现了四个植物入侵的例子：塔斯马尼亚州的纽扣草、昆士兰州北部湿润环境中的湿硬叶植物、约克角半岛的草原和塔斯马尼亚州的澳洲茶树（*Melaleuca pustulata*）旁的农田。我们应当更全面地考虑这一现象了，这个问题与上文提到的园林植物问题不同，因为大多数入侵者都是原生植物，皇后澳洲茶便是一例，它自然地生长在离迪金家不远的地方。

我在前面提到过希拉・沃克顿以及她在诺斯伍德的花园里见到黑额矿吸蜜鸟。希拉在家附近的山谷中能看到许多入侵植物，而最让她担心的莫过于一种蔓延的本土树木——波叶海桐（*Pittosporum undulatum*）。我们沿着一条蜿蜒的小路穿过她家附近的公园时，她说："这个山谷有一段有趣的历史。大约自18世纪90年代起它就被开发了，原是伐木工人穿行的通道。小公牛曾经常自山谷而下。现在你还可以在一些地方看到马车的车辙。"她指向溪流附近一块突出的砂岩。“记得小时候，这片地是干燥开阔的桉树林地带，我还记得桉树的气味，记得在林中烧开水的场景，以及所有那些美好的事物。”

我们环顾四周。在山谷的两边，病怏怏的桉树远远高出周围郁郁葱葱的波叶海桐，许多桉树已经死亡。“看到那棵桉树了吗？”她指着说，“根部附近长了太多海桐。”我能看到入侵者夺走了这些树木生存所需的水和矿物质。较小的植物受树荫遮蔽而死。我在海桐树下看了看，但什么都没看到。希拉指着暗处的一块砂岩说：“这块石头上曾经长着小小的针花兰（*Acianthus*），但我已经许多年没有看到它们了。”数以百计的兰花、百合、草类和灌木已经从这个山谷里消失了。波叶海桐树下生长得最好的植物是一种外来植物——女贞（*Ligustrum lucidum*）。

悉尼各地也在发生类似的变化。山顶上的房屋视野颇佳，山脊产生的养分会流到下方贫瘠的森林里。化粪池、施肥的花园、食物残渣和狗粪提供了丰富的磷和氮。泄漏的管道、溢水的游泳池、花园洒水器，以及从屋顶和道路上流下的雨水则提供了充足的水分。丛林大火不再大行其道。如果给桉树林加肥料和水分，再去掉林火，一片雨林所需的配方就齐了。海桐的入侵实际上就是雨林取代了原来的树林。植物学家称其为“中生植物转变”（mesic shift）——向更为湿生的植物群落进行转变。因为悉尼的原始雨林仅适合极少树种生存，所以其中一种树正在主导这种转变，不过其他树种也正在蔓延，特别是甜叶算盘子（*Glochidion ferdinandii*）和下垂澳杨（*Homalanthus nutans*）。雨林正在离开肥沃、无林火的山谷，向四处转移。这是人为导致的另一种变化——植被变迁。

兰考夫（Lane Cove）市政委员会为平息这种入侵，雇用了一家灌木养护公司，希拉便是该公司的工作人员。“我们的任务是清除桉树或杯果木附近的所有海桐。”多年来，希拉对这种树的看法发生了逆转，她坦言道，“起初我非常不愿意把它看作有害植物。后来，我在1987年参加了技术与继续教育学院（TAFE）关于灌木再生的一个课程。那时，人们已经提出了一些严肃的问题。虽然这个问题让人左右为难，但毕竟证据确凿。我逐渐明白了为什么它们必须被清除。”

兰考夫国家公园（Lane Cove National Park）的护林员彼得·比尔德（Peter Beard）形容海桐的入侵是“这一带最敏感的问题之一”。早在1985年他便参与其中。他说：“当时分歧非常大，而且现在仍然存在分歧。”他带我去了一个旧房车公园附近，我看见繁密的树丛正在入侵那里的桉树林。相比施肥计划，火干扰模式的改变是一个更为严重的问题。彼得说，随着时间的推移，人们对海桐的态度变得更加强硬：“护林员会说，‘顺其自然吧。也许气候变化本身就会带来更多的海桐和算盘子。我们为什么要干预树丛的进化？’在我看来，我们已经错误地进行了干预，所以我们需要解决问题。我们不是在试图重现1788年的情景，而是在使进化得以实现。而且我们是这个过程的一部分。有太多的人认为，生态系统存在于自然，我们并不在其中。”

我们对森林的影响竟如此之大，而且我们应该行动起来“修复自然”，这对一些人来说实在难以接受。

只要有可能，人们就会点火烧死这种“野生植物”。我拜访了墨尔本附近莫宁顿半岛的巴克利保护区（Buckley's Reserve），数周前，这里发生了一场熊熊野火。该保护区2/3的面积遭到海桐的入侵，但现在林地植物群正在恢复，在浴火中重生的有茅膏菜、碎米荠、洁白安圭拉氏兰（*Wurmbea dioica*）、巧克力百合和微刺佛塔树（*Banksia spinulosa*）。“这可能是最好的情况了，”当天的向导罗翰·卡明（Rohan Cuming）解释说，“这些是天竺葵（*Pelargonium*）。我在这个保护区工作了十年，只见过一株，但现在已经有数千株了。而且它们在拼命结籽。”罗汉告诉我，这个地方“想要长满青草和丰富的下层林木”。我们看到的植物是幸运的——海桐的土壤种子库还未耗尽，它们的入侵便早早受到了遏制。火灾后必须在旧地进行再植，以防有害植物有机可乘。

海桐原产于悉尼，而非莫宁顿半岛。这种树可以说是澳大利亚最棘手的本土有害植物，在其自然分布范围内外遍地丛生，生长范围从昆士兰州南部延伸至维多利亚州的西港湾（也许），实际上没有人能确定它的自然分布范围。上文提到过，它是一种肆意扩张的园林植物。在维多利亚州，它已被正式列为潜在威胁，但也被列为稀有植物群落（石灰岩雨林）的一部分。珍稀兰花喜欢长在它的枝条上。海桐正到处和近亲杂交，因此逐渐难以辨认。它正是在这种矛盾中变得繁茂起来。至于是有害野生植物还是有用之材，这取决于它长在何处、表现如何。

昆士兰州北部的中生植物转变很严重，那里湿硬叶林与湿热带雨林的西部边缘相邻。硬叶树（桉树）需要火烧来再生（它们的种子会在灰烬中发芽），但这些地区已大力阻止焚烧行为。牛消耗燃料植物，道路也可作防火隔离带。50年来，一半的硬叶林已经消失，被种类繁多的雨林树木所吞噬。从疏林到雨林的这一转变中，输家包括濒临灭绝的盖氏袋鼠、稀有的袋鼯和某些鸟类，更不用说这一独特森林类型的主角——高大的桉树了。湿热带管理局（Wet Tropics Management Authority）对此表示关注，这片土地的传统所有者也是如此。依蒂尼族[1]长老乔治·戴维斯（George Davis）说，自从当初他的祖父为保持桉树林“清洁健康”而点燃桉树林开始，帕默斯顿国家公园（Palmerston National Park）的状态就每况愈下。他说，野生植物和树苗现在密密麻麻，人和动物无法通行。这片森林现在“病得很重”。与大多数澳大利亚人不同，乔治认为人是自然系统的一部分。

在更北边的约克角半岛，关键生境的生存很大程度上取决于原住民式的管理。金肩鹦鹉只能在两个地区生存，因为当地的放牧者经常点燃烈火以阻止绿花白千层（*Melaleuca viridiflora*）入侵。莱克菲尔德（Lakefield）成为国家公园后不久，火烧行为受到了抑制。而白千层东山再起后，这些稀有的鹦鹉便永远消失了。在新南威尔士州和昆士兰州南部，濒危的棕刺莺（*Dasyornis brachypterus*）也因火烧制度的改变而深受其害。它们的欧石南/草丛生境现在不是烧得太频繁，就是太少。

植物入侵也使放牧者担忧。在昆士兰州西部和新南威尔士州，在受侵蚀的红土上，“野生木本植物”是入侵者：主要有本地车桑子（*Dodonaea viscosa*）、山扁豆（*Senna*）、月桂叶哈克木丛及喜沙木（*Eremophila*）。这些植物大多不好吃，有时对牲畜有毒，斑点喜沙木（*Eremophila maculata*）会产生氰化物。火会烧死它们的幼苗，以达到抑制效果，但现在牲畜食草越来越靠近根部，草原上不再燃烧，于是这些灌木得以称霸一方。在最近的一项研究中，布拉德·威特（Bradd Witt）分析了一个旧剪毛棚中堆积的粪便，他发现几十年来，羊群被迫吃了更多灌木，而减少了草的食用。

入侵的木本植物在世界各地都是心头刺。在南非，牧场上的“灌木入侵”已使超过100万公顷的土地无法用来饲养牲畜。在北美洲，针叶树正在取代灌木蒿，牧豆树正在取代草原。农民可以烧掉一些草来预先阻止入侵，而非全部供牲畜食用，但很少有人这样做。当灌木占领牧草地时，更迭便难以逆转，因为再也燃烧不起来了。

在新南威尔士州的台地上，那些茂盛的“野生植物”就是雏菊。中国滨篱菊（*Cassinia arcuata*）已经吞噬了60多万公顷的牧羊场，光滑滨篱菊（*Cassinia laevis*，因其怪异的气味，也被称为“咳嗽灌木”）也在入侵。在一些农场，它们受到了反击，它们的敌人，即本地的澳赤胶蚧（*Austrotachardia*）和分裂紫胶虫（*Paratachardina*）就在它们周围移动，这些昆虫大量繁殖，并经常杀死它们。但在其中一个农场，这一策略并不奏效，该农场的椭圆黏榄叶菊（*Olearia elliptica*）反而抢占了腾出的土地。

当一种草取代另一种草时，农民也可能受到损失。今天的昆士兰东部已经见不到羊群吃草的景象了，但在20世纪，在低于海岸线的牧场上，绵延的阿拉伯黄背草（*Themeda triandra*）牧场将大量羊群养得膘肥体壮。农民每年都会焚烧草地，以促进新草的生长。拓荒者哈罗德·芬奇·哈顿（Harold Finch Hatton）在1885年写道：“整个国家的数英里土地在成片燃烧时，夜间火苗爬上山的两侧，这景象十分漂亮。”但是，这些“漂亮”的大火与干旱和牲畜合谋，烧光了美味的阿拉伯黄背草。就算是原住民，也未曾烧得如此频繁。在昆士兰州的大部分地区，阿拉伯黄背草从牧场上消失，为更粗糙、更适应火的黄茅（*Heteropogon contortus*）腾出了空间。黄茅的存续能力比阿拉伯黄背草差，干枯后便成了无用的干草。它还会在硬直的芒刺上长出带刺的种子，这些种子会钻进羊毛，毁坏毛皮，刺破皮肤，引发“疥癣”，有时还会导致羊的死亡。芬奇·哈顿看到“羊毛里塞满了草籽，它们完全无法移动，只能站在原地，四条腿岔开，看起来更像一只踩着高跷的刺猬，而非一只羊”。养羊业因此崩溃。

这场灾难今天很少被人提起。大多数农民甚至不知道它发生过。针茅构成昆士兰牧场上最大的植被单元，从昆士兰州北部的港口小镇库克敦（Cooktown）一直延伸到新南威尔士州北部。这些牧场只适合养牛。澳大利亚联邦科学与工业研究组织（CSIRO）的N. H. 肖（N. H. Shaw）在20世纪50年代就推断，这个巨大的植被单元是人为形成的。他看到阿拉伯黄背草仍在铁轨沿线和乡村墓地中顽强生长，因为栅栏挡住了牲畜。农民们的焚烧行为起初看似聪明，使得阿拉伯黄背草不得不加快繁殖，但事实证明这一手段过于贪婪，反倒伤害了土地。

在西澳大利亚州，艾伦·纽瑟姆（Alan Newsome）调查了20世纪60年代皮尔巴拉地区崩溃的养羊业。放牧者将这一困境归咎于爆炸性增长的岩大袋鼠（大袋鼠），但纽瑟姆发现放牧者自身也有责任，因为放牧量太大，羊群吃掉了所有柔软的草。“以前人们在这里割草，堆成草垛，而现在这里已成为三齿稃的主场。”面对带刺的三齿稃，大袋鼠比绵羊更游刃有余，学会了与之共生。它们从岩石山脊下来（这是它们平日里的地盘），白天在平原上的树下休息，晚上在水坝喝水。在一个有6500只羊的站点上，近1.3万只岩大袋鼠被杀。农民想要羊和草，却得到了岩大袋鼠和三齿稃。过度放牧通常会引起改变，正如阿尔弗雷德·尤尔特（Alfred Ewart）在1909年巧妙解释的那样：

“营养充足的健康牲畜通常不会碰那些讨厌的、带刺的、木质的和有毒的植物，而且由于能一直吃到优质的草料，它们的生长状况十分好。因此，在养护良好的花园中，情况恰恰相反——野草长势旺盛，有用的园林植物反而受制。”

在尤尔特那个年代，农民们正在努力应对这些变化，而今天的国家公园管理员也面临着这些变化。我们的许多公园曾经是农场，如今大袋鼠在原本为牲畜准备的草地上觅食，尤尔特指出的问题同样在此发酵。另外，我们还应考虑火。如同战争一般，它起着决定性的作用，决定着哪个群落会赢得控制权。出于安全考虑，目前许多保护区点燃的火比原住民点的小，因此大量灌木幼苗得以生存。这必然会引起改变。

卡努卡茶树（*Kunzea ericoides*）是一种棘手的植物，这种细叶芳香灌木生长在澳大利亚东南部，高达4米，牲畜被赶走后，它就会占领部分已开垦的土地。亚拉河谷（Yarra Valley）进行开荒、放牧并减少火烧之后，卡努卡茶树便开始入侵。在铁宾比拉，当羊群被赶走后，它便占领了已开垦的土地。在公园边界以外，由于羊群仍然在那里吃草，它便受到了限制。它曾经在森林空隙中零星生长，但现已在裸露的山坡上形成了巨大的单一生态。除了一些荆棘和蕨类植物外，卡努卡茶树下面没长什么东西。当我向希勒斯维尔（Healesville）的柯兰德克保护区（Coranderrk Reserve）护林员保罗·斯林格（Paul Slinger）提到卡努卡茶树可能会占据整个保护区时，他立即表示同意：“如果真是这样，我丝毫不会感到意外。”多产的黑尾袋鼠并不会因为吃掉与其有竞争关系的植物而对此有所帮助。保罗将卡努卡茶树的入侵归咎于几个因素：“一个是放牧，另一个是干预。卡努卡茶树在路边更常见——那里是它的源头。它在路边占有一席之地后就向外扩张。火是另一个原因。如果没有足够的火，它就会大量繁殖。”树冠遭到破坏是另一个问题，过去铃鸟可能恶化了这一局面。保罗希望用毒药来制止卡努卡茶树的泛滥，但要解决所有的枯木可能会很困难。（顺便一提，柯兰德克保护区负责保护数个稀有生境和数种珍稀植物。）

在维多利亚州西部，海岸金合欢（*Acacia sophorae*）被认为是所有野生植物中最糟糕的一种。像皇后澳洲茶一样，它已经从海岸沙丘向内陆进军，其种子搭上了泥泞的顺风车。在新南威尔士州北部的米妮水域（Minnie Waters），该物种已取得了惊人的成就，割裂了一个社区。植物学家蒂姆·巴洛（Tim Barlow）对这种奇怪的状况作出了解释。“整个社区貌似有200人左右，他们要么是当地的沙丘护理小组的成员（这些人认为海岸金合欢是魔鬼的转世），要么是土地护理小组的成员（他们认为海岸金合欢是切片面包出现以来最好的东西）。”数千株金合欢在沙丘上发芽，同时护林员清除了沙丘上的非洲情人菊（*Chrysanthemoides monilifera*），这种入侵植物十分讨人厌。许多居民都欢迎金合欢，而其他人则害怕看到一种澳洲野生植物取代了一种非洲野生植物。海岸金合欢不会在未受破坏的沙丘上形成单一生态。其他在某种程度上淹没保护区的本地植物包括扫帚叶澳洲茶（麦卢卡，*Leptospermum scoparium*）、白昆士亚（*Kunzea ambigua*）、澳洲柏（*Callitris verrucosa*）、银顶白蜡桉（*Eucalyptus sieberi*）和食蕨（*Pteridium esculentum*）。

植被变化给澳大利亚带来了难题。它难以管理，而且给我们的保护目标带来了不确定性。我们是要保护原住民用火创造的景观，还是要帮助“自然”恢复到其“原始”状态？我们是任由皇后澳洲茶向内陆席卷（假设它们是被以前的刀耕火种逼出来的），还是把它们禁锢在1788年便已占领的景观中？但我们还知道澳大利亚1788年时的模样吗？正在发生的变化真的是由于火烧和放牧引起的吗？抑或干旱周期和全球变暖（包括自然的和人为的）也起了重要作用？

这完全取决于你所处的位置。波叶海桐、卡努卡茶树、海岸金合欢和本地车桑子的单一植被结构可能象征着新事物；单一生态通常不是自然发生的。这些植物由于突发的变化而迅速入侵。只要时间充足，悉尼周围的海桐林就会变得多样化，成为真正的雨林（长有野生植物），为野生生物提供更多价值。

整片的生境入侵值得引起我们更为严肃的思考。在塔斯马尼亚州，大片单一的纽扣草正在入侵雨林——这一景象颇为讽刺。如果人为点燃的火催生了这些单一植物，我们难道不应该欢迎雨林的回归吗？它实际上是再生而非入侵。但这些单一生态区已经成为了动物的重要生境，不仅对濒临灭绝的橙腹鹦鹉，而且对地栖鹦鹉和本地宽齿鼠来说都是如此。

约克角半岛也存在类似的困境，当地需要用高强度的火烧来拯救日益减少的鸟类，红土中心（Red Centre）的区块式燃烧于哺乳动物和石龙子有益，但有时也要选择拒绝火烧。在约克角半岛的金合欢山（Wattle Hills），追求另类生活方式的人用推土机推平了两万公顷林地的火障。社区创始人米娅·沃斯菲尔德（Mia Worsefield）对十年无火所带来的巨大变化表示赞赏。桉树和金合欢树苗现在长得非常密，大型动物几乎无法穿行。米娅坚持认为，野生动物能很好地适应这种变化。金合欢山毗邻铁山国家公园（Iron Range National Park），那一带的国家公园和野生动物管理员会焚烧土地，米娅对此表示鄙夷。她说："我们管它们叫'国家火花'（National Sparks）和'野火'（Wildfire）。他们试图把火烧控制在某个时间点。他们认为湿硬叶林需要保持原样，而不是变成雨林。我们觉得在某个时间点集中焚烧并不合适。"她指出丛林大火会释放大量温室气体。

在澳大利亚的许多地方，当火被阻断后，新的雨林便会长出，而且不会对任何珍稀动植物造成损失。卡伦德拉的环境部高级官员约翰·伯贝克（John Birbeck）负责管理阳光海岸上的四片尚在"少年期"的雨林，每片雨林都长着稀有植物。其中一片包含130种雨林树种，还有一片包含90种。每一片雨林都长在老桉树下，在肥沃的土壤中发芽。他带我看了其中一片雨林，并解释道："这些树年龄相仿，都很年轻，里面没有大树，它们的历史不长，在我看来这是件好事。”这些地方的植物不断累积变多。罕见的藤本植物绿鸟羿蝶草（*Pararistolochia praevenosa*）较晚出现，里士满的鸟翼凤蝶以此为食，这种蝴蝶本身就很罕见。鸟儿在丛林地带之间穿梭，传播着新种子。

艾丽斯泉的植物学家彼得·拉茨（Peter Latz）对澳大利亚中部正在发生的“野生木本植物”入侵表示肯定：“大自然在说：‘感谢你放的火减少了，我好做一些补救。’”他的研究表明，许多物种受到了刀耕火种的影响。他所欢迎的“野生木本植物”通常是指有固氮能力的金合欢，它能使土地更加肥沃。在非洲南部，入侵的野生木本植物是鸟类的福音，这事颇为有趣。入侵的金合欢在草原上丛生后，有49种鸟在过度放牧的农场上生活得最为舒适，如杜鹃、鼠鸟（*Colius*）、巨嘴鸟（*Toucans*）等。动物学家马克·埃勒曼（Marc Herremans）写道：“卡拉哈里沙漠[2]的大多数本土物种受益于人类最常见的土地改造，这种情况似乎相当独特。”但是，新南威尔士州西部和昆士兰州的野生木本植物却未能吸引成群的鸟。当喜沙木开花时，吸蜜鸟会飞来，鹦鹉也会食用其种子，但没有哪类鸟最喜欢野生木本植物。

花粉的记录表明，在桉树占领此地之前，澳洲木麻黄（*Casuarina equisetifolia*）曾经覆盖了澳大利亚的大片土地。那么我们应该欢迎它们回来吗？吉隆附近的欧申格罗夫教育保护区（Ocean Grove Education Reserve）100年来都没有发生过火灾，海滨木麻黄（*Allocasuarina littoralis*）几乎已经完成了对该地的占领。所有的卵叶桉都已死亡或濒临死亡。树木密度已经从每公顷20棵跃升至3000棵，因为木麻黄正在占领保护区。1864年，这里并不见它们的身影。在木麻黄之前，这个地方还经历了金合欢的入侵。伊恩·伦特（Ian Lunt）总结道：“1900年代中期至晚期，金合欢树种的大量繁殖可能是对原住民减少火烧的快速反应，而之后海滨木麻黄的入侵则是对无火现象的长期反应。”目前波叶海桐正在入侵。这是向古老历史的某种回归吗？我不知道。但昆士兰州北部的念珠异木麻黄（*Allocasuarina torulosa*）生长密度增加了，为一种稀有鸟类带来了光明的未来。辉凤头鹦鹉已经向北扩张了330千米，飞入了汤斯维尔附近的山区，那里有充足的木麻黄种子可供食用。它们没有其他食物可吃，这意味着，过去的原住民大火烧掉了其他可食用的树木，迫使它们离开了北方。

生境变化这个热门话题值得更多关注。我们需要更多像植物学家罗德·芬尚（Rod Fensham）这样的工作者，他的论文思维缜密，富于启发性。他绘制了达令草地的残存林地，仔细研究了一个世纪前的实地勘察图，却并未发现植被变化的证据。在另一项研究中，他统计了死于干旱的大量树木，并得出结论：今天一些树木重新生长代表植被正在从干旱中恢复，而非从火灾中恢复。但在研究了邦亚山（Bunya Mountains）长满草的林中空地（“秃块”）后，罗德认为，这些空地很可能是原住民放火维持的。在第四项研究中，他翻阅了每一位昆士兰探险者的日记，寻找每一处关于原住民放火的记载。他指出，点火往往是为了驱赶探险者，或表明有探险者出没。然而，他得出的结论是，海岸附近的大多数生境“相对频繁地被原住民烧毁”以进行管理，而内陆地区（至少在昆士兰州）则很少发生此事。

焚烧还是不焚烧，何时焚烧以及如何焚烧，仍将是棘手的问题。我相信，在今天的国家公园里，有很多护林员要么进行了并不合适的焚烧行为（见第22章），要么干脆不负责任地停止一切焚烧。有关火的决定取决于观察到的需求。下文便有两个例子。

在塔斯马尼亚岛西南部几条溪流边雨林的树荫下，一种濒危的植物正在发芽。洛马山龙眼（*Lomatia tasmanica*）是一种细长的灌木，长着红色花朵，但从不结籽。遗传学研究表明，这三片相邻的山龙眼灌木是从一个不育的母株中生长出来的。这种山龙眼实际上是单株植物，它通过自我克隆在雨林中演化出数百根木质茎，逐渐分散开来。它的叶片化石可追溯到4.36万年前。由于洛马山龙眼显然是不育的三倍体，化石的存在意味着这种植物非常古老。事实上，植物学家A.林奇（A. Lynch）已经向科学界提出，洛马山龙眼可能是世界上最古老的植物。纽扣草草原将它们分为三个独立的群落。过去的原住民大火可能摧毁了一半的群落。抑火将有助于这种植物的生存。

但是另一种濒临灭绝的植物——异果木麻黄（*Allocasuarina portuensis*）迫切需要火来拯救。悉尼东部郊区沃克吕兹的尼尔森公园（Neilson Park）只剩下一棵老树，还有一些种下不久的幼苗。对于濒危植物来说，悉尼市内并不安全。我在2000年初去过那里，当时有两棵木麻黄仍然存活，周围挤着甜叶算盘子和海桐。我可以看到护林员在哪里使用毒害和砍伐的方式除掉一丛甜叶算盘子，但这还不够。木麻黄在暗处显得阴郁；这片斜坡显然在过去比较开阔。高级护林员克雷格·谢泼德（Craig Shepherd）怀疑，这曾是一片斜度中等偏低的欧石南地，但50年来的无火状况使一切都变得不同了。他承认："真的，它现在是一片半雨林。如果你把它再放100年，这里就会长出完整的雨林。"克雷格向我保证，护林员最近已经砍掉了所有栖于湿地的树，让最后一棵木麻黄多年来第一次绽放。但是木麻黄种子无法在如今满地厚厚的覆盖物中发芽。国家公园管理员想焚烧尼尔森公园以使其再生，但有影响力的当地人阻止了他们。克雷格承认，在不太富裕的郊区，焚烧管理比较容易。木麻黄现在或多或少被驯化了，幼苗只在播种盘中发芽。

植被变化让我很感兴趣。我可以在窗外看到它的发生。城市花园里生长的茂盛的灌木和树木把它们变成了雨林中的空地，浣熊和雨林蝴蝶感到宾至如归。增加的养分和免于焚烧的自由使野生雨林植物得以发芽。我花园里的鸟儿带来无花果和北美香柏（*Thuja occidentalis*）的种子，于是花园现在成为了这些"锐意进取"的树木的主要生境。一只灌丛火鸡来扒过我的花坛，它永远也猜不到这个斜坡上曾经是长满草的林地，林地中发生过丛林大火，也有袋鼠吃过的草。对于城市中的火鸡来说，植被变化是福音，但对于保护区管理者来说，它却是难题。在我看来，这是新自然中最棘手的问题之一。

1 Yidinjdji，澳大利亚原住民，居于昆士兰州东北部。

2 卡拉哈里沙漠，位于非洲南部内陆干燥地带，降水稍多，有一定植被覆盖。

第20章
基因场景
——混杂的基因库

“反常的行为引起了反常的纷扰。”

——威廉·莎士比亚，《麦克白》

现在讲讲两种鸟的故事。一种是黑耳矿吸蜜鸟（*Manorina melanotis*），它们的生境深入桉树矮林，那里有一大片低矮的桉树，从维多利亚州的西北部向南澳大利亚州和新南威尔士州延伸。另一种是黄喉矿吸蜜鸟（*Manorina flavigula*），这是一种分布广泛的内陆鸟，它绕过桉树丛林，只栖息于边缘地带。农民因清理桉树矮林迫使两种鸟聚在一起，此外它们很少碰面。黄喉矿吸蜜鸟获得了更多边缘地带的生境，也飞进了一些空地，那里的水坝会供水，牲畜和袋鼠会啃食灌木。

这两种矿吸蜜鸟都过着集体生活，外观也颇为相似。它们都长着灰色的羽毛，很像黑额矿吸蜜鸟。当雏鸟出壳时，年轻的雄鸟留在群体中，而年轻的雌鸟则飞走。但现在桉树矮林已经非常破碎，许多雌鸟最终飞到了错误的地方。由于桉树矮林受到了破坏，黑耳矿吸蜜鸟遭受了灾难性的打击，已成为澳大利亚最濒危的鸟类之一。

罗翰·克拉克（Rohan Clarke）对这些鸟进行了研究："雌性黑耳矿吸蜜鸟正从碎片化的桉树矮林土地分散到麦田里——而且它们正在消失。也许它们被猛禽吃掉了。雌性黄喉矿吸蜜鸟则分散到它们的群落中。于是出现了所有雄性都是黑耳矿吸蜜鸟，而雌性都是黄喉矿吸蜜鸟的群落。它们会杂交。"这个促进物种内部基因混合的交换系统现在玷污了两个物种的基因。黄喉矿吸蜜鸟正在取胜，它们的基因占了上风。罗翰说："我知道有一个地方，四五年前主要生活着杂交种。那个群落现在已经转变为黄喉矿吸蜜鸟的地盘。一切发生得真的很快。仅过了两三个繁殖季节，新来者便取得了胜利。这一现象似乎正在整片桉树矮林上演。"

目前，大约还剩250只纯种黑耳矿吸蜜鸟，它们几乎都生活在南澳大利亚州的一片麦田里。最后一只真正的新南威尔士的黑耳矿吸蜜鸟出现在1985年。拯救黑耳矿吸蜜鸟意味着填埋水坝，驱逐山羊和公牛，并杀死黄喉矿吸蜜鸟。即使成功了，一些特别的东西也回不来了。罗翰说："我们还没有发现没有杂交种的群落。"现在杂交种非常重要。如果你把它们都从群落中去除，群落就会瓦解。因此，虽然我们可以偶尔去除黄喉矿吸蜜鸟，却无法去除所有杂交种。我估计黑耳矿吸蜜鸟群落中总会有一些黄喉矿吸蜜鸟的基因。

这是我们给澳大利亚带来的另一种变化：基因混合。DNA正在以前所未有的方式交换位置。为了应对上文提到的所有生物移动，种间和种内都在进行交换。有时，混合的后果极其严重。遗传问题是许多自然保护灾难的核心所在。

诺福克岛鸫（*Turdus poliocephalus poliocephalus*）是分布广泛的岛鸫的一个独特种。它在20世纪70年代就消失了。今天在岛屿草坪上蹦蹦跳跳的英国乌鸫看起来不大对劲。有时它们的毛色很浅，但英国乌鸫不应如此。幼鸟头部的毛色也很浅。这是杂交种吗？专家认为是的。土生土长的乌鸫正在灭绝（这又要归咎于黑家鼠），最后的几只纯种鸟一定与英国的入侵者交配了。其实诺福克岛鸫并未完全灭绝，它们只是以另一种形式存在于英国乌鸫的体内。

一种濒临灭绝的雨林棕榈树可能会步其后尘。在达尔文市附近的几个泉眼边上生长着编号11440的射叶椰子（*Ptychosperma bleeseri*），对它们而言，可并不是诸事顺利。当种下这些稀有的棕榈树时，它们会与生长在附近花园里的青棕（*Ptychosperma macarthurii*）交换花粉，长出杂交幼苗。青棕十分受欢迎，达尔文城市绿地的减少使得它们距最大的濒危棕榈树林只有3千米之遥。杂交似乎不可避免。植物学家大卫·利德尔（David Liddle）希望禁止在附近种植其他棕榈树，但他怀疑这些禁令能否得到执行。他表示："如果这一方案无法实现——这是有可能的，那么我们也许得考虑在更偏远的地方种植射叶椰子。"从前，原住民会食用这些棕榈树的树冠，以此抑制了它们的数量；但当今的问题更加微妙敏感。

种群数量较少时，就会出现这种可悲的后果。对我们最出名的鸭子——黑鸭来说，这并不是问题。为了给公园带来生机，人们将野鸭带到这里，但黑鸭经常受到它们的过分挑衅。公野鸭的头部呈绿色，胸部呈紫色，十分引人注目。母野鸭则羽毛暗淡，就像（公母）黑鸭。它们的杂交种经常出现，足以在野外指南中赢得一席之地。野鸭游荡到亚南极的麦夸里岛，人们甚至怀疑那里也存在杂交现象。新西兰有数以百万计的野鸭，黑鸭俨然已被淹没。然而，黑鸭不会被野鸭所取代，因为它们的数量远超野鸭，但野鸭的基因却会渗入整个黑鸭群体。家鸭由野鸭培育而来，而澳大利亚的一些野鸭却是从家鸭变来的，这意味着我们的野外水域混入了英国农场的一些元素，但充其量是出现更适合在公园池塘和农场水坝生活的黑鸭。此外，在北美和南非，其他种类的鸭子也正在绿头鸭化。

杂交种最常出现在鸟类、鱼类和植物当中。它们发生在物种之间，以及同一物种的不同种群之间。前面我已经提到了矿吸蜜鸟、乌鸫、鸭子和新西兰斑长脚鹬，其他鸟类的例子则包括珀斯附近的长嘴凤头鹦鹉和西长嘴凤头鹦鹉（*Cacatua pastinator*）的杂交种，以及在南部海滩交配的白玄鸥（*Gygis alba*）和白额燕鸥（*Sterna albifrons*）。

墨尔本附近曾出现一种名为福林德森烟草（*Nicotiana flindersiensis*）的新植物，之后便就再也没有出现过。它是一种野草（粉蓝烟草，*Nicotiana glauca*）和一种本地烟草（香甜烟草，*Nicotiana suaveolens*）的杂交产物。这种烟草与我们任何一种本地烟草（它们可以说并不相像）的杂交种很罕见，而且可能不育。这通常是杂交所能产生的最好结果，否则便是物种灭绝、种群合并和基因转移。

由于本土园艺十分受欢迎，植物卷入了最多的“混战”中。银桦因混乱杂交而出名，当各种类聚集在一起时，银桦经常会进行杂交，这一点植物育种家们都很清楚。园林杂交种经常与野生植物杂交。在墨尔本附近，一种野生银桦（*Grevillea glabella*）与附近花园的三个品种交换花粉后，出现了复杂的杂交群。金合欢也很容易杂交。海岸金合欢和长叶金合欢（*Acacia longifolia*）杂交会产生一种超级杂草。植物学家林肯·科恩（Lincoln Kern）解释说，在墨尔本附近的亚拉河谷，花园里的贝利氏相思树（*Acacia baileyana*）和野生银荆（*Acacia dealbata*）“正在疯狂杂交”，他担心现在渥伦泰德州立公园（Warrandyte State Park）的杂交现象“泛滥严重”。在悉尼，贝利氏相思树还会与濒危的毛金合欢（*Acacia pubescens*）杂交。金合欢各种类正在许多地方融合，如今重大演变正在发生。一个世纪前，金合欢日[1]联盟（Wattle Day League）在赞美这些植物时，本意可并非如此。

在图文巴市（Toowoomba）附近的邦亚山，高大的大叶南洋杉（*Araucaria bidwillii*）和南洋杉（*Araucaria cunninghamii*）如哨兵般耸立在丛林林荫中。20世纪70年代，山上的蜿蜒道路经重新修建后，人们在光秃秃的河岸上种上了南洋杉幼苗，它们取自一个做过育种试验的州立林业苗圃。这些种子来自南洋杉的整个分布区，从新南威尔士州一直到新几内亚的高地。南洋杉是一种古老的树种，南洋杉属可追溯至恐龙时代。今天，散落在山肩和热带岛屿上的树林在基因上互不相关。但在邦亚山，来自新南威尔士州的南洋杉可能正在与昆士兰和新几内亚的树木交换花粉（它们都处于同一国家公园内）。此处还有一个需要思考的问题：我们已经探究过物种之间的杂交，但当生长地相距遥远的同种个体共处一地时，会发生什么呢？

植物学家朱莉娅·普莱福德（Julia Playford）提出了两种可能性：显性不足与杂种优势。它们反映了不同物种杂交时普遍存在的情况。当相隔甚远的植物相遇时，它们的遗传差异可能非常大，几乎不结籽。但是，当距离相近的植物相遇时，杂种优势可能会产生强大的新品系——这一优势也许会持续一两代，也许会永久持续下去。可削弱自然种群的劣质隐性基因会被新的显性基因所掩盖。蔬菜种植者依靠杂种优势来生产生命力强的作物，不过随后几代作物会渐弱，因为隐性基因再次显现。这种情况在野外也会发生。

显性不足和杂种优势可能会影响许多植物。现在西澳蜡花（*Chamelaucium uncinatum*）在珀斯很罕见，而培育的植株正从花园中消失，并可能在给最后的野生植株授粉，这些植物可能会少结籽或产生杂交种。花园和林地中种植了如此多的本地植物，因此基因重组的可能性会持续存在。达尔文的苗圃出售大量“本地”的原生植物，但几乎所有的超过50个物种储备都来自昆士兰州。维多利亚州公路沿线的多须草（*Lomandra longifolia*）也主要来自州际公路。杰夫·卡尔指出：“它们的叶子更宽、更硬。”他担心吉隆附近某种罕见的黄胶桉亚种（*Eucalyptus leucoxylon bellarinensis*）可能会与周边公园里的相关物种杂交。另一个濒危的稀有种是澳洲坚果（*Macadamia integrifolia*），它一直长在昆士兰州南部雨林的小片区域中，周边的种植园一定在进行异花授粉。在一个多世纪前，培育种由夏威夷本土的一些坚果培育而来。培育坚果包裹着薄薄的外壳（便于收获），然而，它也成为了饥饿的雨林老鼠更易处理的食物。

森林再生项目中使用的种子往往来自遥远的地方。美国铝业公司在维多利亚州安格尔西（Anglesea）小镇附近的煤矿废墟上重新种植了桃金合欢（*Acacia myrtifolia*），这是一种本地灌木，但人们使用的是西澳大利亚的种子。现在有成千上万株桃金合欢，它们更高大，叶子更长，而且比当地植物开花更早。它们可能会与当地植物交换花粉。

在水产养殖领域，遗传问题具有争议性。许多增殖放流者[2]将不同品系的金鲈和其他鱼视为育种试验的资源，而非进化谱系予以尊重。他们有意或无意地将养殖的鱼混在一起。布拉德·普西（Brad Pusey）对昆士兰渔业部门的一些工作持批评态度："他们根本不关心鱼从哪里来。"北领地的麦凯附近的先驱河（Pioneer River）里放养了淡水黑鲷（*Hephaestus fuliginosus*），这些鱼由几个流域中的鱼混合繁殖而来，包括流入海湾的威尔士河（Walsh River）。但威尔士河中的物种可能被证明是独立的、尚未命名的。不愿在野外环境中交配的鱼在孵化场被强迫交配。布拉德说："他们用激素诱导雌鱼产卵，然后就抓住雄鱼，把精液挤出来。这一过程没有爱的参与。"他担心昆士兰州北部有许多隐蔽的鱼类物种有待发现，但孵化场可能会将其摧毁。

20世纪80年代，人们首次养殖红螯螯虾（*Cherax quadricarinatus*），遗传工作在90年代开始，现在已获得了生长速度提升9.5%的新品系。品质最优的红螯螯虾产自吉尔伯特河和弗林德斯河，它们的后代终将随处可见。昆士兰州渔业部门希望能培育出销往亚洲的橙色线纹尖塘鳢（*Oxyeleotris lineolatus*），以及喜欢吃干鱼食、"半驯化"的金鲈。澳大利亚联邦科学与工业研究组织正在培育更大的悉尼岩蚝，并试图对斑节对虾进行杂交。我们的水域里正在进入一些奇怪的东西。悉尼的卡塔拉特水坝（Cataract Dam）里满是突吻麦鳕鲈（*Maccullochella macquariensis*）和澳洲鳕鲈（*Maccullochella peelii*）的杂交种，这些鱼很久以前便放养到那里，尽管这两种鱼都非本地种。

澳大利亚和亚洲有许多相同的本土植物，它们的基因库现在可以相交了。澳大利亚北部森林中的本地绿豆（*Vigna radiata*）是一种带有小颗黑色种子的藤本植物，它们可能正在与农场中的亚洲栽培种交换花粉；这些绿豆直立生长（便于收获），结出绿色的大种子。其他跨越两个大陆的植物包括：垂叶榕（*Ficus benjamina*）和阔荚合欢（*Albizia lebbeck*）等行道树，肾蕨（*Nephrolepis cordifolia*）和铁线蕨（*Adiantum*）等园林植物，芋头（*Colocasia esculenta*）和荸荠（*Eleocharis dulcis*）等作物，甚至马齿苋（*Portulaca oleracea*）和积雪草（*Centella asiatica*）等野生植物。当我在一个城市附近看到野生铁线蕨时，我不知道它是本地植物、外来植物还是洲际杂交种。有朝一日，我们甚至可能看到目前作为蔬菜种植的亚洲香菇（*Lentinula edodes*）与我们雨林中的本地物种砖红小香菇（*Lentinula lateritia*）的杂交种。

由于整个澳大利亚有许多生物移动，看起来完全自然的种群很可能携带着来自远方的基因。我想起了沾满泥浆的农用机械上的本地种子、水果上的青蛙、盆栽植物上的毛毛虫、木柴上的蜘蛛和甲虫、逃逸的宠物龟和鹦鹉、养蛙人转移的蝌蚪等生物。大多数这样的移动都没有得到人们的注意，但我想知道那些进入国家公园的昆虫和种子，从车上掉落的频率如何。我同样对我袜子里的针茅种子很好奇。只有在少数情况下，不易察觉的混合基因才会被发现。珀斯的大多数粉红凤头鹦鹉都有红眼环，这标志着它们是从东部逃出来的（西部的鹦鹉长着灰眼环）。在墨尔本的普雷斯顿，来自塔斯马尼亚的棕树蛙（*Litoria ewingii*）曾被引进当地的一个池塘，它们的后代现已遍布郊区的六个街区，并将很快与当地棕树蛙相遇，交换基因。

基因场景在未来会变得更加混乱。苗圃将继续储存来自远方的本地植物。植物育种者将造出更多奢侈的杂交种。我了解到，“超级桉树”是培植自南美洲的巨桉（*Eucalyptus grandis*）和赤桉（*E. camaldulensis*）杂交形成的“精英克隆物种”，它们的木材生长速度比任何纯种植物都快。在重新种植计划中，人们将播种越来越多的非本地种子。鱼类孵化场和放养者将不断使各种鱼的卵混杂不清。随着物种的同质化，种群将失去其区域特征。在生态学和文化方面，这都是全球同质化趋势的一部分。基因库正在四处融合。非洲的鸵鸟、黑斑羚和白犀牛的基因已打乱，非洲野猫正在与走失的宠物交配。在北美洲，北美野牛和鳟鱼的基因也是一片混乱。在新西兰，即使是翻山越岭运来的木柴，其中藏着的蟋蟀也参与了杂交。

还需要考虑一个问题：近亲繁殖。重新种植森林时，所用的种子往往来自一些老树，包括围场中残存的桉树。虽然使最后的原始巨树永存的想法很吸引人，但从遗传学角度看，这并不妥当。因为孤木通常自体受精，它们的幼苗很脆弱，是近亲繁殖的结果。而种子应从众多生机勃勃的树木上获取。该标准同样适用于孵化场。鱼类的繁殖力很强，在一个低产出的孵化场中，几条大型雌鱼可生产出数十万条几乎相同的小鱼。当投放到河流中时，它们便会淹没野生种群，破坏基因多样性，导致未来的种群不具备应对变化的能力。对于维多利亚州的树袋熊来说，近亲繁殖应该是一个可怕的问题，但到目前为止，它们仍然顽强且多产。

前文讨论的袋鼠、树袋熊和中生植物转变存在的问题，部分是由于原住民被赶出了他们的土地。遗传问题通常各不相同，但并非总是如此。维多利亚州西部有一个极危的斑噪钟鹊亚种（*Strepera graculina ashbyi*），因与另一常见亚种（*Strepera graculina nebulosa*）杂交（基因渗入）而被吞没，可能已经成为了历史的注脚。它通体呈煤烟灰色而非黑色，而且羽翼上没有多少白色，墨尔本以西的草场将它与其他同类隔离开来。斯蒂芬·加内特和加布里埃尔·克劳利在谈到它的困境时写道："18世纪末，原住民燃烧制度被废除后，人为清除树木的做法普及之前，整个维多利亚州西部的树木密度渐增，因此基因渗入现象可能已经加剧。"换句话说，原住民点燃的火使树木远离平原，各种群受到隔离，独特种得以进化。隔离通常是独立进化的先决条件。今天只有杂交的噪钟鹊能够存活。加内特和克劳利建议："在格兰皮恩斯（Grampians）以东重新设置一个长满草的屏障，会使早期的进化趋势重现。"但是，如果土地管理催生了较差的种类，自然环境保护还是否重要？我猜想，只有当我们重视人在生态系统中的作用时，它的重要性才会显现。一些专家认为，整个桉树物种，甚至某些种类的蜥蜴（栉耳蜥，*Ctenotus*）都因原住民点燃的火而进化。

另一个需要思考的问题是，我们是否应该提高野生种群的适应力。如果世界正在变暖，而被关在国家公园里的动植物无法应对，我们是否应该从更北的地方引进种群？因为它们的基因更能适应温暖气候。农民想要耐盐的桉树，科学家们希望培育出能抵抗樟疫霉（*Phytophthora cinnamomi*）的边缘桉（*Eucalyptus marginata*），樟疫霉是一种毁灭性的外来疾病。J. A. 麦库姆（J. A. McComb）及其同事提出了更具普适性的问题："我们是否愿意在自然生态系统中看到此类基因工程？樟疫霉和其他病原体造成的损害是否很严重，以至于我们愿意让自然生态系统在某种程度上变得不自然？"类似的问题会不断出现。保护自然是为了保护过去，还是为未来做准备？

干预有时是必要的。诺福克岛上有独特的诺福克岛布布克鹰鸮（*Ninox novaeseelandiae undulata*），但到1985年，该亚种只剩下一只。为避免灭绝，最后一只诺福克岛布布克鹰鸮与新西兰布布克鹰鸮（从基因上来说，两者是近亲）交配，其杂交种正在慢慢繁殖。当一个物种变得稀少时，基因纯度可能不如避免灭绝重要。拯救一些生物远比什么都不拯救要好。对那些局限于一些小海岛上的濒危有袋动物而言，也需要考虑这一点。

但是，我们到底在拯救什么？物种已经成为自然保护的通用货币，尽管它们并不总是像人们想象的那样货真价实。生物学家对如何将自然界的变异划分为物种、亚种和变种的问题争论不休。DNA研究表明，物种可能比我们想象的多得多，尽管这在一定程度上取决于该词的定义。无论如何，亚种和变种也很重要。维多利亚州西北部的深红玫瑰鹦鹉是柠檬黄色的，如果它们消失了，虽然没有物种会因此灭绝，但一些独特的东西会从此消失。

基因问题值得自然保护界的更多关注。如果可能的话，基因库不应混杂在一起，但我们应该在哪里划界限呢？当重新在生境上种植植物时，从多远的地方采集的种子仍可算作“本地种源”？5千米还是50千米？这是个数字问题吗？通过鸟类和风广泛传播种子而长出来的植物可能比其他植物的变种更少，这意味着种子可以在更广的范围内地收集。但是生物学家很少讨论这些问题。基因纯度可能成为一个死板、不现实的目标，就像保护纯净的自然和荒野一样。遗传学家告诉我，这不是一项值得遵循的标准。毕竟，杂交是自然发生的。遗传学家尼尔·默里（Neil Murray）对把基因纯度等同于自然性的观点进行了抨击：“就算曾经有自然性这回事，现在也已经没有了。所有的东西都彻底受到了人类的影响，它们都是不同的。如果我们要保护自然，我们需要一个比自然性更好的目标。”这个目标会是什么，则是未来的一项挑战。

1 金合欢日，每年九月第一天是澳大利亚的正式开春日，人们佩戴一枝金合欢花来庆祝。

2 增殖放流（fish stocking）是指先在孵化场饲养鱼类，后将其释放到河流、湖泊或海洋中，以补充现有的种群，或在没有种群的地方创造种群。

第四部分

决　心

我们需要鸟类和蝴蝶，因为它们为生活增添了光彩。我们不想要蚱蜢和飞蛾，不是因为它们不需要保护，而是因为它们不能带来同样多的乐趣。对大多数人而言，野生生物园艺的重点更多在于个人的满足和减少负罪感，而不是真的为了保护自然。

一味顺其自然是拯救不了大自然的。保护自然就是干预，而干预比放手更难。

第21章

花园中的野生冲突

——城区自然保护的迷思

“我知道这样做不对，但有些事一旦开始就停不下来了。”

——投喂野生动物的布里斯班居民

马丁·博斯科特和希拉里·博斯科特是布里斯班的一对兄妹艺术家，他们在1981年发现一对澳大利亚绿色雨蛙（*Litoria caerulea*）在他们的泳池里交配，当时泳池中的氯含量很低。他们捞出了卵，并开始饲养幼蛙。1982年，那对雨蛙又来了，并产下了更多的卵。但来年的春天就不一样了：来此地繁殖的不是一对，而是几十只年轻的成蛙，估计是1981年那两只的后代。此时博斯科特兄妹有2000只蝌蚪。但这仅仅是个开始。1984年，兄妹俩面对的是30万只，于是他们开始把蝌蚪送人。

他们赠送蝌蚪的事引起了记者的关注，《7点30分报道》（*7.30 Report*）、《正午秀》（*Midday Show*）、新闻报纸和《读者文摘》（*Reader's*

Digest）中都报道了他们的故事，这使他们一夜成名。数百人前来索要蝌蚪，熙熙攘攘，好不热闹。许多老年人还记得当年绿色雨蛙从厕所和洗衣房里跳出来的模样。博斯科特兄妹希望他们的城市是一个喜爱青蛙的城市，这个想法引起了共鸣。绿色雨蛙在布里斯班并不少见，但多年来，它们的数量确实有所下降。“从20世纪80年代中期到90年代初，想要蝌蚪的人太多了，”马丁告诉我，“从几岁小孩到爷爷奶奶，有教师和海关官员，还有飙车手和法官。什么年龄段和行业的人都有（我也是其中之一）。口口相传的威力十分惊人。有人会在上班时打电话说他有70个同事想要蝌蚪。通常我们接受电视采访时，工作人员也会带走一些。”

博斯科特兄妹发现，他们必须安排赠送方案。马丁说：“这简直太棒了。我们组织了一些时段来赠送蝌蚪。单一个下午就有多达200人前来。我们规定，每次领取时最多来一个家长和一个孩子。我们会先做一场15分钟的讲话，然后很快把蝌蚪给他们，把想再问几个问题的人赶走，偷空喝杯冷饮，下一拨人就来了。真是让人筋疲力尽。”赠送蝌蚪时附带的提醒包含了对池塘设计要素的介绍，现在布里斯班各个公园都建起了青蛙池塘。

雨蛙渗透进了博斯科特兄妹的生活。马丁画下的雨蛙姿态各异。炎热的夏夜是躁动的。在游泳池的一侧，雄蛙会齐声鸣叫，就像一群足球迷在挑衅对面的球迷。几只雨蛙有时会跳过马路，在邻居家的泳池里叫个不停，甚至会引来其他青蛙。博斯科特兄妹把它们带回了家。幸运的是，这位邻居很有同情心——他是他们的果蔬商，给蝌蚪吃的生菜就是他提供的。

雨蛙不能进入维护良好的泳池，因为水中的氯会杀死蛙卵。每年春天，博斯科特兄妹都会调低泳池中的氯含量，否则不会有雨蛙前来。即便如此，他们仍会将交配的雨蛙转移到装满水的箱子里产卵，以阻止它们在泳池里产卵。泳池里的蝌蚪是件麻烦事。在它们成熟所需的一个月或六周内，池水会变成绿色。马丁说：“问题是，你不可能轻易把蝌蚪从泳池里弄出来。如果水里有三只蝌蚪，它们都会往不同的方向游。把泳池里的蝌蚪捞出一半很容易，但另一半就很会躲避捞网了。它们稍喘口气，就会一直待在池底。”

多年来，池中的音乐会吸引了新“房客”。1984年出现了绚绿雨滨蛙（*Litoria gracilenta*），两年后出现了条纹沼蛙（*Limnodynastes peronii*）。这些是布里斯班常见的青蛙，但大多数公园里都不见它们的身影。博斯科特兄妹也分发了这些青蛙的蝌蚪。绿色雨蛙更受欢迎，因为它们大而“友好”，可以进入房屋，但许多人都接受了所有三个种类的蝌蚪。

马丁告诉我：“蝌蚪领养供不应求，我们提供的蝌蚪总量肯定达到了数百万只。但这还是不够。所以我们总是不得不限量供应。我们最后甚至拒绝了一些媒体报道。”他的妹妹已经搬走了，他也不再分发蝌蚪，但青蛙仍是他生活中很重要的一部分。在他家里挂着的大幅画框中，青蛙咧嘴笑着。

布里斯班现在满城都是青蛙。一些人建起了池塘，很快自家也出现了青蛙。于是他们把蝌蚪送给朋友，蛙卵像连环信一样不断向外辐射。除博斯科特兄妹外，澳大利亚联邦科学与工业研究组织双螺旋俱乐部（CSIRO Double Helix Club）也在积极分发蝌蚪。如今的景象令人震惊。在湿热的夜晚，几乎每条街道都有蛙鸣声。布里斯班以前从未有过这样的场景。博斯科特兄妹开启了一种非凡的生态和社会现象，这在澳大利亚十分少见。他们完全是无私的，从不在上门到访者身上谋利。

但一切并没有完全按照预期发展。绿色雨蛙并没有像大家希望的那样受益。虽然它们的蝌蚪在水桶和池塘里生活得不错，但成蛙几乎不会再回来。它们似乎对交配环境很挑剔，而且可能对疾病也颇为敏感。博斯科特家泳池中的绿色雨蛙数量急剧下降。真正的赢家是1984年来此地的条纹沼蛙。它们是作为第三选择被送人的，有时受赠者甚至不太情愿接受，但现在它们才是大多数池塘的主宰。条纹沼蛙们比其他种类的蛙更适应城市生活，是蛙类数量之最。绚绿雨滨蛙和矮莎草蛙的状况也不错。绿色雨蛙在布里斯班随处可见，有的在排水管中呱呱叫，有的在雨夜蹦蹦跳跳穿过马路，但很少出现在池塘里。

沼蛙的花纹颇为漂亮，但它们的口鼻如老鼠般突出，模样并不像是咧着嘴在笑。它们不会让人产生情感依恋，却激起了人们的其他情绪。它们不停地发出"噗噗噗"的声音，已然成为一种新的噪音污染。沼蛙比其他青蛙更能叫，即使在温和的冬夜，它们也叫个不停。愤怒的居民经常给布里斯班市政委员会和青蛙保护组织打电话投诉。RANA青蛙保护组织的韦恩·温特（Wayne Winter）告诉我："我已经听很多人抱怨说这样很糟。"他接到过一个电话，几乎听不清对方在说什么，因为背景音中的蛙叫声太吵了。我的朋友莫琳记得，有天晚上，两个疯狂的男人来敲她的门，其中一个人说："女士，我吃不下饭，睡不着觉，我快疯了。你前院里的噪音是怎么回事？"如今莫琳对自己养这些沼蛙后悔莫及，因为有时她自己都嫌吵。于是她把这市中心的院子收拾了一番，结果又发现20多只沼蛙。她告诉我，有一个女人因为邻居家的狗太吵，气得决定报复，便在栅栏边建了一个青蛙池塘。布里斯班市政委员会不能对青蛙采取行动，因为蛙鸣属于自然噪音。

一些青蛙爱好者开始把沼蛙卵从池塘中捞走；甚至还有人捕杀成蛙。拥有池塘的史蒂夫·罗德（Steve Rhodes）告诉我，他每年都会捞走几十万个卵，以便给其他物种更大的生存空间。生物学家阿瑟·怀特怀疑，沼蛙的蝌蚪会对它们游过的水造成污染。他在悉尼建立了一个濒危的绿纹树蛙群，状况一直不错，直到沼蛙大批涌入池塘，绿纹树蛙群开始"溃散"。回到实验室，他把绿纹树蛙蝌蚪放入沼蛙蝌蚪曾经游过的水中，结果它们停止了生长。沼蛙蝌蚪可能会分泌一种妨碍竞争者的毒素。这是一种自然水污染，一些外来种的蝌蚪会这样做。沼蛙现在成为了城市食物链中的重要一环。在市中心的花园里，它们是白脸鹭和笑翠鸟的猎物，水石龙子则会吞食它们的蝌蚪。我认识的一个人池塘里所有的沼蛙都不见了，而当她把水排干后，一条鳗鱼露了出来。鳗鱼能够在陆地上滑行，这条鳗鱼就是从公园的另一端溜过来的。

布里斯班对青蛙的热爱非同寻常、温暖人心，但这也引出了严重的生态问题。蝌蚪应该被四处转移吗？马丁的一些蝌蚪被人带到了悉尼和凯恩斯，莫名搅乱了当地的基因库。1999年，我在花园里除草时，发现了一个令我惊叹的东西。一只砂纸蛙（*Lechriodus fletcheri*）蹲在一丛草下，这是山地雨林中的罕见生物。有人从一片高地森林——很有可能是某个国家公园中取了蝌蚪，养在了我家附近的池塘里。这群蝌蚪不仅占据了国家公园，还可能创造了新的野生种群，因为砂纸蛙不属于布里斯班。红眼雨滨蛙（*Litoria chloris*）也是如此，这是另一种高地丛林蛙，现在布里斯班的水池周围就能看到它们。另一个问题是，在池塘中长大的条纹沼蛙大军会空降天然湿地，并将那里日益减少的稀有蛙类取而代之。转移蝌蚪的人也有可能传播了蛙壶菌（*Batrachochytrium dendrobatidis*），几个蛙种的灭绝都与它有关。布里斯班的池塘里满是这种真菌，也不时出现在绿色雨蛙的尸体上。1978年，人们在澳大利亚首次记载了这种真菌，出现于布里斯班附近捕获的一只绚绿雨滨蛙身上。在我家西边的山区里，有两个蛙种最近都已灭绝。1994年，昆士兰州修改法律，禁止转移蝌蚪（与其他州一致）。池塘本身是合法的，但青蛙应该自己择池塘而栖。但是，大多数池塘所有者并不知道这一点。

青蛙爱好者想帮助青蛙，但在布里斯班的24个蛙种中，只有五六个物种受益。这些强悍的青蛙在公园、农场和破烂的灌木丛中都过得不错。公园池塘使赢家，而非输家受益。沼蛙和矮莎草蛙甚至在受污染的工业区里繁殖。在一定程度上，绿色雨蛙受益于池塘，它们在农田中生存得不错，常常占据家庭农场的水箱。悉尼的池塘越来越多，只有一个物种——条纹沼蛙在茁壮成长。但马丁·博斯科特说，所有的蛙类都能间接从饲养中获益，我明白他的意思：从小养青蛙的人长大后会为**所有**蛙种的困境感到担忧，包括正在消失的雨林蛙类。青蛙池塘带人们走进自然，这是它们的主要价值。我们不应假定它们也能实现环境目标。当然，有时它们确实能实现，但通常来说并非如此。善意之举也会带来意想不到的结果（正如岛屿方舟那样），它们便是另一个例子。

池塘问题使人们对动物友好型花园的想法产生了质疑。书籍和电视节目敦促我们建池塘和巢箱，并种植本地植物，以此改善环境。生境遭到破坏时，我们无须感到无助，也就是说：我们可以弥补过失。在家弥补我们在其他地方造成的伤害吧。但是，我们犯下的最严重的生态罪行之一，是帮助生存赢家取代了生存输家。如果野生生物友好型花园进一步强化了该趋势，我们应当重新考虑其价值。

人们为鸟儿种花，却往往会吸引黑额矿吸蜜鸟前来。结果颇为讽刺：你希望吸引更多鸟类，但它们反而变少了。矿吸蜜鸟就像条纹沼蛙一样，在被破坏的景观中泰然自若。它们如野草般在资源丰富的地方疯长。格雷厄姆·皮齐（Graham Pizzey）在《雀鸟花园》（1988年）中提出了一个苦涩的现实主义观点："对任何考虑建造雀鸟花园的人来说，出于道德，他们应仔细检查附近是否有鸟类存在的迹象。如果它们出现在你心仪的房屋附近，特别是如果它们栖居的开阔树林向你的心仪房屋所在地延伸，请格外小心。如果你还没有买房，我甚至建议你考虑住在其他地方。"资深观鸟者给出了直截了当的建议：**换个地方住**。黑额矿吸蜜鸟不喜灌木丛，所以你可以尝试种植一片茂密的雨林，并说服你的邻居加入。但这可能行不通，因为我在雨林中看到过矿吸蜜鸟——它们过去曾经回避这样的生境。

大卫·帕顿（David Paton）担心阿德莱德公园里的花会把吸蜜鸟引出森林，而森林里的本地灌木需要它们帮助授粉。红千层（*Callistemon*）和铁木桉（*Eucalyptus sideroxylon*）等常见的公园植物会在冬季或春季与森林灌木一同开花。鸟类受益不多，因为夏季的花蜜仍然稀少。但大卫担心，如果种植更多的夏季开花的灌木，鸟类会永远抛弃森林，那里的植物会因此失去传粉者。几年前，他研究了墨尔本公园中濒死的红垂蜜鸟（*Anthochaera carunculata*）：它们头部回缩、抽搐和厌食的症状表明它们缺乏硫胺素（维生素B1），血液测试印证了该结论。大卫认为，垂蜜鸟一贯在冬季向北迁徙，以富含维生素的昆虫为食，但现在它们受含糖的公园花卉诱惑，饮食缺乏维生素，有时这是致命的。早在1983年他就发表了该研究结果，但我至今仍未在任何野生生物园艺书中读到相关信息。没有人愿意承认，花也会夺命。

卡拉·卡特罗尔（Carla Catterall）是另一位对鸟类友好型园艺的价值表示怀疑的保护生物学家。她调查了图海（Toohey）森林周围的花园，这片森林是我们在黑额矿吸蜜鸟章节中参观的保护区。虽然当地种植了大量的本地灌木和树木，但卡拉发现，距森林50米以上的花园里只有常见的公园鸟类（喜鹊、钟鹊之类的鸟），而没有森林鸟类。黑额矿吸蜜鸟、猫、狗、道路、栅栏和噪音齐力使它们远离此地。她告诉我："一般市郊街区就能建雀鸟花园，但就算量身打造花果兼备的植物构成，你希望看到的森林鸟类也不会来。你可能会看到奇怪的扇尾鹟，但花园的面积不足以满足大多数森林鸟类的需求。"只有在众多园艺爱好者都同意去掉草坪、花坛和宠物的情况下，这样的鸟类景观设施才会发挥作用——但这不可能发生。正如我们所看到的，当植物破坏环境或产生杂交种时，种植本地植物只会适得其反。离我家最近的库塔山（Mt Coot-tha）里长满了大腺相思树（*Acacia macradenia*）、毛叶桉（*Corymbia torelliana*）、红花银桦（*Grevillea banksii*）、肾蕨（*Nephrolepis cordifolia*）和大伞树（*Schefflera actinophylla*）。

许多人在他们的花园里喂鸟，这种做法受到了专家的谴责。喂食盘成为传染疾病的热门地点，细菌和蠕虫通过脏种子和脏水传播。这些食物施舍使本来会死亡的病鸟得以存活，包括从具有高度传染性的鸟舍逃出的鸟（以及因为生病而被放生的鸟）。柯兰宾保护区

（Currumbin Sanctuary）的兽医娜塔莎·泰勒（Natasha Taylor）列举了一长串可怕的疾病——鹦鹉热、沙门氏菌感染、吸蜜鹦鹉肠炎、贾第鞭毛虫病、球虫病、滴虫病、酵母菌感染、脂肪肝、钙缺乏症和维生素E反应性缺乏症。其中一些（特别是鹦鹉热和沙门氏菌感染）甚至会伤害人类。在阳光的温暖照耀下，碗里的水会滋生细菌。野鸟主要以绿色种子为食，当它们转而食用干粮时，会出现维生素缺乏症。娜塔莎还担心，当鸟儿们挤在喂食器前时，疾病会首次在种间传播。当它们的恩主去度假、停止喂食时，鸟类也可能受到影响。肉类会吸引食肉动物——钟鹊、乌鸦、喜鹊、噪钟鹊、笑翠鸟，然后它们会将利爪伸向小型鸟类，公园便会成为一片杀戮之地。给鸟类喂肉并无道理。在国家公园里，你可以看到掠食性鸟类在烧烤架旁排成一排，而显然不见小鸟的身影。噪钟鹊除了吃肉以外，还吃种子和水果，任何东西都能吸引它们，包括灌木丛中的浆果和公园里的残羹剩饭。

护林员威尔·布奇（Wil Buch）告诉我，在泰勃朗山，有一半的家庭都在喂鸟。"对我们来说，喂鸟是一个主要问题。"他抱怨说，"人们喂笑翠鸟和喜鹊，全都是不该喂的鸟。有位靠养老金生活的女士承认，她每周有70澳元会花在喂鸟上。一年中，人们有四个月会喂灌丛火鸡，有三个月会要我们制止灌丛火鸡破坏花园。"他们还希望威尔能抓走盘踞在喂食盘周围、等待鸟上门的蟒蛇。

以种子为食的凤头鹦鹉经常破坏房子。它们无须找种子吃，就在露台上闲逛，在木材配件上磨鸟喙，西部红雪松因其木质柔软（且价格昂贵）而受到这些鸟的青睐。维多利亚州政府的害虫专家伊恩·坦比（Ian Temby）告诉我，有一栋房子遭受了2.5万澳元的损失。有一位老妇人细心照顾一群鸟，但它们给她的十所房子分别造成了数千澳元的损失。这位老妇人仍拒绝停喂她的"宠物"。维多利亚州正在制定法律，限制喂养问题鸟类，新南威尔士州也可能效仿。野生动物管理官员杰夫·罗斯告诉我，悉尼的一栋建筑遭到了估价3.2万澳元的破坏：凤头鹦鹉咬坏了窗框，还在墙上挖了一个洞。"有人来上班，发现这只凤头鹦鹉在向他叫唤。”损失账单还不包括修复被毁坏的计算机电缆的费用。他还听说过凤头鹦鹉破坏太阳能热水器的控制板，并怀疑它们侵占了悉尼周围森林里的袋鼯窝。

帚尾袋貂也有人喂养。这些讨人喜欢的家伙偷水果、啃植物、往天花板上撒尿，用它们钉靴般的脚掌在屋顶上跳跃，以此测试我们对它们的喜爱程度。让我耿耿于怀的不是它们从我的厨房里拿走的几个苹果，而是它们打碎的那些陶瓷器皿！现在我把窗户关严了。我们身边生活着一些袋貂其实还不错，但它们已经在我们的城市里泛滥成灾。城里常常能听到它们争夺地盘时发出的尖叫，许多筑巢的鸟也很可能成为它们的猎物，为噪钟鹊和乌鸦造成的损失添柴加火*。人们对它们的处理方式很糟糕：在树上装木箱，希望能把它们引出建筑物，但其实这些木箱收容了更多的袋貂。只有当附近的房屋也同时驱赶袋貂时，木箱才会起作用。在《新本土花园》（*The New Native Garden*，1999年）一书中，保罗·厄克特（Paul Urquhart）和利·克莱普（Leigh Clapp）完全没搞懂袋貂。他们说："由于生境受到了破坏（通常是因为建造住房区），发生冲突的地方通常是天然食物变少的地方。一种简单的解决办法是为它们种一些食物。”这么做也许确实简单，但这是错的。动物问题通常没那么容易解决。

在墨尔本，公园里接受人类喂养的袋貂正在大量繁殖，并啃食珍贵榆树的树皮。在北卡尔顿的科尔顿广场（Curtain Square），两棵垂死的树不得不被移除，而为了防袋貂，其他树都安装上了金属圈。几只袋貂因此被迫与树洞分离，这让动物解放组织十分愤怒，于是他们把一只死于公路交通事故的袋貂扔在了亚拉市长的家门口。

鸟箱如果能起作用还是很好的，但它们往往只帮助天敌。在堪培拉的丛林公园进行的一项研究指出，35个鸟箱里有家八哥，5个鸟箱

* 第16章中提到的巢蛋调查没有袋貂攻击“蛋”的记录，因为它们的嗅觉太灵敏了，不会被黏土做的蛋迷惑。

里有椋鸟，7个鸟箱里有野生蜜蜂，而17个鸟箱里只有本地鸟（玫瑰鹦鹉）。固执的家八哥会把稻草堆在倒霉的鹦鹉蛋上。雨果·菲利普斯（Hugo Phillipps）称，只有在有人积极管理的情况下，才推荐使用鸟箱。他在“澳大利亚鸟类”（Birds Australia）网站上写道：“这意味着清除紫翅椋鸟（*Sturnus vulgaris*）和家八哥的蛋和雏鸟，并摧毁野生蜜蜂或欧洲黄蜂的巢。阻止家八哥和椋鸟重新筑巢并不容易；这些害鸟非常顽固，必须持续保持警惕。”你必须一次又一次地爬上树，清空箱子，杀死雏鸟和蛋，直到那些不速之客放弃入驻。这并不是大多数人在建鸟箱时就能想到的。

因此，布里斯班市政委员会不允许再有任何巢箱进入公园。高级经理吉姆·麦克唐纳（Jim McDonnell）谈到了它们的“可疑价值”和带来的“艰难困境”。在我个人看来，根本的问题是，巢箱并没有取得任何成果。他引用了当地的一项调查，结果显示只有非常常见的鸟类住在巢箱中，主要是吸蜜鹦鹉、玫瑰鹦鹉以及害鸟。他知道有一个保护区到处都有巢箱，但里面除了蜜蜂之外什么都没有。他抱怨说：“这一举措的用意很好，但没有多少科学依据。比如，安装袋貂箱是否是在以牺牲其他物种为代价，人为增加帚尾袋貂的数量？它们是否会与袋鼯发生竞争？”只有在对某些衰落物种有明显好处的前提下，他才建议在保护区安装巢箱。这种情况在一些遗存的丛林中尚有可能，但在公园中则完全不可能。

蝙蝠箱不会造成任何损害，但益处可能也不大。莫妮卡·罗德（Monika Rhodes）说，它们经常连续几年都是空的，而且很多可能从来没有被用过。我们也无法确定，因为小小的食虫蝙蝠非常容易受惊，且流动性强。箱子采用外国设计，可能不适合澳大利亚的物种。欧洲蝙蝠对胶合板和油漆的喜好与美洲蝙蝠不同。狭长的缝隙将袋貂和鸟类挡在门外，它们看起来完全不像树洞。蝙蝠可能无法识别它们，或者因闻到人类、油漆和胶水的气味而却步。箱子在某些丛林中证明了它们的价值，包括墨尔本附近的管风琴国家公园（Organ Pipes

National Park），但它们在城市公园中是否有效，还有待观察。莫妮卡已经安置好了箱子，试图找出答案。她猜测，可能需要50年的反复试验来完善这里的设计。

对爬行动物而言，人类放置岩石、原木、地被植物以及接受无序状态当然都是有益的。我的花园里有很多蜥蜴，大多是草石龙子，这些住客是在房子建成后才出现的。我无法让之前在这片地上窜来窜去的蜓蜥回来。我爱我家的蜥蜴，它们也爱我的花园，但我不能自认为，我为那些因地产开发而流离失所的爬行动物建了一个避难所。

让我担心的是，许多人受到了误导，认为自己绿化花园的行为就等于为自然保护尽了力。如果事情这么简单就好了。有本书中写道："我们都能建立适合动物居住的生境，为野生动物保护尽一份力，否则它们会因房地产开发而流离失所。"这个想法用意良好，但却是一厢情愿，而且是自私的。伊恩·坦比对喂鸟的看法是："你只是在自我感觉良好。"而关于巢箱，吉姆·麦克唐纳则说："这就是对自然的戏弄，想让别人看到你在做一些事。"大学研究人员彼得·霍华德（Peter Howard）和达里尔·琼斯（Darryl Jones）采访了喂鸟者（占布里斯班家庭的1/3），他们给出的主要理由是"为了弥补生境的损失或破坏"。这不仅暴露了开发商的贪婪，也暴露了"人类的贪婪"。同时，"许多受访者表示愧疚，他们认为自己在做错事"。他们知道自己惯出了游手好闲的鸟，而未真正帮助到它们。

住宅区非常具有破坏性，花园里再多的修补工作也无法改变这一点。大多数花园鸟类都因废墟而兴旺。人们喂养喜鹊、噪钟鹊、黑额矿吸蜜鸟和乌鸦。来自林中空地的生存输家——知更鸟、啸鹟、扇尾鹟和褐阔嘴莺（*Smicrornis brevirostris*）很少会从远处飞进城市，也从不利用喂食盘或鸟箱。我们不可能真的在烤肉架旁创造出真正的雨林和湿地——这太天真了。自然园艺的真正价值在于它让我们与自然接触。我们需要鸟类和蝴蝶，因为它们为生活增添了光彩。我们不想要蚱蜢和飞蛾，不是因为它们不需要保护，而是因为它们不能带来同样多的乐趣。对大多数人而言，野生生物园艺的重点更多在于个人的满足和减少负罪感，而不是真的为了保护自然。我们不应该自欺欺人地认为，在花园里做的善事可以弥补在其他地方犯下的罪行。

早些时候，我强调了城市对野生动物的重要性——如何体现呢？我们来重温一些例子。对黑妖狐蝠的研究可以发现，它们主要以外来树木，尤其是亚洲无花果树为生。我的白头鸽会吃外来的香樟果，并在一种外来藤蔓上筑巢。城市中的蝴蝶对外来植物情有独钟，褐蛇吃家鼠和黑家鼠，其他动物则依赖污水和残渣。野生生物友好型园艺的一个原则是种植本地植物，但这往往不是动物想要的。为本地蝴蝶种植本地白花丹，并不像种植外来的同类植物那样有益，因为后者会多开数百朵花。而让本地动物转而食用本地植物，往往比听起来更难。

自然保护确实是从家里开始的，但在花园里就不一样了。还是那句老话：少消耗资源，少制造废物。太多的人索取了太多的东西，而我们在花园里所做的一切都无法弥补这一点。我认为，只有使用无磷洗涤剂和回收塑料袋才是合适的做法。我知道这比购买本地植物要少些乐趣，但却更有益。最好的办法就是不在花园里种入侵植物。几年前，我写过一本名为《真正的园艺》（*Dinkum Gardening*）的小册子，谈了很多关于袋貂箱、青蛙池塘和吸引鸟儿的花朵（尽管我确实警告过人们小心矿吸蜜鸟）的错误建议。我仍然相信野生生物园艺可以发挥作用，但首先我们应该回到原点，重新评估其价值。它真正实现的是什么？我们需要通过研究来证明哪些是有效的，哪些是无效的。我们有多少次是在帮倒忙？这往往是一个有关地点的问题。在近郊，安排青蛙池塘和吸引鸟儿的花朵可能是个好主意，有矿吸蜜鸟和沼蛙总比什么也没有好。在更远的地方才会出现问题。

目前我有一项顾问工作，审查努萨郡（Noosa）附近一个庞大的住房项目。现在（但持续不会太久），这里长着散乱的桉树林，里面生活着袋鼯和灰头狐蝠，湿地里还有罕见的瓦伦蛙（*Crinia tinnula*,

Litoria olongburensis）在鸣叫。但不用太久，山上就会出现房屋，也会出现花园和池塘。黑额矿吸蜜鸟已经占据了森林边缘的一角，它们未来会兴旺起来。沼蛙和矮莎草蛙也会如此。瓦伦蛙将不会用到池塘，因为它们需要酸性的沿海水域来繁殖，肥皂渗液和肥料最终会使它们灭绝。当城市果树进军桉树林时，灰头狐蝠就会离开，被更成功的黑妖狐蝠替代。袋鼯（四个种类）将无法生存，除非我们为它们保留一片像样的森林。这里有四种珍稀植物（一种为澳大利亚濒危植物），但其中三种需要贫瘠的土壤，而不适宜长在花园里。这里也有珍稀鸟类（辉凤头鹦鹉），但不会待太久。不过我确实看到了一种勺眼蝶（*Tisiphone abeona rawnsleyi*），这是一种很特别的蝴蝶，它们在沼泽里生活得很滋润，我想它们将获益。它们以一种黑莎草（*Gahnia clarkei*）为食，这是一种凌乱带刺的沼泽植物，不受园艺师青睐。但市政委员会将在公园里潮湿的地方种植一些黑莎草，蝴蝶至少可以再飞舞一段时间。

我们再回头看看这个说法："我们都能建立适合动物居住的生境，为野生动物保护尽一份力，否则它们会因房地产开发而流离失所。"如果这是真的就好了。我正试图拯救努萨郡附近一个特殊的地方，那里的大多数美好事物都在劫难逃。野生生物友好型园艺在这里几乎起不到作用。居民可以种植一种适宜在肥沃土壤中生长的稀有植物，但他们能做的也仅此而已。房屋才是这里的敌人，它们产生的富养废水会流入排水沟，流向下水道。有意向的购房者所能做的最有用的事就是不要买房。

当然，我挑了一个无法回避的例子，来说明生态园艺并不能起多大作用。但在某些地方它确实可以奏效。霍巴特的居民可以种植富含花蜜的蓝桉来帮助濒危的雨燕鹦鹉。在许多黑额矿吸蜜鸟没有成为问题鸟类的地方，如果园艺爱好者住在灌木丛附近，他们可以靠种植茂密的灌木来帮助刺嘴莺和鸊鹈。人们还可以种植天鹅绒独行菜和其他濒危植物，也可以种些对昆虫有帮助的植物。我种了一棵银背落尾木

（*Pipturus argenteus*），很快就有红斑拟蛱蝶（*Mynes geoffroyi*）来访，我以前从未在这里见过这种罕见的蝴蝶。我们需要帮助那些因失去食用植物而数量减少的蝴蝶，它们没有可供选择的外来植物，便毫无顾忌地飞入郊区。不幸的是，这样的蝴蝶并不多。我能想到的有燕尾青凤蝶、鸟翼凤蝶、貌似蛾类的弄蝶，还有小飞蛾般的弄蝶，此外几乎没有其他蝶类了*。无论你种什么植物，某些蝴蝶都会避开城市。巴利纳镇和努萨郡之间的数千名园艺爱好者已经为稀有的里士满鸟翼凤蝶种了葡萄藤，但至今取得的成果不大。这些蝴蝶很少会飞进远离雨林的花园。但帮助虫子、甲虫和弄蝶的机会比比皆是。我知道一种非常罕见的旗足虫，它以味甜的巴戟天为食，这是一种吸引昆虫的攀缘植物。昆虫所需的空间比鸟类和蛙类少，而且能够通过气味寻找稀缺的可食用植物。但是园艺爱好者希望看见更多的虫子吗？生态园艺真的是为了保护自然，还是为了自我满足呢？

城市中的重要生境通常是公园、排水沟、小溪、污水处理场、高尔夫球场、泥滩和残存的灌木丛，而不是花园。我们一离开家，帮助野生动物的机会就会倍增。罗伯特·本德（Robert Bender）负责照看风琴管国家公园的蝙蝠箱，他（晚上用Anabat蝙蝠探测器）在亚拉河沿岸听到不少蝙蝠叫声，但他墨尔本的家附近却没有蝙蝠，那里的蝙蝠箱里仍然是空的。至于狐蝠，我们种植的本地无花果树越多，它们就吃得越多，但对住宅来说，大多数无花果树都太大了，公园更适合它们生长。我们可以在公园里为麻鳽和秧鸡创造真正的芦苇丛生的湿地。在适当的研究指导下，我们也可以重新设计所有公共场所。野生生物友好型公园可以做一些野生生物友好型花园只是假装在做的事。但挑战始终存在：如何帮助生存输家，而不是更多地帮助矿吸蜜鸟、喜鹊、沼蛙和调皮的袋貂，毕竟输家才真正需要帮助。

---

* 澳大利亚有大约两万种本地昆虫，其中只有390种是蝴蝶。它们并不比其他昆虫更容易变得稀有，但由于它们被广泛收集，人们更了解它们的保护状况。

第 22 章
放牧与捕杀皆为保护
——现代管理的反讽

“为了善良必须残忍。”

——威廉·莎士比亚，《哈姆雷特》

当彼得·米尔斯（Peter Mills）提到“他牧场上的牛”时，他听起来像极了农民的口吻：“我要让我那30～50头牛在所有这些区域不停地吃草，”他说着向那片用栅栏围起来的牧场挥了挥手，“希望整个冬天都是如此”。但彼得并不是农民，他是澳大利亚首都区环境部的管理人员，致力于拯救剩下的草原及草原上的稀有生物，它们可是无价之宝。“我们要证明：我们可以通过放牧来保护自然。”他自豪地说道。

几年前，“保护性放牧”会被贴上异端标签，人们将其视为乡村政客炮制出来的概念，旨在为亲友攫取国家公园里的放牧权。若在当初，我也会谴责它。今天，在新南威尔士州、维多利亚州、塔斯马尼亚州和首都地区，这种保护方式已蔚然成风。牛和羊被卡车运到国家公园和其他保护区，以控制草的生长。人们也用割草机和火烧草地的方式达到相同目的。管理人员意识到，任其自由生长无法拯救草原，恢复荒野的目标也无从促进荒野获得保护。

原生草原和长满草的林地是多样性带来的馈赠——草、兰花、百合、雏菊和豌豆都长势旺盛。杰米·柯克帕特里克（Jamie Kirkpatrick）在谈到埃平森林（Epping Forest）的下层林木时说："如果你跪下来看看，你绝对会发现它的美妙之处。"我明白他的意思，因为我也是个草原迷。那是个微缩的世界，是细节的盛宴，形形色色的草本植物在一片片强盛的草丛中互相争夺空间。澳大利亚的草原是世界上多样性最丰富的草原之一，但我们却无耻地伤害了它们。这是被第一批拓荒者和他们的牲畜占用的土地，人们在这里耕种、施肥、过度种植外来植物，牲畜和兔子过度食草，同时草原还受到野生植物的入侵。

今天，你在澳大利亚南部看到的大多数草都是外来植物。本地残余的草稀稀落落地分布在铁路沿线、路边、墓地以及从未过度放牧和从未使用过肥料的牧场上。由于被为种植谷物而犁地的活动或野生植物所扼杀，每年都有许多种草灭绝。残留下来的物种并不属于纯粹意义上的"自然"，它们通常是濒危植物，其宝贵之处还在于提醒我们，过去的景观是怎样的。它们让爱好者心醉神迷，每一片精致的叶片和柔和的花瓣都吸引着他们细细端详。

我所见过的最悲惨的残迹是墨尔本郊外工业区的一块被铁路围起来的小块土地。它长约30米，长满了阿拉伯黄背草，这里有地球上最后一片自然生长的濒危植物芳香双尾兰（*Diuris fragrantissima*）。这些兰花开放的时候，平原如雪一般洁白。2000年我前去参观时，这块草地旁刚刚被倒进了一堆碎石——正好倒在一些阿拉伯黄背草上。另一处令人难忘的残迹是堪培拉的约克公园，这是位于外交部和麦考瑞酒店（Macquarie Hotel）之间的一片草坪。濒危的金翅太阳蛾

（*Synemon plana*）翩飞在阿拉伯黄背草之间。遗憾的是，铁路用地和修剪过的草坪并没有让大多数环保主义者感到兴奋——他们眼里看到的只是草。

彼得·米尔斯的牛在甘加林（Gungahlin）草原上吃草，这片难得幸存的生境曾为堪培拉起伏的平原添色不少。他用一个供农民使用的计算机程序Pro-Graze进行管理，在各个牧场定期轮流放牧，以优化草场。他向我展示了一个我以前从未见过的管理计划。他说："这只是一个电子表格，它为我们提供了两年的管理指南。我们对每个区块采用完全不同的管理计划。"1996年，首都区环境部在接管旧放牧区后宣布成立保护区，并建起了更多的围栏和饲料槽，牛群留在了原地。除了门口的标志外，甘加林地区没有任何能将其与农场区分开来的东西。彼得认为，他可以比附近的农民更高效地放牧，同时保护生物多样性。"农业是一门真正的科学，在我们这里，它与自然保护有着密不可分的联系。"我以为彼得是务农出身，但他承认自己起初曾力阻保护性放牧，这让我（再一次）感到很惊讶。他为什么接受了保护性放牧呢？为了控制野草的长势，并防止本地草类生长过密。令人惊讶之处就在这里，后一个目标才是最重要的。

在参观埃平森林时，我感受到了让本地草原变疏的必要性，埃平森林这一珍贵的新保护区位于塔斯马尼亚州干燥的中部地区。植物学家杰米·柯克帕特里克告诉我，这个保护区是珍稀植物的大本营，150年来它一直是养羊场，现在仍可看见羊群。在一个过度放牧的山包上，他指给我一片紧贴地面的小株稀有植物，它们长在一条深深的陈旧车辙里。附近有一小块试验地，用栅栏将羊群隔在外面。那里满是干枯的阿拉伯黄背草，此外什么都没有。这种对比令人震惊。在羊群仍在觅食的地方，下层林木被修剪得与草坪同高，但看起来仍然绿意盎然，种类繁多。栅栏后面则是清一色的半米高的干草。"你可以看出这里一片糟，"杰米讲道，"没有绿植长到这里，最终甚至阿拉伯黄背草也会死光。我们确实需要某种形式的生物量迁移，而光凭火烧实际上是不够的。”

德里马特（Derrimut）草原是一个位于墨尔本西部工业区的国家重点保护区，人们在这里进行了火烧试验，但结果并不乐观。蓟草入侵了，它们的种子从附近的废墟飘来。只有5种本地植物在火烧后长势良好，其中4种被证明是“野生植物”，3种本不属于草原。从前，是牛让这些不受欢迎的植物无机可乘。

阿拉伯黄背草在动物食草的同时发生进化。为了喂饱袋鼠和其他食草动物，它长出了更多叶子。如果叶子没被啃掉，老叶就会枯萎，并会遮住旁边的草和周围的一切。在肥沃的土地上，它可能因长得太过茂盛而使自己窒息而死。杰米的隔离地显示了这一点。羊群将会留在埃平森林，以促进生物多样性，拯救稀有植物。“放牧是必要的，让本地动物或是绵羊来吃草都可以，”杰米总结道，“而且越是肥沃的地方，越需要羊群。”我问，那本地的食草动物呢？“可能会有不少毛鼻袋熊和沙袋鼠在这里吃草，但邻居就会不乐意了。”他回答道，目光转向附近的农场。

在甘加林地区，我问彼得为什么不引入袋鼠。他说：“牛会吃长得很高的草，而袋鼠喜欢长得短的草。”袋鼠还会撞到汽车，假如你生活在堪培拉北缘，这就是个问题。火烧掉了茂密的草，但也给附近道路造成了混乱，人们哮喘发作，濒危的侧纹鳝蜥（*Delma impar*）也受到威胁，这是保护区的稀有物种之一。然而，牛吃掉的草不够多，所以彼得开始试着在其中一个围场里养羊。

泰里克·泰里克（Terrick Terrick）国家公园是维多利亚州北部的一个新国家公园，羊群在这里很受欢迎。护林员长马克·萨克特（Mark Tscharke）表示，他们1300公顷的草地上有800只羊，这让我颇为惊讶。一个国家公园里有800只羊！在产羔季节，羊的数量会大量增加。马克说：“100年前就有羊群在那里吃草了，所以我们要采用这种管理方式。在对这个系统有更多了解之前，我们基本上会保持现状。”马克并不自欺欺人地认为，羊群能使保护区维持原始状态。米切尔少校在这里探险时，看到了滨藜和金合欢。拓荒者带来羊群后，它们便消失了。马克告诉我："吃草的羊群给它们引来了杀身之祸。放牧带来了相当大的变化。我们不知道自己失去了什么。"但是，有24种稀有和受胁的植物以及大量稀有动物留存了下来。泰里克·泰里克国家公园现在是一片广阔"衍生"草原的一部分，具有极大的保护价值，尽管它是一个人造公园。

我又问马克为什么不引入袋鼠，而选择绵羊。马克说，公园里有袋鼠，但它们避开草原，喜欢在树木的荫蔽下觅食。围栏把它们圈起来要花很多钱，而且它们可能会摄食羊不吃的濒危植物。没人信得过袋鼠！附近有一个新保护区选择用牛代替羊。马克很想知道，牛是否会为草原带来一番不同的景象。

羊群还将留在新南威尔士州南部的一个新国家公园（以前的奥兰贝恩大牧场）中，这座公园是为濒危的领鹑（*Pedionomus torquatus*）而建的。国家公园与野生生物管理局（National Parks and Wildlife Service）的特里·科恩（Terry Korn）说："领鹑的生境必须要有动物吃草。所以，这里将会是一个有羊吃草的国家公园。"

有时除草比放牧更有效。负责保护受胁物种的官员莎拉·夏普（Sarah Sharp）带我参观了堪培拉的圣马克草原（St Mark's Grassland），这是一个夹在国王大道、巴顿和格里芬湖之间的小片草原残迹。它太小、太靠近城市，不宜牧牛与火烧。它之所以留存至今，是因为英国圣公会原本计划在这里建造一座大教堂，但从未筹够资金。现在，教会在莎拉的严格监督下打理草地。草皮很厚的地方几乎看不到其他东西，但在割草机经过的地方，我们看到了澳洲鼓槌菊（*Craspedia globosa*）、橙粉苣（*Microseris lanceolata*）和其他纤细的草类。这里有5种兰花，还有濒临灭绝的一种锥托棕鼠麹（*Rutidosis leptorrynchoides*）。这块草地因教会多年的良好维护而保留至今。萨拉说："我们把草修得尽可能高。其实人们制造了很多地面垃圾，但它们形成了一个有益的草圃。所以我们会用手把垃圾扒到一起，再用拖车运走。”莎拉要求每年只修剪草地两次。

堪培拉机场附近的马德拉草原（Majura Grasslands）也用机器剪草，因为在那里放养牛会威胁航空安全。2000年，伊丽莎白女王的波音747专机原计划在此降落，但随后取消，因为草原上有濒危的草原无耳龙（*Tympanocryptis pinguicolla*），而飞机转弯时会破坏草原。于是女王改乘澳大利亚皇家空军“猎鹰”号，而把专机留在了悉尼。首都地区对这些草地非常重视。

管理草原就像走钢丝绳。你不希望看见太多或太少的牛、羊或袋鼠。彼得·米尔斯说：“自然保护管理就像在刀刃上行走，而保护性放牧是你绝不想踏足的最锋利的刀刃。”羊将留在埃平森林，因为杰米·柯克帕特里克的隔离地证实了他的“没坏就别修”理论。羊现在是生态系统的一部分。这是我们这个时代的一种妥协。澳大利亚的温带草原不可能再回到过去了。偶蹄类动物和它们的粪已经留在了这里，无论如何，过去可能也并不像我们想象的那样天然。我们不知道这些生境有多少是澳大利亚第一批原住民创造的。原住民的大火可能使阿拉伯黄背草长得更旺盛，并取代了扩张性较弱的草，就像针茅取代昆士兰农场的阿拉伯黄背草一样。我们可以肯定的是，一些草原，包括昆士兰邦亚山上的“秃块”，都是人为活动的产物。

草原当然会因管理不善而遭到破坏。在艾丽斯泉附近的辛普森峡谷（Simpsons Gap）国家公园，植物学家彼得·拉茨向我展示了水牛草（*Cenchrus ciliaris*）入侵的一片冲积平原。一位从北领地调来的护林员认为这个地方需要火烧，而北领地的公园每年都会如此维护。这一错误判断替适应火的水牛草赶走了多种本地草类、雏菊和莎草。管理总是需要最大限度的谨慎和斟酌。这里容不下过度自信。保护性放牧也不是让农民进入国家公园的借口。事实是，牛羊对澳大利亚造成了不可逆转的伤害。羊把天鹅绒独行菜推到了濒危物种的行列，而牛会吞食本地草籽，使许多鸟类受到威胁。这样的例子不胜枚举。

保护自然就是干预。一味顺其自然是拯救不了大自然的；管理是必需的。这往往意味着要对一些本地生物加以抑制。但人们对在堪培拉的保护区里啃食个不停的牛群感到困惑。“我们并未收到投诉，”莎拉·夏普告诉我，“这点确实出乎意料。”选择性剔除悉尼的波叶海桐则引起了抵触。兰考夫国家公园的萨曼莎·奥尔森（Samantha Olsen）说：“由于它是本地植物，人们对控制它的数量这件事有意见，而且认定国家公园里的所有本地植物都应受到保护。”

当某种本地动物数量需要被抑制时，投诉才真的是纷至沓来。捕杀袋鼠引起了争议，捕杀树袋熊在政治上仍是不可接受的。然而，为了保护自然，人们已经杀了很多动物。我提过袋鼠、沙袋鼠、（耶陵博保护区的）铃鸟、（桉树矮林中的）黄喉矿吸蜜鸟、（巨朱蕉岛的）噪钟鹊、（巨朱蕉岛的）澳洲渡鸦、（袋鼠岛的）白凤头鹦鹉、（豪勋爵岛的）猫头鹰、（艾尔湖的）澳洲红嘴鸥、（诺福克岛的）玫瑰鹦鹉，以及棘冠海星。如果不进行捕杀，白翅圆尾鹱，也许还有头盔吸蜜鸟都不会继续存在了。还有农民为保护树木而非法捕杀树袋熊。捕杀是自然保护管理下的一个严峻现实，但公众的认识与接受程度仍远远落后于现实。

杀戮一直是澳大利亚人生活方式的重要组成部分。最早的澳大利亚人是高超的猎手。拓荒者们捕食沙袋鼠、袋貂、鹦鹉、鸽子、吸蜜鸟，甚至吃针鼹和儒艮。殖民时代的年轻人射杀了许多鸟，鸟类保护协会担心，如果防治害虫的鸟类物种消失殆尽，文明将会崩塌。为了保护农作物和牧场，数以十万计的动物遭到捕杀，其规模远远超过大多数人的认识。我们吃的食物沾满了狐蝠、鹦鹉和吸蜜鸟的血。素食主义者也不应认为，他们食物的生产过程与动物死亡无关。

在国家公园里进行杀戮听起来很矛盾，因为公园被看作是避难所（sanctuary），本意为“庇护之地”，指早期的自然保护区。殖民时期的澳大利亚人知道，为了实现国家目标，数以百万计的动物将被杀死，但出于道德考量，他们留出了小块区域——保护区，让动物可以不受迫害地生活。今天，国家公园扮演的角色略有不同。目前，其目标是保护整个生态系统，而不是作为某些哺乳动物和鸟类的保护区。护林员不希望国家公园里的动物多到会毁掉植被的程度。这也是为什么他们会考虑捕杀树袋熊和袋鼠，而大多数人却对此颇为反感。

我不喜欢“避难所”这个概念。人类不应该根据地图上画的线来决定是善待还是伤害动物。在果园（或植物园）里杀死数以千计的狐蝠肯定不对，但在国家公园里杀死一只饥饿的树袋熊却一定没错。（凭其种类是“原生”或“引进”来决定是善待还是伤害动物，同样是不道德的。把袋熊关在笼子里并不为人所接受，但母鸡挤在环境恶劣的密集饲养型养鸡场里就没人抱怨了。）出于各种原因，对野生动物的杀戮不可避免；我们要接受这一点。但我们不应该将道德准则与土地属性挂钩。大自然并不局限于国家公园——它就在我们身边。

为了保护食物，如此多的野生动物被杀害，这让我感到不安。例如，在新南威尔士州，农民在1986～1992年间合法杀死了24万只狐蝠。据估计，全澳大利亚每年非法射杀的狐蝠达10万只。2000年，维多利亚州政府雇人射杀了12.06万只白凤头鹦鹉和粉红凤头鹦鹉。维多利亚州193个行政区的农民每年有一个允许开放捕猎袋熊的季节：他们可以自由捕杀袋熊以保护围栏和牧场。西澳大利亚州的农民在1999～2000年间合法射杀了1900只鸸鹋，而维多利亚州的养鱼人在1996年合法捕杀了730只鸬鹚。仅在昆士兰州中部，昆士兰公园与野生动物管理局一年内发放了多种动物的捕猎许可证，涉及沙袋鼠、狐蝠、凤头鹦鹉、粉红凤头鹦鹉、长尾吸蜜鹦鹉、玫瑰鹦鹉、红翅鹦鹉、黑额矿吸蜜鸟、采蜜鸟、裸眼鹂、蓝脸吸蜜鸟、园丁鸟、杜鹃、拟黄鹂、噪钟鹊、乌鸦和鸭子。其中一些鸟类可能只有极少数遭到了捕杀。另一方面，许多农民不知道许可证的事，就连一位昆士兰州野生生物护林员也不知道，而他所在的办公室就是负责发放许可证的机构。农民往往不关心许可证，或者他们会无视捕杀限制。

农场上的捕杀被忽视为一种威胁性过程，因为人们假设动物喜欢“天然”食物，只有在野生食物越来越少的时候，它们才会危害农作物。有些数据显示，作物在干旱的年份会受到更大的损害，但其他证据则表明，动物的觅食目标确实在转向农场。大卫·拉蒙特（David Lamont）和艾伦·伯比奇（Allan Burbidge）在1996年指出："五年前，南澳大利亚州的有害动物防治机构对虹彩吸蜜鹦鹉无动于衷，但现在，它在该州被视为和椋鸟一样的害鸟。"长尾吸蜜鹦鹉会在果园里啄食水果。灰头狐蝠和眼镜狐蝠现已被列为受胁物种，而农场的射杀和电击可能是主要威胁。果园可能成为一个引诱蝙蝠走向死亡的巨大陷阱。当在附近就能得到超乎想象的大量馈赠时，它们何必在森林中苦寻小浆果呢？

政府报告中的所有数据和评论都表明，在农场中被杀害的动物比任何人猜测的都多。鸟类甚至会被猎杀，用于生产我们喝的酒。农场显然是某些地区某些物种死亡的主要原因。在1999年的一份内部报告中（根据《信息自由法》获得），昆士兰州公园与野生动物管理局官员帕特里娜·伯特（Patrina Birt）发现，该局"没有很好地履行"其作为许可机构的职责。并无证据表明合法捕杀（与非法捕杀截然不同）在生态上是可持续的。

我说这一切并不是为了针对农民。他们想拯救庄稼并没错，但我也知道他们有时会出于不良动机而进行捕杀。伯特的报告如是写道："大多数种植者也承认，愤怒和沮丧驱使他们射杀农场上的动物。一位使用电网防控野生动物的种植者承认，即使没有必要，他也会因为愤怒而射杀这些动物。"澳大利亚的真正问题是野生动物入侵农业景观——换句话说，就是收回欧洲人从它们那里夺走的土地。我预计今后农场里的动物会多很多，冲突也会多很多。人们可能需要重新思考农业的一些根本法则。布设电网可能会成为使动物远离果树的标准操作，许多农民已经得出了这个结论。接下来，我们可能需要为缺少食物的野生动物种植替代作物。我在美国南加州见过这种情况，当地农民有偿为迁徙的雪雁种植绿色植物。

与此同时，在维多利亚州和南澳大利亚州，大规模捕杀考拉似乎不可避免。唯一的短期选择——绝育，已被发现是不可取的。莎伦·马斯克尔（Sharon Mascall）在2000年8月的《世纪报》（*The Age*）上写道，维多利亚州东部的树袋熊在接受这种手术后留下了“血流不止的伤口”，伤口进一步引发了蛆虫感染，并导致了15%的死亡率。维多利亚州野生动物护理网络（Wildlife Care Network）主席彼得·麦罗纽克（Peter Myroniuk）说：“绝育和迁移显然行不通。虽然这话由我们这类组织说不太入耳，但即使是射杀树袋熊，也比让它们承受如此长时间的压力而死要好得多。”南澳大利亚树袋熊管理工作组的负责人休·波辛汉（Hugh Possingham）在谈到袋鼠岛时，同样严厉地指出：“绝育并不奏效——明智的做法是大量捕杀树袋熊。”著名的环保人士米歇尔·格雷迪对此表示同意：“保护委员会完全支持工作组的观点——我们认为袋鼠岛上的树袋熊是破坏生态平衡的，是对本地植被的威胁。”维多利亚州政府的彼得·门霍斯特谈到了政府即将推出的改良版绝育措施（也有计划为袋鼠开发避孕食品）。但正如米歇尔对我说的，“不管有没有生育能力，树袋熊都能进食”。种植树木被吹捧为真正的解决方案，但现在已经太晚了，不能寄希望于此。我希望未来农场的捕杀可以少一些，而国家公园的捕杀可以多一些。在非洲的一些国家公园里，人类为了拯救植被而捕杀了大量大型动物，这就是生命的现实。

我们面对的新问题会使野生生物管理变得更加困难。保护性放牧和捕杀已经够麻烦的了，但我们还有其他问题需要考虑。随着越来越多的珍稀物种在陌生的地方避难，管理规定将变得越来越奇怪。杰米·柯克帕特里克在写到重要的林地保护区——霍巴特领地（Hobart's Domain）时，建议“继续对大量区域进行修剪”，“一些外来树种对保护稀有的本地种特别有用，建议进行一些替换种植”。他指出，“只要迅速更换表土，管道和电缆的埋设对该区域的生物多样性保护不仅不成问题，而且事实上恰恰可能有益”。管道会促进生物多样性——这倒是件新鲜事。他说的珍稀植物主要生长在路旁、草坪上和针叶树下。在上文引用的另一份报告中，杰米建议在路边的树下以及墓地和乡村房屋周围播种天鹅绒独行菜。杰米是《变迁的大陆》（*A Continent Transformed*，1994年）一书的作者，你可以认为他是一个怪人，但他是一名真正鼓舞人心的大学植物学家和坚定的环境保护主义者。

关于创造性思维的另一个例子是，欧文·福利（Owen Foley）检查了澳大利亚电信公司在达令草地铺设的一条新电缆的路线。公司的计划非常合理：将新线埋在旧线旁，即推土机推过的同一片地下。但有两种稀有植物，即一种本地车桑子（*Dodonaea macrossanii*）和一种金合欢（*Acacia chinchillensis*）已经占据了这块推平的土地，而且这两种植物都不在附近的灌木丛中生长。为了拯救这些植物并扩大它们的生境，欧文改变了电缆的位置，翻动了更多土壤。

这就是未来的自然保护管理模式——夹杂着反讽。老矿井将因蝙蝠，松树种植园将因濒危的凤头鹦鹉而得以留存。专家们将对野生植物的生态价值展开辩论。保护的目的将不那么明确（我们是重现过去，保护现在，还是迎接未来？），行动更有误入歧途的可能。毕竟，干预比放手更难。我们将会看到不少失误：保护区在不恰当的时候进行了焚烧活动，牛因错误原因被放了进来。保护即干预，而干预并不容易。

第23章

迈向自然

——与荒野共生

“有些人总说我们应该回归自然。我注意到他们从不会说我们应该迈向自然。于我而言，他们对回归的关注要大于对自然本身。”

——阿道夫·戈特利布（Adolph Gottlieb），

抽象印象主义[1]运动奠基人之一，1947

我家门外的中央分隔带上耸立着一棵高大的斑皮桉（*Corymbia maculata*）。不知何故，它经受住了原住民的大火、囚犯的斧头，以及战后房地产繁荣时征地的全部考验。我凝视着它的树冠，想起了当年赤脚猎人在这片山脊上寻找袋貂的时光。

澳大利亚最古老的城市就是在古老的巨树边上成长起来的。墨尔本板球场旁有一棵树，它被原住民做成了独木舟，矗立在市中心的办公大楼里，一览无余。这棵古老的赤桉身上还残留着几个世纪前被人剥掉树皮后留下的疤痕。如今，在昔日回响着石头凿击树干声响的地方，体育迷们正在欢呼喝彩。其他梦世纪[2]古树则为（靠近天文台的）皇家植物园和皇家公园增添了光彩。

悉尼内城最古老的居民肯定是狮门木屋（Lion Gate Lodge）附近植物园里高大的细叶桉（*Eucalyptus tereticornis*）。这个木屋是悉尼原始建筑的一个突出例子，没有牌匾讲述它的故事，也没有护栏守护它的尊严，澳大利亚人无法看到关于树木历史的记录。其他珍贵的悉尼树木还包括梅登庇护所（Maiden Shelter）附近的黄背栎，人们认为它们是从拓荒时代以前的老树根出条中长出来的。

在堪培拉，扎根于恩古纳瓦（Ngunnawal）狩猎地的桉树现如今在政府大楼和狮门木屋的院子里安了家。许多古老的故事都写在树木上。其他一些部落古树或在为公务员的住宅遮阳，或在附近的山丘上投下摇曳的树荫。霍巴特的林地里矗立着一棵底部直径两米的多枝桉，距邮政总局的步行路程仅5分钟。

有时，引起回忆的是一些微小的事物。在布里斯班，距乔治王广场不远处的特博特街（Turbot Street）上有一条岔道，路肩上长着一丛丛的铁香茅（*Cymbopogon refractus*）。我敢肯定，19世纪30年代的囚犯在附近的风车房（布里斯班最古老的建筑）工作时，这里的草皮催生出了这些植物。在附近的乌龙戈巴（Woolloongabba），一栋房子旁边的一小段原木立柱围栏下，一排白茅幸存了下来。墨尔本的乔利蒙郊区（Jolimont）距弗林德斯街（Flinders Street）仅一站之遥，在它附近的铁路线旁，有一片散布着金合欢的原生草地，这是少有的旧时印记。悉尼的植物园里有零星的野生山菅兰、多须草和欧洲蕨，它们仍在艰难地生存，但我不会说出确切的地点。当时的园长约瑟夫·梅登（Joseph Maiden）指出，1902年这里还有130个野生物种；现在只剩十几个了。

在珀斯和霍巴特，真正的林地离市中心不远（分别在国王公园和女王领地）。霍巴特领地是稀有植物的主要庇护所，阿德莱德的贝莱尔国家公园（Belair National Park）也是如此。堪培拉国会山周围的森林位于国会大厦和南非领事馆之间，我看到一种濒危的锥托棕鼠麹花朵（*Rutidosis leptorrhynchoides*）在阿拉伯黄背草间绽放。再见了，锥托棕鼠麹花，你是如此脆弱，恐怕坚持不了太久。悉尼的艾什顿公园位于塔龙加动物园旁，这里的60种植物在离悉尼歌剧院3千米远的地方构成了一片残存的森林。沃克吕兹（Vaucluse）的尼尔森公园则更加多样化，拥有稀少的木麻黄（有多少郊区能与之相比？）。在墨尔本，亚拉本德（Yarra Bend）的亚拉河边，以及斯塔德利公园（Studley Park）都有残存的小片原始森林。这里生长着桉树、金合欢、滨藜和草类，而此地竟然就在国会大厦以东3千米处。城西分布着玄武岩平原，那里的12个铁路围场、4个墓地、2个水库、1个垃圾堆保护区、1个军营和1个无线电发射场上，都奇迹般地生长着天然草地。其中一些地方还有国家级稀有物种。

我有时会从家走到一条杂草丛生的小河边，瞻仰那里的一棵角茎桃金娘（*Austromyrtus gonoclada*），它是世界上仅存的65棵之一。有一次在悉尼的公园里，我坐在一棵高大的赤桉旁，看着两只凤头鹦鹉，一只林鸳鸯呼呼地飞来，落入空心的树干。它在里面筑了一个巢。一只凤头鹦鹉发狂了，盘旋着发出尖锐的叫声，然后落到树干边沿，朝里发出了刺耳的怒鸣。悉尼内城区最古老的不动产仍然值得争夺，它依然发挥着生态作用。

我喜欢古老的自然，喜欢欧洲人到来之前的澳大利亚。但我也对新事物保持尊敬——动植物在新的环境中开辟新的生涯。悉尼的锈叶榕（*Ficus rubiginosa*）曾长在砂岩山丘上，现在则从砖头的裂缝和扦插的枝条中长出来。它们从烟囱和房顶之上的高点俯瞰城市里的上班族。我在国王街看到过一棵，在中央车站附近的酒吧顶上也看到过一棵。100多棵锈叶榕与本地的松叶蕨（*Psilotum nudum*）和莎草簇拥在悉尼歌剧院旁的悬崖上。这种榕树的一种亲缘植物长在艾尔斯岩（乌鲁鲁）[3]上，这意味着我们的两个顶级地标上都有榕树存在。

噪钟鹊掉落的种子在悉尼建筑物外的庭院里长出了波叶海桐、甜叶算盘子和荷包牡丹（*Dicentra spectabilis*）等雨林树木。海德公园长着一种娇小的本地草——大屯求米草（*Oplismenus aemulus*），蔓延而过威廉街旁边的人行道。天胡荽（*Hydrocotyle*）已经占据了圣詹姆斯广场附近的一块草坪。在墨尔本市政厅和城市广场之间的科林斯街，一株匍匐槲寄生（*Muellerina eucalyptoides*）挂在一棵梧桐树上；另一株挂在音乐厅外的一棵梧桐树上。一种扁芒草（*Danthonia racemosa*）和一种本地蓝花参（*Wahlenbergia gracilis*）从墨尔本人行道上最不可能的裂缝中冒了出来。野性无处不在。在布里斯班的国王乔治广场（King George Square）旁边的教堂草坪上，本土车前草和一种孔颖草（*Bothriochloa decipiens*）也发了芽。在从广场向西延伸的200米弧线上，我可以看见在裂缝和花坛中生长的银桦幼苗、大伞树、金合欢、鸮蜜莓（*Cupaniopsis anacardioides*）、血桐（*Macaranga*）、红花银桦（*Grevillea banksii*）、吊竹梅（*Tradescantia zebrina*）和一种黍类（*Panicum pygmaeum*），但其中很少有本地的原始植物群。

新的和旧的自然——这意味着什么？如果保护自然意味着拯救旧自然，那么新的呢？濒危的响铃树蛙、独行菜，以及英国罕见的一种囊花萤（*Malachius aeneus*），现在都是新的城市自然的一部分，它们只能在门口长有玫瑰的茅草屋周围存活。在我的第三次非洲之行中，我终于看到了猫鼬，因为护林员告诉我，要到国家公园外的相邻农田里去。我观察到一头牛正从猫鼬身后走过，它们的洞穴群中散落着牛粪。这不是我所期望的，但我们今天又能对大自然有何期待呢？

自然（nature）是一个难以定性的概念。对哲学家理查德·西尔万（Richard Sylvan）来说，它是一个“内涵极为丰富的术语，也许是最复杂的一个英文单词”。它随处可见，如“生性快乐”（happy by nature）、“大自然”（Mother nature）、“残酷的本性”（cruel nature），以及作为野生动植物总和的自然，岩石、土壤、水、天气和构造力也经常被算作自然。《牛津英语词典》提供了5大类释义，其中有15个细分和49个子类。

C. S. 刘易斯（C. S. Lewis）说："苏格拉底以前的古希腊哲学家创造了自然。他们首先提出了一个想法（它要比我们通常所熟悉的古老面纱奇怪得多），即我们周围的各种现象都可以被归纳到一个名称之下，并作为单一对象来谈论。"古人将自然人格化为一位女神。中世纪认为自然是上帝在地球上的体现；现代的自然是由数学定律支配的有形领域。今天的自然是被驯服的野兽和脆弱的受害者，是邪恶的力量和纯洁的净土。从橙汁到种族仇恨，"自然"这个形容词被附加到了所有事物之上。

哲学家G. S. 费尔（G. S. Fell）指出："当一个术语被用于解释大量不同的现象时，它很可能什么也解释不了。"对我来说，"自然"意味着生活在我们周围的本地野生动植物的总和，有时还包括地质和气候。即便如此，它并不是一个方便的术语。像"自然是这个"或"自然是那样的"的说法基本不可靠。动植物对我们的行为所做出的反应并不相同。我们不能说"破坏森林会威胁自然"，因为无论我们做什么，都会有某一方受益。自然界的许多组成部分以数百万种不同的方式对我们的行为做出反应。正如哲学家彼得·科茨（Peter Coates）所说："尽管这个词内涵单一，但自然是复数形式的。"我们真正应该说的是复数的"自然"（natures）。"盖亚"[4]和"统一性"都是浪漫的幻想。

如此看来，这个经常被问到的问题——我们是自然的一部分吗？——不再重要。动物当然不会认为我们是独一无二的。海鸥跟随海豚和鲸，也跟随捕鱼船队——二者有何区别？如果鸟类认为我们是自然界的一部分，我们应该有相反的想法吗？出于某个重要原因，我们应该如此：因为我们正在毁掉所有支持我们生存的系统。我们不能说农民用推土机推倒他最后的几棵树木是"自然的"行为。无论如何，"自然"这个词太不可靠了，它是诗人的玩物，是每次我们看它时都会改变形状的怪兽。在这个后现代时代，它是一个我们表达反讽时使用的词。每次我用它时，都会略感难堪。

在这片关于自然的混乱中值得一说的是：许许多多的变化正在发生，而且多得超出我们的意愿。自然从来都不是永恒的。我们今天看到的变化往往是积极的，就像鸟类适应城市和小蝙蝠占领矿区一样。这些转变不能被描述成“非自然”，仿佛自然只喜欢回到自然似的。但是，一旦我们接受变化，接受自然界的进步，我们就会忽略流行的保护目标，因为这些目标往往只强调保护过去。国家公园是自然保护的基石，它经常被描绘成一处永恒之所，这里的澳大利亚保持着原始的状态。但这是不可能的！国家公园非常重要，但它们真正保护的不是过去本身，而是与过去的连续性。它们不断变化，但大多以忠于过去的方式发生。遗传学家尼尔·默里说：“我们保护的应该是变化。我们应该管理变化的过程。”我们城市中的古树很重要，因为它们正体现了这种连续性，使我们得以一窥永远消失的景象。响铃树蛙和独行菜也体现了与过去的联系，独行菜属于一个非常古老的血统。每一个物种都体现了古老的连续进化过程，这是一个漫长的时间实验，一旦被破坏就不能再重造。如果物种可以重现，我们就不会如此重视它们。通过帮助它们生存，我们为大自然提供了迈向未来的机会。我们的目标可以是“不加打扰”。

但是，在一个快速变化的世界里，当词语含义不断变化，国家公园不能再被委以保护自然的责任时，我们该如何更好地对待“自然”呢？首先，我们应该承认现在动植物与我们的关系，包括濒危动植物。城市和农场是重要的生态系统，我们应该付出更大的努力，以容纳那些现在不得不生活在我们中间的物种。悉尼奥运会场地保护了极为珍稀的绿纹树蛙，这正是一个突出例子。我们没有试图把青蛙围起来扔到国家公园里，它们会死在那里；相反，奥运会场地考虑到了青蛙的问题而重新做了设计。

随着城市和城镇附近出现了越来越多的聚集地，狐蝠已成为澳大利亚最具争议的野生动物。一个地区的桉树大量开花时，会在一两个月内引来大量狐蝠，此时这种动物最不受欢迎。科学家发现了蝙蝠传播的两种疾病（分别由蝙蝠狂犬病病毒和亨德拉病毒引起），虽然人类感染的风险非常低，但这并未起到任何帮助作用。如今，一些乡村中心地带极度反对蝙蝠的到来。查特斯堡（Charters Towers）的利斯纳公园（Lissner Park）中有一处蝙蝠聚集地，与布里斯班的类似公园相比，社区居民因此而起的愤怒要强烈得多。农村地区的低容忍度与过去的澳大利亚形成了鲜明对比，当时乡下人对打扰他们生活的野生动物十分坦然。然而现如今，当蝙蝠会导致头痛、皮疹和抑郁症的说法被普遍接受时，人们很可能变得歇斯底里。乡村政客有时会夸大疾病以激起民愤。对他们来说，蝙蝠“瘟疫”象征着这个世界的环境已然失控，飞行的“有害动物”竟被当作值得保护的珍贵野生动物。大城市郊区的蝙蝠聚集地获得了更多的同情，当地人也更能接受疾病风险可以忽略不计的说法。

蝙蝠聚集地引起了恐慌，因为它们对城市和城镇中的人们牢牢掌握着控制权的观念发起了挑战。除非移除树木，否则很难驱逐蝙蝠，而那些拒绝离开城市公园的蝙蝠可以被看作对人类至上地位的侮辱。蝙蝠当然可能是坏邻居，它们可能制造了噪音、臭味和排泄物，但一些居民夸大自身遭受的痛苦，强迫自己相信空气有毒，公园不安全。许多地方的市政委员会已经斥巨资试图驱逐蝙蝠，但效果并不理想，它们或继续留下，或飞走后又飞了回来，或转移到其他会造成不便的地点。

在未来，会有更多的动物生活在城市里。在得知动物喜欢生活在我们周围后，我们通常会感到愉悦，因为这说明我们并非仅仅是一股毁灭性力量，同时也是为其他动物提供机会的生态系统工程师。假如我们只是想杀死动物，那么它们生活在我们周围的景象将不堪入目。仅仅以蝙蝠不属于城市来解释是不充分的；我们不能假设动物有别的地方可去。灰头狐蝠没有太多的选择，它现在是一个以人为导向的物种，是人类的共生体。

现在对许多物种来说都是如此，而且未来一定更是如此。我们如何应对这种动物依赖性的转变，对澳大利亚人宽容和关怀的名声将是一种考验。我们不能仅仅根据我们的条件来接受野生动物进入城市，我们不能只欢迎鸟类和蝴蝶，而把蝙蝠和蛇拒之门外。这既不现实，也不公平。我们能做的是找到更好的方式与自然分享生活空间，以及找到更公平的方式来解决冲突。莱斯·霍尔（Les Hall）对美国的桥梁设计赞不绝口，因为其中含有容纳小型穴居蝙蝠的黑暗空间。新南威尔士州也在进行类似的试验。正如奥林匹克委员会所做的那样，我们的公园和农场提供了容纳自然的绝佳机会。我也在家尽自己的一份力：与一条致命毒蛇共享生活空间。这非常容易做到。在离家这么近的地方体验野性是为了生活得更充实，领会得更深刻。毕竟，荒野就从这里开始。

1 此处原作有误，应为抽象表现主义，即abstract expressionism。

2 梦世纪（the Dreamtime）也叫“梦创时代”“梦时代”等，最早被人类学家用来描述澳大利亚原住民信仰中的超自然世界观，是一个包罗万象的难以给出简单释义的概念。

3 艾尔斯岩，即乌鲁鲁，是世界最大的单体岩石，有“澳大利亚的红色心脏”之称。

4 盖亚（Gaia），古希腊神话中的大地女神，众神之母。

附　录
威胁自然保护的生态冲突

下表虽不完整，但总结了本书提到的大部分动物相关问题。每个问题因人类影响改善或恶化。假如影响集中在某地，书中给出了相应地点。第5、12、16和17章中提到了更多细节。问题鱼类未被包含在内，因为它们的大部分影响仍不得而知。

<table>
<tr><th>哺乳动物</th><th>影响或问题</th></tr>
<tr><td>树袋熊
（Phascolarctos cinereus）</td><td>杀死维多利亚州和南澳大利亚州的桉树</td></tr>
<tr><td>环尾袋貂
（Pseudocheirus peregrinus）</td><td>啃食维多利亚州的桉树枝叶</td></tr>
<tr><td rowspan="5">帚尾袋貂
（Trichosurus vulpecula）</td><td>威胁袋鼠岛上濒危的辉凤头鹦鹉
（Garnett, Pedler & Crowley 1999 and 2000）</td></tr>
<tr><td>可能威胁维多利亚州的红尾辉凤头鹦鹉
（Garnett & Crowley 2000）</td></tr>
<tr><td>可能侵占塔斯马尼亚岛上稀有的大草鸮的巢洞
（Garnett & Crowley 2000）</td></tr>
<tr><td>啃食桉树，有时会杀死它们</td></tr>
<tr><td>传播山楂及其他野生植物种子（Bass 1990）</td></tr>
<tr><td>沙大袋鼠
（Macropus agilis）</td><td>在汉密尔顿岛啃食林下灌丛，侵蚀山坡，
污染珊瑚礁</td></tr>
<tr><td>尤金袋鼠
（Macropus eugenii）</td><td>杀害南澳大利亚州格伦利岛、花岗岩岛、波士顿岛上的灌丛（Copley 1994, Robinson 1989）</td></tr>
</table>

续表

哺乳动物	影响或问题
黑纹大袋鼠 (*Macropus dorsalis*)	骚扰脆弱的黑胸三趾鹑 (Flower, Hamley & Smith 1995)
西部灰袋鼠 (*Macropus fuliginosus*)	啃食下层林木(Cheal 1986, Gifford 1996)
	采食、踩踏濒危珍稀植物
东部灰袋鼠 (*Macropus giganteus*)	啃食下层林木(Coulson 2002)
	导致森林鸟类的减少
岩大袋鼠 (*Macropus robustus*)	啃食下层林木,破坏国家公园 (Alexander 1997)
	采食受威胁植物(Baulderstone 1996)
红颈袋鼠 (*Macropus rufogriseus*)	采食塔斯马尼亚的受威胁植物
红袋鼠 (*Macropus rufus*)	啃食下层林木(Alexander 1997)
短尾矮袋鼠 (*Setonix brachyurus*)	清除罗特尼斯岛上的下层林木
黑尾袋鼠 (*Wallabia bicolor*)	推动昆士亚(Kunzea ericoides)入侵柯兰德克保护区 (Singer & Burgman 1999)
黑妖狐蝠 (*Pteropus alecto*)	可能使灰头飞狐流离失所(未被证实)
	传播野生植物种子
鸟 类	**影响或问题**
澳洲红隼 (*Falco cenchroides*)	捕食诺福克岛上稀有的克岛圆尾鹱 (*Pterodroma neglecta*)(Garnett & Crowley 2000)
褐贼鸥 (*Catharacta lonnbergi*)	捕食麦夸里岛上稀有的巨鹱、霍氏巨鹱、蓝鹱和仙锯鹱(Garnett & Crowley 2000)
澳洲红嘴鸥 (*Larus novaehollandiae*)	捕食斑长脚鹬、黑头鸻蛋和白额燕鸥的蛋和幼鸟 (Garnett & Crowley 2000)
	大量捕食大堡礁岛屿上的海鸟蛋和幼鸟 (Hulsman 1977)
小凤头鹦鹉 (*Cacatua sanguinea*)	侵占袋鼠岛上濒危的辉凤头鹦鹉的巢洞 (Garnett & Crowley 2000)

续表

鸟　类	影响或问题
粉红凤头鹦鹉（*Cacatua roseicapilla*）	侵占袋鼠岛上濒危的辉凤头鹦鹉的巢洞（Garnett & Crowley 2000）
	侵占西澳大利亚州的濒危短嘴黑凤头鹦鹉的巢洞（Garnett & Crowley 2000）
	杀死西澳大利亚州的桉树（Saunders & Ingram 1995）
长嘴凤头鹦鹉（*Cacatua tenuirostris*）	与红尾黑凤头鹦鹉（濒危的维多利亚种）争夺巢洞（Garnett & Crowley 2000）
	与濒危的长嘴凤头鹦鹉南部种杂交（Garnett & Crowley 2000）
深红玫瑰鹦鹉（*Platycercus elegans*）	侵占濒危的诺福克岛绿色鹦鹉的巢洞（Garnett & Crowley 2000）
	可能导致诺福克岛布布克鹰鸮的死亡（Garnett & Crowley 2000）
环颈鹦鹉（*Barnardius zonarius*）	杀死澳洲草树（*Xanthorrhoea preissii*）（Recher 1999）
大草鸮（*Tyto novaehollandiae*）	捕食豪勋爵岛上的濒危豪岛秧鸡和其他稀有鸟类（Garnett & Crowley 2000）
笑翠鸟（*Dacelo novaeguineae*）	可能与塔斯马尼亚稀有的大草鸮争夺巢洞（Garnett & Crowley 2000）
纹翅食蜜鸟（*Pardalotus striatus*）	可能使塔斯马尼亚州濒危的四十斑啄果鸟流离失所（Garnett & Crowley 2000）
钟矿吸蜜鸟（*Manorina melanophrys*）	使濒危的头盔吸蜜鸟流离失所（Backhouse 1987, Woinarski & Wykes 1983, Garnett & Crowley 2000）
黑额矿吸蜜鸟（*Manorina melanocephala*）	使濒危的王吸蜜鸟和四十斑啄果鸟流离失所（Garnett & Crowley 2000）
	使大量森林和疏林鸟类流离失所（Dow 1976, Grey, Clarke & Loyn 1997, 1998）
黄喉矿吸蜜鸟（*Manorina flavigula*）	与濒危的黑耳矿吸蜜鸟杂交，纯种黑耳矿吸蜜鸟现已灭绝（Clark, Gordon & Clark 2001, Christidis & Holderness 1988）
黑喉钟鹊（*Cracticus nigrogularis*）	捕食濒危的金肩鹦鹉（Garnett & Crowley 1997 & 2000）

续表

鸟　类	影响或问题
斑噪钟鹊（*Strepera graculina*）	捕食脆弱的白翅圆尾鹱（Priddel & Carlile 1995, 1999）
	散播野生植物种子（Buchanan 1989, Bass 1989）
澳洲渡鸦（*Corvus coronoides*）	捕食脆弱的黑头鸻（Garnett & Crowley 2000）
	捕食其他鸟类，也许造成了当地种群数量的下降
白翅澳鸦（*Corcorax melanorhamphos*）	消灭濒危的玫瑰裂缘兰（Caladenia rosella）
灰胸绣眼鸟（*Zosterops lateralis*）	可能使诺福克岛上濒危的白胸绣眼鸟流离失所（Garnett & Crowley 2000）
	散播许多野生植物的种子
无脊椎动物	**影响或问题**
露兜树飞虱（*Jamella australiae*）	杀死昆士兰州南部的露兜树（*Pandanus tectorius*）（Smith & Smith 2000）
桉树龟金花虫（*Paropsis atomaria*）	杀死南新威尔士州农场上的桉树（Landsberg, Morse & Khanna 1990）
桉天牛（*Phoracantha impavida*）	杀死珀斯的棒头桉（*Eucalyptus gomphocephala*）（Old, Kile & Ohmart 1981）
穿孔蛾（*Perthida glyphopa*）	造成西澳大利亚州边缘桉（*Eucalyptus marginata*）严重的顶梢枯死（Abbott et al. 1993）
无刺蜂（*Trigona carbonaria*）	散播毛叶桉（*Corymbia torelliana*）种子，这是一种须受重视的森林野生植物（Wallace & Trueman 1995）
棘冠海星（*Acanthaster planci*）	大规模破坏珊瑚礁（Raymond 1986, McGhee 1995）
小核果螺（*Drupella*）	有大规模破坏珊瑚礁的嫌疑（Fellagara & Newman 1996）

信息来源

引　言

Browns like farms – see Wilson & Knowles (1988); Winners & losers – McKinney & Lockwood (1999); The Domain – Kirkpatrick (1995), Kirkpatrick (1986); Endangered bell-frog – see chapter 2 source notes; No balance of nature – Wu & Loucks (1995), Elton (1930).

第 1 章　自然生物利用人类

Caley – Currey (1966); Bennett (1834, vol. 1. page 83); Chisholm (1948); Rockhampton's railway swallows – McNight & McKnight (1991); Swallows on train – Shepherd (1912); Sunbirds – Thornton (1999); The miners roost beside Indooroopilly train station; Gould (1976); Bats in Mt Isa, etc. – Birt, et al. (1998), Hall & Richards (2000), Ratcliffe (1948, page 14); Europe's starlings & wagtails – Gilbert (1989, page 169); Harare's kestrels – Low (1996-97); Magpies like wire – Chisholm (1958); White-eared honeyeaters – Chisholm (1958); Satin bowerbirds – Chisholm (1958), Gould (1865), etc.; Spotted bowerbird – Borgia (1995), Chisholm (1958); One bower contained… – Chaffer (1984); Great bowerbirds in Townsville – Mark Read, Townsville Environment Protection Agency; Thomson (1935); Gould (1865); Russell (1898); David Neil, University of Queensland; Leichhardt on wells – (1847, pages 160, 162, 460, 476, 405);Leichhardt on kites & crows (1847, pages 273, 305, 321, 328, 335); Sturt (1849, pages 269, 320); Thomson (1935); Bennett (1834, page 273); Collins paraphrased by Smyth (1878), Leichhardt (1847, page 307); DNA of crows – Sibley & Ahlquist (1986, page 76); Honeyguide – Dean, Siegfried & MacDonald (1990), Isack & Reyer (1989), my book was called *The Wonders of Life on Earth* (1960); Gould (1865); Leichhardt (1847, page 222, etc.); Austin (1977); *Melomys* – Limpus & Watts (1983), Strahan (1995); Lady apple and wongi plums – Hynes & Chase (1982); Collins (1798, page 307); Grey (1841, volume 2, page 292); Blady grass – Currey (1966, page 81; Cunningham (1827, page 195); Rosenblatt – *Time* April-May 2000.

第 2 章 “濒危的野草”

Bell-frog – Pyke (1999), Pyke & White (2001), Campbell (1999), White & Pyke (1996), and other papers appearing in volume 30(2) of *Australian Zoologist*; Selinger – *The Canberra Times* 8 June 2000 page 12; Velvety peppercress – Cropper (1987), Cropper (1993), and notes provided by Bob Parsons (La Trobe University) and Neville Scarlett; twenty-eight places in Tasmania – Kirkpatrick & Gilfedder (1998); Gunn – note attached to herbarium specimen K359177 (N.Scarlett pers. comm.); Weed in New Zealand – Peter Heenan, Landcare Research, Lincoln, Canterbury; Bandicoot at Hamilton – Menkhorst & Seebeck (1990), Clark, Gibbs & Goldstraw (1995), Dufty (1994); In Tasmania – Robinson, Sherwin & Brown (1991), Driessen, Mallick & Hocking (1996), Mallick, Hocking & Dreissen (1997); Gunn suffered severely – Gould (1974); New rodent (closely related to *Rattus sordidus*) – Milne (1993), Anonymous (1985), David Hannah, Queensland Environment Protection Agency, Emerald; Star finch – Garnett & Crowley (2000); Endangered cockatoo = short-billed black-cockatoo; Rare bats = ghost bats – Worthington et al. (1994), Hall et al. (1997); Threatened ringtail = western ringtail (Strahan 1995); Miller in *The Age* – 3 February 1999; Orange-bellied parrot – Loyn et al. (1986), Garnett & Crowley (2000); Buttongrass – Marsden-Smedley (1998), Marsden-Smedley & Catchpole (1995); Lightning fires rare in Tasmania – Bowman (1998), Marsden-Smedley (1998); Goodwin – Marsden-Smedley (1998); *Lophelia pertusa* – Anonymous (1999).

第 3 章 远离荒野

Knowles – Nash (1973, pp. 141 – 2); Wilderness repugnant then spiritual – Nash (1973), Cronon (1995); Thoreau (1960); Parkes – Mosley (1978, p.27); Dunphy – Mosley (1978, p. 29); Franklin River – Green (1981); Smith – Smith (1977), Green (1981); Hawke – Green (1981); New Left – Stokes (1983); Brown – Brown (1983). By questioning ‘wilderness’ I intend no criticism of Bob Brown’s outstanding achievements in conservation; Wilderness Society definition – www.wilderness.org.au, Michael (1991); Tunbridge, Jericho – Kirkpatrick, Gilfedder & Fensham (1988); Rare species increase as wilderness declines – Mackey et al. (1998), Kirkpatrick & Gilfedder (1995); Cronon (1995, p. 87); Flood (1983, p. 159); Expanding Wet Tropics rainforests – Harrington & Sanderson (1994), Trott (1995); Endangered bettong – McIlwee (1999); Golden-shouldered parrot – Garnett & Crowley (1997, 2000); Cole (1996); Kakadu wasps – Bell (1981); Aborigines exercised control – Martin (1992), Flannery (1994); Multiplying kangaroos and koalas – see chapters 17 and 18; Dingoes – Low (1999); Rose (1996, p. 18); Roberts – Rose (1996, p.26); Stanner – Rose (1996, p.18); Bogong moths – Green et al. (2001); Ehrlich (1997); Ludwig (1989); McKinnon (1990); Cronon (1995, p. 87); Five kilometres from a road – Land Conservation Council (1991, p. 6); 42 per cent grazed – AUSLIG (1993); 40 per cent eroded – Ludwig & Tongway (1995).

第 4 章 生态系统工程师

Elephants – the references are too many to list, Laws (1970), Owen-Smith & Danckwerts

(1997), Noble (1993, 1999), Flannery (1994); Savage spines – Low (1997 – 98); Seabird and seal erosion – Gillham (1961, 1963), Hodgson et al. (1997); Buffalo bream – Berry (2000); Moa trails – Horn (1989); Jones, Lawton & Shachak (1997); Gillham (1963); New Holland mice – Strahan (1995); Whale slaughter benefits seals – Hodgson et al. (1997); Newsome (1975); Burbidge et al. (1988); Flannery (1994); Bolton & Latz (1978); Mosaic burning theory remains contentious – Bowman (1998); Mala on islands – Short & Turner (1994), Bowman (1998); Great desert skink – McAlpin (2001), Pearson (2000); Flannery (1987).

第 5 章　污水生态学

Pedra Branca skink – Rounsevell, Brothers & Holdsworth (1985), Wilson & Knowles (1988). One population of the skink *Niveoscincus pretiosa* is also largely dependant on fish dropped by birds (Rounsevell, Brothers & Holdsworth 1985); Ornithocoprophiles – Yugovic (1998); Sydney sewage – Otway, Sullings & Lenehan (1996), Otway et al. (1996); Hindwood (1955); Albatrosses – Battam & Smith (1994); Abattoirs also fed skuas, petrels, seagulls – Hoskin (1991). New genetic work implies that the wandering albatrosses breeding on each island group are a separate species, which means the abattoir was feeding eight seabird species; Brisbane sewage & birds – Driscoll (1998), Thompson (1990); Hodgkinson, cholera, dysentery – Chiffings, Bremner & Brown (1992); Life around 145W drain – Poore & Kudenov (1978), Dorsey (1982); 'Great Sewage Farms' – Andrew (1992); Gulls – Ottaway, Carrick & Murray (1985), Ottaway, Carrick & Murray (1988), Smith (1992), Gibson (1979), Menkhorst, Kerry & Hall (1988), Yugovic (1998), Marchant & Higgins (1993); Banded stilt – Bellchambers & Carpenter (1992), Marchant & Higgins (1993); Coast hollyhock – Yugovic (1998); Black kites – Hamilton (1959), Liddy (1959), Roberts (1982); Prawn trawlers in Moreton Bay – Blaber & Wassenberg (1989), Wassenberg & Hill (1987), Corkeron, Bryden & Hestrom (1990); Trawlers in the Gulf – Harris & Poiner (1991), Martin, Brewer & Blaber (1995), Blaber, Brewer & Harris (1994), Blaber & Milton (1994); Crown-of-thorns – McGhee (1995); Coral-eating snails – Fellagara & Newman (1996); Superphosphate in SA – Cappo et al. (2000); Lyngbya – www.botany.uq.edu.au/research/marine_botany/lyngbya/lyngbya.html; Sydney's mangroves spreading – McCoughlin (2000); Clements (1983); Faithfull (1995) and pers. comm. He updated the beetle numbers from those appearing in Faithfull (1995); Pelsaert, Dampier – Stanbury (1978); Bush flies – Beckmann (1987), Mathiesson & Hayles (1983).

第 6 章　建筑物为自然服务

Manyon – pers. comm.; Cityscapes are like cliffs – Gilbert (1989, p. 165); Peregrines in cities – Marchant & Higgins (1993); In Canberra – Olsen & Allen (1997); London kestrels – Gilbert (1989, p. 168); Phillipps (1994); Ward (1998); Roadside mulga – Norton & Smith (1999); Christmas Island bat (*Pippistrellus murrayi*) – Duncan, Baker & Montgomery (1999); Martins in culverts – Reilly & Garrett (1973); Bats in martin nests – Schulz (1997). Schulz lists ten species and I have also recorded *Vespadelus findlaysoni* from a culvert martin nest in the Pilbara; Bats in mines – Hall et al. (1997); Orange mine bats – Pavey and Burwell (1995);

A house in Logan (near Brisbane) – they were little broad-nosed bats; Melbourne's marbled geckoes – John Coventry (formerly Museum of Victoria); Tyler (1999); Cotton – McEvey (1974); Meredith (1844); McKeown (1952); Hoser (1996); Tyler (1976, p. 48); Artifical reefs – Pickering & Whitmarsh (1997); Queensland reef – Zeller (1998); Birds around a homestead – Barrett (1922); Canberra birds – Wilson (1967), Pescott (1916, p. 12); Tyler – Tyler & Watson (1998); Gould (1973, p.5); Landsbergh et al. (1999), James, Landsbergh & Morton (1999); Sturt – Baker & Caughley (1994); Some birds need water – Fisher, Lindgren & Dawson (1972); Barnard (1925); Nail-tail wallaby – Fisher (1998), Evans (1996). The clearing in Taunton has angered some experts. The park could arguably have been enhanced for wallabies in less destructive ways; Mallee birds – Luck, Possingham & Paton (1999), Taylor & Kirsten (1999).

第 7 章　自然需要野生植物

Czechura (1999); Lantana hybrid, grown by Macarthur – Swarbrick (1986), Day & Hannan-Jones (1999); Tenison-Woods (1881); Birds use lantana – Crome, Isaacs & Moore (1994), Czechura (1999), Bayly & Blumstein (2001); Button-quail – Blakers, Davies & Reilly (1984); Mike Olsen – former lecturer at Griffith University, Brisbane; Drop-off in bandicoots – Greg Hocking at Tasmanian Parks and Wildlife Service; Spiny emex and cockatoos – Scott, Yeoh & Woodburn (2000); Birds suffer from calicivirus – Olsen (1998) discusses six threats to raptors and lists 'broadscale control of pests', by which she means rabbits, second; Prickly pear commission, bounties – Anonymous (1927); Cassowaries and pond apples – Breaden (2001); Biologists want camphor laurels – Date et al. (1996), Frith (1982); Pigeons – Date, et al. (1996), Frith (1982), Frith (1957); Birds eat weeds – Loyn & French (1991), Ekert & Bucher (1999), Higgins (1999) and other references listed therein; Parrots eat weed seeds – Higgins (1999) and references therein; Corellas – Temby & Emison (1986), Environment and Natural Resources Committee (1995); Turquoise parrot – Jarman (1973), Higgins (1999, p. 575); Norfolk parrot – Garnett & Crowley (2000); Rock wallabies like gardens – Winkel (1998); Koalas eat camphor laurel, pines – Stephen Phillips, Griffith University, Gold Coast; French (1944); French (1942); Bladder cicada – Moulds (1990); Mistletoes on foreign plants – Seebeck (1997); Mildura's birds of prey – Baker-Gabb (1983); Little eagles in WA – Johnstone & Storr (1998); Barn owls eat mice – Morton & Martin (1979); NZ screwshells – Nic Bax, CSIRO, Hobart; Study around Canberra – by Darren Evans, University of Canberra. The small birds included finches, fairy-wrens, thornbills and speckled warblers; Bandicoots around Adelaide – Regel et al. (1996); Action Plan – Garnett & Crowley (2000); Four rare Tasmanian plants – *Lepidium pseudotasmanicum, L. hyssopifolium, Vittadinia gracilis, V. muelleri* (see Kirkpatrick 1995); Mesilov – from an internal Forestry Tasmania report, and (second quote) pers. comm.; Birds as crop pests – Temby (1995). I have added to his numbers by including other reports eg. Birt (1999); Grape pests – Tracey et al. (2001); Bogong moths – Green et al. (2001); Cottony cushion scale – Low (1999); Spider beetles – Gilbert (1989, p. 172); Brazilian eucalypts blighted – Ohmart & Edwards (1991); Paperbarks as habitat – O'Hare & Dalrymple (1997); Barbets extend range – MacDonald (1986); Komodo dragon – Diamond (1987).

第 8 章　城市生态学

Ludwig (1989); Canine zone – (Gilbert 1989, p. 162); Platypuses in Melbourne – Serena (1996); Platypuses in Sydney – Grant (1998); Cairns Crocodiles – Mark Read, Environment Protection Agency, Townsville; Sharks near Brisbane (at Carbrook Golf Course) – The Sunday Mail, 7 April 2001; Marbled geckoes – John Coventry, Museum of Victoria; Goannas in Perth – Thompson (1996 – 7); Birds in Sydney – Hoskin (1991); Melbourne zoo – Dunn (1989); Aedes notoscriptus – Hamlyn-Harris (1927), Hamlyn-Harris (1931), Watson (1998); Distance travelled – Watson, Saul & Kay (2000); Ratcliffe (1932); Markus (2001); Four bat camps – see Eby et al. (1999) for NSW camps; Melbourne's flying-foxes – Peake, Ward & Carr (1996); Urban heat – Gilbert (1989, p. 25); Fleay (1968, pp. 58, 60); Owls in Melbourne – Higgins (1999); Owls in Sydney – The Sydney Morning Herald 9 May 2000 p. 9; Owls in Brisbane – Pavey (1993); Canberra's birds – Taylor (1992); Sewell & Catterall (1998); Highest bird tallies – Blair (1996); Gilbert (1989, p. 256); England's hedgehogs, foxes, frogs – Gilbert (1989); Raccoons, coyotes, oppossums – Adams (1994); Raghu (1998); Mangroves expanding – McCoughlin (2000); English birds multiplying – Gilbert (1989, pp. 116, 257); Sydney's new birds – Hoskin (1991); Littler (1902); Guns in 1958 – McGill (1958); 3 Polyrhachis ant species have invaded Brisbane – Rudi Kohout, Queensland Museum; Magpies – Darry Jones, Griffith University, Brisbane; Darwin honeyeaters – Noske (1998); Garden birds big – Bailey & Blumstein (2001), Brooker & Brooker (1998), Woodall (1995); Neophilia – Greenberg (1990), Davis (1999); Gould (1865, p. 122); Seagulls – Higgins & Davies (1996); Cockatoos, Corellas – Environment and Natural Resources Committee (1995); Forebrain size – Lefebvre et al. (1998); Galvanised burr – Everist et al. (1976), Groves (2001); Ibis at Healesville – Symonds (1999), Geoff Underwood, Wildlife Officer, Tidbinbilla (formerly of Healesville); Taronga liberty flock – press release issued by Taronga Zoo 31 January 1973; Tidbinbilla – Geoff Underwood; Gold Coast – Eco-Sure (1999, 2000); Mauritius kestrels – Jones et al. (1994); Emus in WA – Grice, Caughley & Short (1985); Wood ducks (also called maned ducks) – Kingford (1992); Sugar cane – Low (1993); Canefield rats – Whisson (1996); Butterfly foodplants – Common & Waterhouse (1981); Ord region – Tony Start, Department of Conservation and Land Management, Kununurra; Rice frogs – Graham Pyke, Australian Museum; Rice weeds – McIntyre, Ladiges & Adams (1988), McIntyre & Barrett (1985).

第 9 章　迁移

Gilbert – his notes were incorporated into Gould (1865); New birds in WA – Storr (1991), Storr & Johnstone (1988), Johnstone & Storr (1998); Sydney birds – Hindwood & McGill (1958), Hoskin (1991); More than a hundred – This guesstimate results from assessing various sources, eg. Smith & Smith (1994), Storr & Johnstone (1988), Johnstone & Storr (1998), Baxter (1989), Blakers, Davies & Reilly (1984). Many unexpected birds are involved, eg. banded whiteface, black-necked stork, peregrine falcon; Not many have noticed – Smith & Smith (1994) are a notable exception; Pizzey guides – Pizzey (1980), Pizzey (1997); Distorted image of Australia – in another example, galahs can be heard calling along the NSW coast during the colonial era in the film Oscar & Lucinda; Galahs in Sydney – Hindwood & McGill (1958), Hoskin (1991);

Horseshoe bats – Menkhorst (1995), Kerle (1979); seven cave bats benefited – Hall et al. (1997); Flying-foxes – Ratcliffe (1932), Eby et al. (1999); Butterflies – Common & Waterhouse (1981), Eichler (1999); Swamp wallaby – Menkhorst (1995), Bird (1992); Barred bandicoot – Driessen, Mallick & Hocking (1996); Mosses – Downing & Oldfield (2001 – 02); Crested pigeon – Gould (1865), Mills (1997), Hoskin (1991), Higgins & Davies (1996); Gerygones and mangroves – Hindwood & McGill (1958), Hoskin (1991), McCoughlin (2000); Lawson (1905); Serventy & Loaring (1951); Birds and drought in WA – Storr & Johnstone (1988) matched against Flood & Peacock (1997); Leeuwin Current – Dunlop & Wooller (1986), Johnstone & Storr (1998); Terns hybridising – Garnett & Crowley (2000) and references therein, Ross, Egan & Priddel (1999); Kangaroo Island birds – Baxter (1989). Other newcomers include little egret, hardhead, royal and yellow-billed spoonbill, black-shouldered kite; North American birds – Root & Weckstein (1994); Monk parakeets – Forshaw (1989); Yellow chats – Garnett (1983); Regent parrot – Garnett & Crowley (2000), Johnstone & Storr (1998); Sydney losers – Hindwood & McGill (1958), Hoskin (1991); Declining woodland birds – Robinson & Traill (1996).

第 10 章　跨国交换

Birds to New Zealand – Oliver (1930), Best cited in Oliver (1930), Heather & Robertson (1996), Ornithological Society of New Zealand (1990). Masked lapwings can be heard calling during the film Lord of the Rings, which was shot in New Zealand; Spiders – Auckland Institute & Museum display; Butterlies – Early, Parrish & Ryan (1995); Fig wasps – Gardner & Early (1996) and John Early pers. comm.; Meteorologists estimate – Close et al. (1978); Orchids – Auckland Institute & Museum display; Maori clearing – Atkinson & Cameron (1993), King (1984); Cook – Begg & Begg (1969, p. 116); Bird remains not found – Richard Holdaway pers. comm. and Holdaway, Worthy & Tennyson (2001); Wardle (1991); Endangered stilt – Heather & Robertson (1996); New Zealand drop-ins – Oliver (1930), Heather & Robertson (1996); Norfolk Island – Schodde, Fullager & Hermes (1983), Smithers & Disney (1969); Lord Howe – Hutton (1990), Hindwood (1940) and Ian Hutton pers. comm.; Chatham Island – Heather & Robertson (1996), Ornithological Society of New Zealand (1990). White-faced herons have also colonised these islands; Conservation concerns – Garnett & Crowley (2000), Duncan, Baker & Montgomery (1999); Barn swallows – Blakers, Davies & Reilly (1984), Pizzey (1997); Kelp gulls – Potts (1882), Oliver (1930), Coulson & Coulson, Higgins & Davies (1996); Cattle egrets – Long (1981), Maddock & Geering (1994); Pizzey (1950), Pizzey (1997); Horsehoe bats – Hall et al. (1997); Butterflies – Braby (2000), Common & Waterhouse (1981), Dunn & Eastwood (1991); Sparrows – Ericson, et al. (1997), Sumners-Smith (1988); Neolithic site – Terry O'Connor, University of York; Mammals introduced – Mark Williamson, University of York.

第 11 章　隐秘的搭车客

Raven – see Raven & Gallen (1987). See also Web Page http://www.uq.edu.au/~xxrraven; McKeown (1952); Aflalo (1896, p. 276); Morris (1898); Main (1993); On Tristan da Cunha – Wace (1968); Banana frogs – G. Marantelli pers. comm., O'Dwyer, Buttermer & Priddel (2000);

Mucor – Connolly et al. (1997), Berger, Speare & Humphrey (1997), Munday & Stewart (1999); Chytrid fungus – Low (1999); Fruit fly – Sproule, Broughton & Monzu (1992); Pandanus – Smith & Smith (2000a & 2000b); Palmdarts – Hutchison (1988), Williams (1991), Eichler (1999), Common & Waterhouse (1981); Eucalyptus weevil – Tom Burbidge, Conservation and Land Management, WA; Sawfly – Gwenda Mayo, Adelaide University, and Andrew Loch, CSIRO; Cicadas – Moulds (1990); Butterflies around Alice Springs – Orchard swallowtail; The echidna was found in Melbourne – G. Marantelli pers. comm.; Flatworm – Leigh Winsor, James Cook University, and Low (1999); Weasel skinks – Mark Lintermanns; Stripy snail – John Stanistic, Queensland Museum; Hobart firewood – Todd & Horwitz (1990); Lizards came south – Bush (1987); Lord Howe lizards and frogs – Ian Hutton; Wace (1977); Wilsons Promontory plants – Geoff Carr; Flemington Saleyards – Gray & Michael (1996); Windmill grass – Kloot (1985), MacDonald (1887); Plants spread abroad – Kloot (1985); Scottish wool mills – Low (1999); Swamp dock – Hussey et al. (1997), etc.; Marsh frogs – Martin & Tyler (1978); Black spear grass – Peter Latz, pers. comm.; Ross River virus – McManus et al. (1992). Other examples: QX disease of mussels has spread south into New South Wales. The vegetable grasshopper (Atractomorpha similis) has come south to Brisbane (Geoff Monteith, Queensland Museum). The mainland Australian earthworms Anisochaeta dorsalis & A. sebastianus have colonised Tasmania (Rob Blakemore), as has the mainland landhopper Arcitalitris sylvaticus (Robert Mesibov). Some of the many plant examples are listed in Hussey et al. (1997) and Kloot (1985).

第 12 章　运输的故事

South Australian statistics – Copley (1994); Alyawarre spread tomatoes – Peterson (1979); Backhouse (1843); Sugar gliders – Gunn (1851); Acclimatisation – Low (1999) and references therein; Francis (1862); Victorian acclimatisers – the society began as the Zoological and Acclimatisation Society of Victoria and later became the Acclimatisaton Society of Victoria. I have quoted from 'The Rules and Objects of the Zoological and Acclimatisation Society of Victoria'; In WA – Jenkins (1977); Lungfish – Marks (1960); Oyster beds – Jenkins (1977); Kookaburras – Jenkins (1977), Kingsmill (1918); Kookaburras and owls – Garnett & Crowley (2000); Kookaburras and wrens – Ron Johnstone, Western Australian Museum. Mainland emus were also taken to Tasmania in place of the extinct Tasmanian race, but none survived (Jenkins, 1977); Mueller (1870); Another talk – Mueller (1871); Giles (1875); Ladybird exchanges – Wilson (1960); Lord Howe – Hutton (1990), McCulloch quoted in Hindwood (1940); Boobook – Garnett & Crowley (2000), Higgins (1999); Lord Howe bat – Strahan (1995); More Lord Howe birds – Hutton (1990); Blackbirds – Garnett & Crowley (2000); Brushtails - Craig Walker, Queensland Environment Protection Agency; Goannas in SA – Robinson (1989), Copley (1994); Tiger snakes – Bonnet et al. (1999); Cocos-Keeling Islands – Gibson-Hill (1950), Stokes, Sheils & Dunn (1984); Kangaroos, wallabies on Queensland islands – Craig Walker, Queensland Environment Protection Agency; Rottnest – Jenkins (1977), Coyle (1988); Gunn (1851); Cunningham (1827); Gould on galahs – Gould (1865); Taronga releases – Hoskin (1991); Sydney boasts … – Hoskin (1991); Perth – Long (1988), Johnstone & Storr (1998); Long-billed corellas – Environment and Natural Resources Committee (1995), Morris (1992); Perth's lorikeets – Lamont (1997), Lamont & Burbidge (1996); Cockatoos east of Perth – Long (1988), Johnstone & Storr (1998); Red- browed finches near Perth – Long (1988); Sydney turtles – Carol Brown; Melbourne water dragons – John Coventry, formerly Museum of Victoria; Eucla frogs – Gerry Marantelli, Melbourne; Mt Tamborine butterflies – Gary Sankowsky pers. comm.; Brush-turkeys at Healesville – Symonds (1999) and Geoff Underwood of Tidbinbilla Nature Reserve. There were also escapes of peaceful doves (Blakers, Davies & Reilly 1984); Belair National Park – National Parks and Wildlife Service (1989), Flannery (1994).

第 13 章　高贵的方舟

Barrett (1925), Foxes destructive – Le Souef (1925); Wilsons Promontory – Anonymous (1905), Kershaw (1913), Kershaw (1928), Ewart et al. (1913), Campbell (1952), Gillbank (1998), Hardy (1906), Seebeck & Mansergh (1998); 'Noble Promontory' – Gregory & Lucas (1885); Kangaroo Island – Dixon (1981), White (1925), Anonymous (1948), Copley (1994), Le Souef (1925). Earlier releases of malleefowl were made by the Royal Australasian Ornithologists Union; Nailtails & parmas – Short et al. (1992); Hinchinbrook – Anonymous (1929); Sharland (1944); Tanner (2000); Hobart Mercury – 27 April 1966; McManus – letter to Peter Murrell, Director, National Parks and Wildlife Service, dated 10 September 1985; Ferryman claims – The Examiner 28 July 1988; Emus – letter to the Minister for National parks from P. Murrell dated 26 July 1982; Bandicoots – memorandum to Director of Agriculture from Peter Murrell dated 8 April 1974; SA bettongs and rats – Robinson (1989), Copley (1994); Shark Bay – Short et al. (1994), Algar & Smith (1998); Little Tobago – Long (1981); Kiwi on island – Tiri Tiri Matangi Island; Wetapungu – Gibbs (1999). It is confined to Little Barrier Island.

第 14 章　恣意放养鱼类

Lake Eachham rainbow – Barlow, Hogan & Rodgers (1987), Pusey, et al. (1997); Nile perch – Miller (1989), Ogutu-Ohwayo (1987), Midgley (1968); Freshwater Fishing Enhancement Program – Hamlyn & Thomas (1995), Hogan (1995); New fish in every river – Freshwater Fisheries Management Advisory Committee (1996); The Burnett and Mary – Freshwater Fishers Management Advisory Committee (1998); Alf Hogan – Hogan (1995); Lake Tinaroo net – Department of Primary Industries press release, 8 February 1999; Brisbane River cod – McKay & Johnson (1990); Lake Morris, Koombooloo Dam – Hogan (1995); Barred grunters – Rowland (2001); Wimmera – Harris & Battaglene (1989); Macquarie perch – Cadwallader (1981); Trout cod – Cadwallader & Gooley (1984); Blackfish, catfish – Harris & Battaglene (1989); Yabbies – Jasinska, Knott & Poulter (1993), Austin (1984), Horwitz (1990); Marron – Morrissy (1978), Horwitz (1990); Redclaw – Horwitz (1990), Hogan (1995); Fish diseases – Lee Owens, James Cook University, Townsville; Translocation policy – Ministerial Council on Forestry, Fisheries and Aquaculture (1999).

第 15 章　请原谅我的花园

Useful articles on this topic appears in Plant Protection Quarterly volume 16(3). See also Carr (1993), Blood (2001) & Muyt (2001); Mt Martha – Carr, Bedggood & McMahon (1991); Victoria – Carr (2001, 1993); WA – unpublished list by Greg Keighery, Conservation and Land Management; also Hussey et al. (1997); Tuckeroo – it is sprouting in thousands in the botanic gardens at Coff's Harbour. Syzygium paniculatum is also rare and also spreading from gardens in NSW; Parks Victoria budget – Scott Coutts, Parks Victoria; Dandenongs – Department of Conservation and Environment (1991); In Belair – Stuart Paul, Belair National Park; Bruzzese & Faithfull (2001); Pittosporum and orchid – Stuart Paul, Belair National Park; Australian plants abroad – Low (1999), Groves (2001); Pittosporum seeds by 1826 – Mack (1991); History of gardening books – Crittenden (1986); Bunce (1850); James (1892); Guilfoyle (1911); Pescott (1912); Harris (1953); Wayne Hill – Environment and Natural Resources Committee (1998); Western plants come east – Piggot (2001); Cadagi and bees – Wallace & Trueman (1995); IUCN – McNeely (2000); SGAP – at http://farrer.riv.csu.edu.au/ASGAP/weeds.html#dontgrow; Wolschke- Bulmahn (1996); Mound (1995).

第 16 章　害鸟

Kangaroo Island – Garnett, Pedler & Crowley (1999), Garnett & Crowley (2000), and Chewings (the newsletter produced by the SA Glossy Black-Cockatoo program); twelve nationally endangered birds – Lord Howe woodhen, short-billed black-cockatoo, golden-shouldered parrot, Norfolk Island green parrot, forty-spotted pardalote, regent honeyeater, black-eared miner, white-chested white-eye and the Australian breeding populations of Kermadec petrel, southern giant petrel, blue petrel and fairy prion. See Appendix II for further details; Possums in New Zealand – Low (1999); Galahs and corellas colonised – Baxter (1989); Zoe's thesis – Tanner (2000); Magpie-larks at Atherton, woman loses eye – Stephen Garnett, Environment Protection Agency, Cairns. In another recent example a kookaburra on Fraser Island pierced a woman's cheek while trying to grab food; Ringecks and grasstrees – Recher (1999); Saunders & Ingram (1995); Currawongs – Major, Gowling & Kendal (1996), Bayly & Blumstein (2001) and references therein, and articles in various bird newsletters, eg. Canberra Bird Notes 15(1) 1990; Caley – Currey (1966); Allison (1993); Cabbage Tree Island – Priddel & Carlile (1995, 1999), Priddel, Carlile & Wheeler (2000); Disgorge pellets – Buchanan (1989); Bass (1996); Bass (1990); Garnett some years ago – Garnett (1983); Seagulls – Smith (1991), Smith (1992), etc.; Ravens – Garnett & Crowley (2000), Baxter (1988), Fell (1987); Skuas – Garnett & Crowley (2000), Skira (1984); Bellminers – Loyn et al. (1983), Loyn (1987b), Stone (1996); In Melbourne – McCulloch & Noelker (1974); Noisy miners – Dow (1976), etc., Gould (1865); Sparows vanishing – Woodall (1996, 1995) found that sparrows and miners do not co-exist; Loyn (1987a); Grey, Clarke & Loyn (1997, 1998); Catterall – Catterall, Piper & Goodall (in press); Oxley – Steele (1972); Allport (1867); Watling – Hindwood (1944); Hindwood (1944); Threaten pardalotes, honeyeaters – Garnett & Crowley (2000); Helmeted honeyeater – Woinarski & Wykes (1983), Pearce, Menkhorst & Burgman (1995), Garnett & Crowley (2000); Yellow-throated miner – Smith & Smith (1994); Cowbirds – Rothstein (1994), Post, Cruz & McNair (1993).

第 17 章　袋鼠的所作所为

In this chapter 'grey kangaroo', unless otherwise stated, refers to the eastern grey kangaroo (Macropus giganteus); Conservation in the past – Bonyhody (2000), Bennett (1832, p. 278), Gould (1973), Robin (1965); SA roo numbers – Peter Alexander, Environment and Natural Resources, Adelaide; Parra Wirra – Giffard (1996); Tidbinbilla densities – ACT Kangaroo Advisory Committee (1997); Boldrewood (1884, p. 106); Hattah-Kulkyne – Cheal (1986), Coulson (2002), David Cheal, Natural Resources and Environment; Wallaroos in Flinders Ranges – Alexander (1997); Woodlands – Coulson (2002); Coranderrk, Yan Yean, etc. – Coulson (2002); Canberra – Coulson (2002); Treecreeper – Garnett & Crowley (2000); Hamilton Island – Craig Walker, Queensland Environment Protection Agency; Quokkas – Dickman (no date), Sinclair & Morris (1995-96), McDonagh (1992); Black-striped wallaby – Flower et al. (1995, p. 30); Toolache Wallaby – (Strahan 1995); Bounties – Jarman & Johnson (1977); Recovering Ground – Cameron (1991). Notwithstanding this book, many in the ACF oppose roo culling; Gellatley (1998); Deer in North America – Opperman & Merenlender (2000); Elephants – Laws (1970).

第 18 章　杀死一棵树

Martin & Handasyde (1999) is the most useful reference for the koala themes discussed in this chapter, and includes a detailed list of references; Mascall – The Age 21 August 2000; Framlingham – Martin & Handasyde (1999), Herald Sun 26 April 1998; Dawson (1981, see the introduction); Martin & Handasyde (1999); French Island – Martin & Handasyde (1999), Lewis (1954), McNally (1957); Munro – Martin & Handasyde (1999); SA koala origins – Robinson (1978); Kangaroo Island – Martin & Handasyde (1999), Tyndale-Biscoe (1997); Task Force – Possingham et al. (1996); Wotton – quoted in The Advertiser (Adelaide), 22 November 1996; Two thirds in favour – poll by The Advertiser, reported 18 November 1996; Support from CCSA – the CCSA moved a motion on 24 May 1996 calling, in part, for 'Some selective culling by a professional shooter'; Sterilisation – Menkhorst, Middleton & Walters (1998); Menkhorst – quoted in the Adelaide Advertiser 18 November 1996; Le Souef (1925); Culling goes on – Kath Handasyde, University of Melbourne; No koalas seen in early years – Martin & Handasyde (1999), Warnecke (1978); Mann (1811); Parris (1948); Gould (1974, p. 36); Serventy (1990); The AKF concedes that koalas kill trees – their earlier newsletters make this concession but more recently they have expressed doubts; AKF newsletter – Australian Koala Foundation Newsletter, April 1998, p. 1; MacPherson – in Flannery (1994, p. 212); Dawson (1981, p. 21); Possums – Heatwole & Lowman (1986); On Keppell Islands – Craig Walker, Queensland Environment Protection Agency; Dieback from beetles – Landsberg, Morse & Khanna (1990), Heatwole & Lowman (1986). The main beetles were eucalyptus tortoise beetles (Paropsis atomaria); Tuart borer – Roger Armstrong (Conservation and Land Management), Old, Kile & Ohmart (1981). Roger suspects that thick undergrowth, sprouting in the absence of Aboriginal fire, has helped lower the water table. He also suspects salinity of playing a role; Armillaria – Kile (1983), Pearce, Malajkzuc & Kile (1986); Abbott and colleagues – Abbott, Wills & Burbidge (1999), Burrows, Ward & Robinson (1995); Mistletoe – Heatwole & Lowman

(1986), and see Victorian Naturalist 114(3); Beech fungus – Beckmann (1987); Pisonia psyllids – Purinaria urbicola; Fungus killing banksias – Bathgate, Barr & Shearer (1996).

第 19 章　植物战争

Coast tea-tree – Burrell (1981), Bennett (1994); Pittosporum – Gleadow & Ashton (1981), Ross & Fairweather (1997), Mullett (2001), Muyt (2001), etc.; Invading rainforest – Harrington & Sanderson (1994), Trott (1995); Endangered bettongs – McIlwee (1999); George Davis – quoted by Claire Miller in 'Protection takes more than a listing' in The Age 26 November 2000; Parrots and paperbarks – Crowley & Garnett (1998), Garnett & Crowley (2000); Bristlebird – David Stewart, Queensland Environment Protection Agency; Woody weeds and graziers – Ludwig & Tongway (1995), Harrington, Wilson & Young (1984), Pitt (1997); Cassinia – Campbell et al. (1994); Finch Hatton (1885); Shaw (1957), see also Isbell (1969); Newsome (1975); Ewart (1909); Burgan – Kirschbaum & Williams (1991), Singer & Burgman (1999); Coast wattle – Muyt (2001), Geoff Carr (Ecology Australia, Melbourne), Tim Barlow (La Trobe University); Manuka, white kunzea – Carr (1993); Rainforest and buttongrass – Marsden-Smedley (1998), Marsden-Smedley & Catchpole (1995); Herremans (1998); Lunt (1998); Black-cockatoo – Garnett, Britton & Crowley (2000); Ryan, Ryan & Star (1995), Benson & Redpath (1997). Responses appeared in Cunninghamia 5(4). I believe Benson & Redpath underestimate the influence of Aboriginal fire; Fensham – Fensham & Fairfax (1997), Fensham & Holman (1999), Fensham & Fairfax (1996), Fensham (1997); Flannery (1994); Horton (2000), Tench (1961, p. 272); Phillip, Worgan and Ball – Horton (2000); Lomatia – Lynch et al. (1998); Neilson she-oak – Shephard (2001).

第 20 章　基因场景

Black-eared miner – Clarke Gordon & Clarke (2001), Christides & Holderness (1998); Maclear's rat – Pickering & Norris (1996) and references therein; Grey-headed blackbird – Garnett & Crowley (2000), Schodde & Mason (1999); Endangered palm – Shapcott (1998), David Liddle, Conservation Commission of the NT; Black duck – Marchant & Higgins (1990); Corellas – Johnstone & Storr (1998), Garnett & Crowley (2000); Terns – Ross, Egan & Priddle (1999), Garnett & Crowley (2000); *Nicotiana* – Nicholls (1936). *N. glauca* also hybridises with *N. simulans* and *N. goodspeedii*; Grevillea hybrids – Carr (1993); Wattles – Blood (2001), Muyt (2001); Rushes – Hussey et al. (1997); Pittosporum – Carr (1993), Blood (2001), Muyt (2001); Other plant hybrids – Carr (1993), Carr (2001), Blood (2001); 'Hybridisation as a stimulus …' – Ellstrand & Schierenbeck (2000); Hoop pines – Dick Clarkson, Envionment Protection Agency, Queensland; Geraldton wax – Hussey et al. (1997); Macadamia – see O'Neill (1996); Darwin nurseries – Colin Wilson, Parks and Wildlife, Darwin; Redclaw, sleepy cod – www.dpi.qld.gov.au; Prawns – Benzie et al. (1995); – Pollard (1989); Tropical crops straddle continents – Low (1990); Shitake – Tom May, Royal Botanic Gardens, Melbourne; Ross River virus – Russell & Dwyer (2000); Brown tree-frogs – Gerry Marantell; Super eucalypts – Lake (1997); Currawong – Garnett & Crowley (2000), Schodde & Mason (1999); Jarrah – McComb, Stukely & Bennett

(1994); Norfolk boobook – Higgins (1999), Garnett & Crowley (2000); Endangered island mammals – Eldridge (1998), Spencer & Moro (2001); Neil Murray, La Trobe University.

第 21 章　花园中的野生冲突

Frog ponds – summarised in Low (2000 – 01). Arthur White is an associate of the Australian Musem, Sydney; five or six frogs benefiting – apart from the four mentioned, the dwarf-sedge, frog (Litoria fallax) and tusked frog (Adelotus brevis) are benefiting, perhaps also the ornate burrowing frog (Limnodynastes ornatus) at a few outer sites; Miners – see notes for Bad Birds chapter; Pizzey (1988); David Paton, University of Adelaide; Dying wattlebirds – Paton, Dorward & Fell (1983); Catterall's Toohey survey – Catterall, Green & Jones (1991); Cockatoo damage – Environment and Natural Resources Committee (1995); Urquhart & Clapp (1999); Curtain Square possums – articles appeared in the Melbourne Times (1 & 8 November 2000, 31 January 2001) and Yarra Leader (29 January 2001); Canberra mynas – Pell & Tidemann (1997); Hugo Phillipps – on the Birds Australia website www.birdsaustralia.com.au; Monika Rhodes, Griffith University, Brisbane; Organ Pipes – Irvine & Bender (1995); 'We can all do our bit' – Urquhart & Clapp (1999); Howard and Jones – Jones pers. comm., Jones & Howard (2001); Dinkum gardening – Low (1993); Helping birdwings – Low (2000); Robert Bender, Friends of Organ Pipes National Park.

第 22 章　放牧与捕杀皆为保护

Fragrant doubletails – Cropper (1993); Kangaroo grass kills itself – Lunt & Morgan (1999); Derrimut – Lunt & Morgan (1999); Oolambeyan – ABC Radio news 12 December 2001; The Queen's jumbo – 'Damsel acts to save dragon in distress' in The Australian 5 June 2000; Bunya Mountains balds – Fensham & Fairfax (1996); Pioneers ate animals – Low (1989); Collapse of civilisation – see Littler (1902) for example; NSW farmers kill flying-foxes – Decker & Burrowes (1994); Killing corellas, galahs, wombats – Ian Temby, Natural Resources and Environment, Victoria; WA farmers kill emus – data supplied by Conservation and Land Management; Cormorants culled – Ian Temby; Queensland permits – Birt (1999); Investigation at Emerald – Birt (1999); Lychee farmer – Booth v Bosworth [2001] FCA 1453, www.federalcourt.gov.au, Canberra Times 23 October 2001, McGrath (2001); Officer under investigation – The Courier Mail 17 December 2001. Garnett, Whybird & Spencer (1999) counted 153000 spectacled flying- foxes in 1998 and a recent census recorded a similar number; Lamont & Burbidge (1996); The main threatening process – culling by farmers was also the main threat to Muir's corella earlier this century (Garnett & Crowley 2000); Birt (1999); Wildlife in the agricultural landscape – Temby (1995) lists most of Australia's pest species; Mascall in The Age, 21 August 2000; Myroniuk – Mascall in The Age 21 August 2000; Michelle Grady, Executive Officer, Conservation Council of South Australia; Possingham and Grady – The Advertiser 10 March 2001; Kirkpatrick (1995); Jamie in another report – Kirkpatrick & Gilfedder (1998); Owen Foley, Ison Environmental Planners, Brisbane.

第23章　迈向自然

Gottlieb – The Tiger's Eye, December 1947 p. 43; Melbourne canoe tree – Eidelson (1997); In Melbourne gardens – Neville Walsh (National Herbarium of Victoria); Pitcher (1910); Old Sydney trees – Doug Benson (Royal Botanic Gardens, Sydney), Wilson (1986) and signs posted within the gardens. The large forest red gum is much bigger than eucalypts (Eucalyptus robusta) planted in the gardens in 1814 by governor Macquarie, suggesting much greater antiquity; Old Canberra trees – Robert Boden, former director, National Botanic Gardens; Hobart manna gum – in Queen's Domain, near the swimming pool; Woolloongabba grass – in Carl Street, eastern side; Maiden – in Wilson (1986); Hobart's Domain – Kirkpatrick (1995), Kirkpatrick (1986), Kirkpatrick, Gilfedder & Fensham (1988). Button wrinklewort is Rutidosis leptorrhynchoides; Yarra Bend – McIntyre & Yugovic (1982), Hardy (1911); Melbourne grasslands – Department of Conservation and Environment (1990); Malachite beetles – http://groups.yahoo.com/group/NucNews/message/1347; Sylvan (1998); Lewis (1967); Fell (1999); Coates (1996); Neil Murray, La Trobe University; Let being be – borrowed from philosopher Martin Heidegger; Ratcliffe (1932); Bats in Mebourne – The Age (9 January 2001, 21 January 2001, 1 May 2001), Herald Sun (26 January 2001, 16 March 2001), Peake, Ward & Carr (1996), Menkhorst & Dixon (1985), Loos (2001), Menkhorst (1995); The Age editorial – 25 January 2001; Dimity Reed – The Age 23 January 2001; False claims – the Gardens listed eight rare and threatened plant species 'conserved' in Fern Gully. However, although some of these species are rare in Victoria, they are common in other states, eg. cabbage palm (Livistona australis), and are common in cultivation and the seed in the gardens was probably sourced from interstate. The cabbage palms, kentia palms and magenta lillypillies (Syzygium paniculatum) in Fern Gully thus have no real conservation significance, no more than the same species growing in any backyard or park anywhere in Australia. The Gardens also made ridiculous claims about Fern Gully as a useful study site for botanists, and allegations were also made about bats carrying disease, although tests found no trace of any. Bat experts have suggested that some of the tree damage was caused by elm beetles, fungi and overwatering from a new sprinkling system, although bats certainly were causing damage; Bolt – Herald Sun 1 February 2001; Brundrett – Herald Sun 16 March 2001; Leunig – The Age 25 January 2001; Garbutt – quoted in the Herald Sun 6 October 2001; Listed as vulnerable – The Age 8 December 2001. In New South Wales grey-headed flying-foxes were listed as vulnerable earlier in 2001, and a similar listing looks inevitable in Queensland.

参考书目

A

Abbott, I., Wills, A. & Burbidge, T. (1999), 'Historical incidence of Perthida leafminer species (Lepidoptera) in southwest Western Australia based on herbarium specimens', Australian Journal of Ecology 24: 144–150.

ACT Kangaroo Advisory Committee (1997), 'Living with eastern Grey Kangaroos in the ACT–Public Land. Third Report to the Minister for the Environment, Land and Planning'.

Adams, L. W. (1994), Urban Wildlife Habitats: A Landscape Perspective, University of Minnesota Press, Minneapolis.

Aflalo, F. G. (1896), A Sketch of the Natural History of Australia with some Notes on Sport, Macmillan and Co, New York.

Alexander, P. (1997), 'Kangaroo culling, harvesting and farming in South Australia–an ecological approach', Australian Biologist 10(1): 23– 29.

Algar, D. & Smith, R. (1998), 'Approaching Eden', Landscope 13(3): 29– 34.

Allison, B. (1993), 'From petfood to persimmons', The Bird Observer 727: 10–14.

Allport, M. (1867), 'On the local distribution of some Tasmanian animals', Papers and Proceedings of the Royal Society of Van Diemen's Land 6: 9–12.

Andrew, D. (1992), 'Great sewage farms of Australia', Wingspan 6: 15.

Anonymous (1905), 'Wilsons Promontory as a national park', Victorian Naturalist 21: 128–131.

Anonymous (1927), 'Birds and prickly pear', Emu 27: 203–206.

Anonymous (1929), 'A sanctuary for Queensland fauna', Queensland Naturalist 7: 4–5.

Anonymous (1948), 'Flinders Chase, Kangaroo Island', South Australian Ornithologist 18: 76–78.

Anonymous (1985), 'The rodent problem in Queensland. A report submitted for consideration by the Stock Routes and Rural Lands Protection Board', Queensland Government, Brisbane.

Anonymous (1999), 'Brent Spar Home to Coral', *Oceansp@ce* issue 195.

Atkinson A. E. & Cameron, E. K. (1993), 'Human influence on the terrestrial biota and biotic communities of New Zealand', Trends in Ecology and Evolution 8(12): 447–451.

Austin, C. M. (1984), 'Introduction of the yabbie, Cherax destructor (Decapoda: Parastacidae), into southwestern Australia', Western Australian Naturalist 16(4): 78–82.

Austin, C. N. (1977), 'The black falcon and some other raptors in South-west Victoria', Emu 53: 77–80.

Australian Surveying and Land Information Group (1993), The Land Tenure Map, AUSLIG, Canberra.

B

Backhouse, G. N. (1987), 'Management of remnant habitat for conservation of the helmeted honeyeater Lichenostomus melanops cassidix', in Saunders, D. A., Arnold, G. W., Burbidge, A. A. & Hopkins, A. J. M. (eds), Nature Conservation: The Role of Remnants of Native Vegetation, Surrey Beatty, Sydney.

Backhouse, J. (1843), A Narrative of a Visit to the Australian Colonies, Hamilton Adams, London.

Baily, K. L. & Blumstein, D. T. (2001), 'Pied currawongs and the decline of native birds', Emu 101: 199–204.

Baker, R. D. & Caughley, G. (1994), 'Distribution and abundance of kangaroos (Marsupalia: Macropodidae) at the time of European contact: South Australia', Australian Mammalogy 17: 73–83.

Baker-Gabb, D. J. (1983), 'The breeding ecology of twelve species of diurnal raptor in north-western Victoria', Australian Wildlife Research 10: 145–160.

Barlow, C. G., Hogan, A. E. & Rodgers, L. J. (1987), 'Implication of translocated fishes in the apparent extinction in the wild of the Lake Eacham Rainbowfish, Melanotaenia echamensis', Australian Journal of Marine and Freshwater Research 38: 897–902.

Barnard, C. A. (1925), 'A review of the bird life on Coomooboolaroo Station, Duaringa district, Queensland, during the past fifty years', Emu 24: 252–265.

Barrett, J. (1925), general introduction to Barrett, J. (ed.), Save Australia: A Plea for the Right Use of Our Flora and Fauna, MacMillan & Co, London.

Barrett, C. (1922), 'Birds around a homestead', Emu 21: 257–261.

Bass, D. A. (1990), 'Pied currawongs and seed dispersal', Corella 14(1): 24– 27.

—— (1996), 'Pied currawongs and invading ornamentals: what's happening in northern New South Wales', Eleventh Australian Weeds Conference 30 September–3 October, Weed Society of Victoria, Frankston.

Bathgate, J. A., Barr, M. E. & Shearer, B. L. (1996), 'Cryptodiaporthe melanocraspeda sp. nov. the cause of Banksia coccinea canker in south-western Australia', Mycology Research 100(2): 159–164.

Battam, H. & Smith, L. E. (1994), 'Report on review and analysis of: albatross banding data held by the Australia bird and bat banding schemes; other relevant data', Australian National Parks and Wildlife Service Research and Surveys Consultancy Agreement No. 138.

Baulderstone, C. (1996), 'Gammons', Xanthopus. 14(6): 6–7.

Baxter, C. (1989), An Annotated List of Birds of Kangaroo Island, Department of Environment and Natural Resources, Adelaide.

Baxter, G. S. (1988), 'Observations of predation on nestling egrets', Corella 12(4): 118–119.

Beckmann, R. (1987), 'Myrtles, Platypus, and fungi', Ecos 51: 18–20.

Beckmann, R. (1997), 'The boom and bust of the bush fly', Ecos 53: 8–11.

Begg, A. C. & Begg, N. C. (1969), James Cook and New Zealand, Government Printer, Wellington.

Bell, A. (1981), 'Wasps threaten Aboriginal rock art', Ecos 29: 8–9.

Bellchambers, K. & Carpenter, G. (1992), 'Sudden life on Stilt Island', Natural History 101(4): 42–49.

Bennett, G. (1834), Wanderings in New South Wales, Batavia, Pedir Coast, Singapore, and China: Being the Journal of a Naturalist in those Countries, During 1832, 1833, and 1834 (two volumes), Richard Bentley, London.

Bennett, L. T. (1994), 'The expansion of Leptospermum laevigatum on the Yanakie Isthmus, Wilsons Promontory, under changes in the burning and grazing regimes', Australian Journal of Botany 42: 555–564.

Benson, J. S. & Redpath, P. A. (1997), 'The nature of pre-European native vegetation in south-eastern Australia: a critique of Ryan, D. J., Ryan, J. R. and Starr, B. J. (1995) The Australian Landscape–Observations of Explorers and Early Settlers', Cunninghamia 5(2): 285–328.

Benzie, J. A. H., Kenway, M., Ballment, E., Frusher, S. & Trott, L. (1995), 'Interspecific hybridisation of the tiger prawns Penaeus monodon and Penaeus esculentus', Aquaculture 133: 103–111.

Berger, L., Speare, R. & Humphrey, J. (1997), 'Mucormycosis in a free- ranging green tree frog from Australia', Journal of Wildlife Diseases 33(4): 903–907.

Berry, P. (2000), 'Marine "buffalos"', Nature Australia 26(8): 56–63.

Bird, P. R. (1992), 'Expansion of the range of the black wallaby in western Victoria', Victorian Naturalist 109: 89–91.

Birt, P. (1999), 'A fruitful look at wildlife–Damage Mitigation Project', Queensland Parks & Wildlife Service, Rockhampton.

Birt, P., Markus, N., Collins, L. & Hall, L. (1998), 'Urban flying foxes', Nature Australia 26(2): 54–59.

Blaber, S. J. M. & Milton, D. A. (1994), 'Distribution of seabirds at sea in the Gulf of Carpentaria, Australia', Australian Journal of Marine and Freshwater Research 45: 445–454.

Blaber, S. J. M., Brewer, D. T. & Harris, A. N. (1994), 'Distribution, biomass and community structure of demersal fishes of the Gulf of Carpentaria, Australia', Australian Journal of Marine and Freshwater Research 45: 375–396.

Blaber, S. J. M. & Wassenberg, T. J. (1989), Feeding ecology of the piscivorous birds, Phalacrocorax varius, P. melanoleucos and Sterna bergii in Moreton Bay, Australia: diets and dependance on trawler discards', Marine Biology 101: 1–10.

Blair, R. B. (1996), 'Land use and avian species diversity along an urban gradient', Ecological Applications 6(2): 506–519.

Blakers, M., Davies, S. J. J. F. & Reilly, P. N. (1984), The Atlas of Australian Birds, Melbourne University Press, Melbourne.

Blood, K. (2001), Environmental Weeds: A Field Guide for SE Australia, C. H. Jerram & Associates, Melbourne.

Boldrewood, R. (1884), Old Melbourne Memoirs, George Robertson & Co., Melbourne.

Bolton, B. L. & Latz, P. K. (1978), 'The western hare-wallaby, Lagorchestes hirsutus (Gould) (Macropodidae), in the Tanami Desert', Australian Wildlife Research 5: 285–293.

Bonnet, X., Bradshaw, D., Shine, R. & Pearson, D. (1999), 'Why do snakes have eyes? The (non-)effect of blindness in island tiger snakes (Notechis scutatus)', Behavioral Ecology and Sociobiology 46: 267– 272.

Bonyhody, T. (2000), The Colonial Earth, Melbourne University Press, Melbourne.

Borgia, G. (1995), 'Complex male display and female choice in the spotted bowerbird: specialized functions for different bower decorations', Animal Behaviour 49(5): 1291–1301.

Bowman, D. M. J. S. (1998), 'The impact of Aboriginal landscape burning on the Australian biota', New Phytology 140: 385–410.

Braby, M. F. (2000), The Butterflies of Australia: Their Identification, Biology and Distribution, CSIRO, Melbourne.

Breaden, R. (2001), '2000/01 technical highlights: annual report on weed and pest animal research', Department of Natural Resources and Mines, Brisbane.

Brooker, M. & Brooker, B. (1998), 'A tale of two cities–garden birds in Canberra and Perth', Canberra Bird Notes 23(2): 20–23.

Brown, B. (1983), Wild Rivers: Franklin, Denison, Gordon, P. Dombrovskis, Sandy Bay.

Bruzzese, E. & Faithfull, I. (2001), 'Biological control of weedy native plants in Australia', Plant Protection Quarterly 16(3): 129–132.

Buchanan, R. A. (1989), 'Pied currawongs (Strepera graculina): their diet and role in weed dispersal in suburban Sydney, New South Wales', Proceedings of the Linnean Society of New South Wales 111(4): 241–255.

Bunce, D. (1850), Australian Manual of Horticulture (second edition), John Hunter, Melbourne.

Burbidge, A. A., Johnson, K. A., Fuller, P. J. & Southgate, R. I. (1988), 'Aboriginal knowledge of the mammals of the central deserts of Australia', Australian Wildlife Research 15: 9–19.

Burrell, J. P. (1981), 'Invasion of coastal heaths of Victoria by Leptospermum laevigatum (J. Gaertn.) F. Muell', Australian Journal of Botany 29: 747–764.

Burrows, N. D., Ward, B. & Robinson, A. D. (1995), 'Jarrah forest fire history from stem analysis and anthropological evidence', Australian Forestry 58(1): 7–16.

Bush, B. (1987), 'The movement of reptiles in mulga fenceposts with records from Esperance, Western Australia', The Western Australian Naturalist 16(8): 171–172.

C

Cadwallader, P. L. (1981), 'Past and present distributions and translocations of Macquarie perch Macquaria australasica (Pisces: Percichthyidae), with particular reference to Victoria', Proceedings of the Royal Society of Victoria 93: 23–30.

Cadwallader, P. L. & Gooley, G. J. (1984), 'Past and present distributions and translocations of Murray cod Maccullochella peeli and trout cod M. macquariensis (Pisces: Percichthyidae) in Victoria', Proceedings of the Royal Society of Victoria 96(1): 33–43.

Cameron, J. I. & Elix, J. (eds) (1991), Recovering Ground: A Case Study Approach to Ecologically Sustainable Rural Land Management, Australian Conservation Foundation, Melbourne.

Campbell, A. (ed.) (1999), Declines and Disappearances of Australian Frogs, Environment Australia, Canberra.

Campbell, A. G. (1952), 'The dolorous story of Wilson's Promontory National Park', Australian Wild Life 2(3): 32–34.

Campbell, M. H., Holtkamp, R. H., McCormick, L. H., Wykes, P. J., Donaldson, J. F., Gullan, P. J. & Gillespie, P. S. (1994), 'Biological control of the native shrubs Cassinia spp. using the native scale insects Austrotachardia sp. and Paratachardia sp. (Hemiptera: Kerriidae) in New South Wales', Plant Protection Quarterly 9: 64–68.

Cappo, M., Alongi, D. M., Williams, D. Mc. B., Duke, N. (1998), A Review and Synthesis of Australian Fisheries Habitat Research: Major Threats, Issues and Gaps, Australian Institute of Marine Science, Townsville.

Carr, G. W. (1993), 'Exotic flora of Victoria and its impact on indigenous biota' in Foreman, D. B. & Walsh, N. G. (eds), Flora of Victoria, Volume 1, Inkata Press, Melbourne.

—— (2001), 'Australian plants as weeds in Victoria', Plant Protection Quarterly 16(3): 124–125.

Carr, G. W., Bedggood, S. E. & McMahon, A. R. G. (1991), 'The vegetation of Mount Martha

Park, Mount Martha, Victoria', Report for the Shire of Mornington by Ecological Horticulture, Melbourne.

Catterall, C. P, Piper, S. D. & Goodall, K. (in press), 'Noisy miner irruptions associated with land use by humans in south east Queensland: causes, effects and management implications', Proceedings of the Royal Society of Queensland.

Chafer, N. (1984), In Quest of Bowerbirds, Rigby, Adelaide.

Cheal, D. (1986), 'A park with a kangaroo problem', Oryx 20: 95–99.

Chiffings, A. W., Bremner, A. J. & Brown, V. B. (1992), 'A review of scientific studies and the management of nutrient loads to Port Phillip Bay', Proceedings of the Royal Society of Victoria 104: 57–65.

Chisholm, A. H. (1948), Bird Wonders of Australia (third edition), Angus & Robertson, Sydney.

—— (1958) Bird Wonders of Australia (fifth edition), Angus & Robertson, Sydney.

Christidis, L. & Boles, W. E. (1994), The Taxonomy and Species of Birds of Australia and its Territories, Royal Australasian Ornithologists Union Monograph 2, RAOU, Melbourne.

Christidis, L. & Holderness, T. (1988), 'A miner challenge', Nature Australia 25(12): 32–39.

Clark, T. W., Gibbs, J. P. & Goldstraw, P. W. (1995), 'Some demographics of the extirpation from the wild of eastern barred bandicoots (Perameles gunnii) in 1988–91, near Hamilton, Victoria, Australia', Wildlife Research 22: 289–297.

Clarke, R. H., Gordon, I. R. & Clarke, M. F. (2001), 'Intraspecific phenotypic variability in the black-eared miner (Manorina melanotis); human- facilitated introgression and the consequences for an endangered taxon', Biological Conservation 99: 145–155.

Clements, A. (1983), 'Suburban development and resultant changes in the vegetation of the bushland of the northern Sydney region', Australian Journal of Ecology 8: 307–319.

Close, R. C., Moar, N. T., Tomlinson, A. I. & Lowe, A. D. (1978), 'Aerial dispersal of biological material from Australia to New Zealand', International Journal of Biometeorology 22(1): 1–19.

Coates, P. (1998), Nature: Western Attitudes Since Ancient Times, Polity Press, Cambridge.

Cogger, H. G. (2000), Reptiles & Amphibians of Australia (sixth edition), Reed New Holland, Sydney.

Cole, D. N. (1996), 'Ecological manipulation in wilderness–an emerging management dilemna', International Journal of Wilderness 2(1): 15– 18.

Collins, D. (1798), An Account of the English Colony in New South Wales, Cadell & Davies, London.

Common, I. F. B. & Waterhouse, D. F. (1981), Butterflies of Australia (revised edition), Angus & Robertson, Sydney.

Connolly, J. H., Obendorf, D. L., Whittington, R. J. & Muir, D. B. (1997), 'Causes of morbidity and mortality in platypus (Ornithorhynchus anatinus) from Tasmania, with particular reference to Mucor amphiborum infection', Australian Mammalogy 20: 177–187.

Copley, P. B. (1994), 'Translocations of native vertebrates in South Australia: a review' in Serena, M. (ed.), Reintroduction Biology of Australian and New Zealand Fauna, Surrey Beatty & Sons, Sydney.

Corkeron, P. J., Bryden, M. M. & Hedstrom, K. E. (1990), 'Feeding by bottlenose dolphins in association with trawling operations in Moreton Bay, Australia' in Leatherwood, S. & Reeves, R. (eds), The Bottlenose Dolphin, Academic Press, San Diego.

Coulson, G. (2002), 'Overabundant kangaroo populations in southeastern Australia' in Field, R., Warren, R. J., Okarma, H. and Sievert, P. R. (eds), Wildlife, Land, and People: Priorities for the 21st Century, proceedings of the Second International Wildlife Management Congress, the Wildlife Society, Bethesda (Maryland).

Coyle, P. (1988), 'Rainbow lorikeets (Trichoglossus haematodus) released on Rottnest Island in 1960', Western Australian Naturalist 17(5): 109–110.

Crittenden, V. (1986), A History and Bibliography of Australian Gardening Books, Canberra College of Advanced Education, Canberra.

Crome, F., Isaacs, J. & Moore, L. (1994), 'The utility to birds and mammals of remnant riparian vegetation and associated windbreaks in the tropical Queensland uplands', Pacific Conservation Biology 1(4): 328–343.

Cronon, W. (1995), 'The trouble with wilderness; or, getting back to the wrong nature' in Cronon, W. (ed.), Uncommon Ground: Toward Reinventing Nature, W. W. Norton & Co., New York.

Cropper, S. C. (1989), 'Ecological notes and suggestions for conservation of a recently discovered site of Lepidium hyssopifolium Desv. (Brassicaceae) at Bolwarrah, Victoria, Australia', Biological Conservation 41: 269–278.

—— (1993), Management of Endangered Plants, CSIRO, Melbourne.

Crowley, G. M. & Garnett, S. T. (1998), 'Vegetation change in the grasslands and grassy woodlands of central Cape York Peninsula', Pacific Conservation Biology 4: 132–148.

Cunningham, P. (1827), Two Years in New South Wales, H. Colburn, London.

Currey, J. E. B. (1966), Reflections on the Colony of New South Wales, Lansdowne Press, Melbourne.

Czechura, G. (1999), Scratchings & Rustlings, Wildlife Australia 36(1): 11.

D

Date, E. M., Recher, H. F., Ford, H. A. & Stewart, D. A. (1996), 'The conservation and ecology of rainforest pigeons in northeastern New South Wales', Pacific Conservation Biology 2: 299–308.

Davis, W. J. (1999), 'Neophobia and Neophilia' Interpretive Birding Bulletin 3(1): 4.

Dawson, J. (1981), Australian Aborigines: The Languages and Customs of Several Tribes of Aborigines in the Western District of Victoria, Australia, Australian Institute of Aboriginal

Studies, Canberra.

Day, M. D. & Hannan-Jones, M. J. (1999), 'Lantana camara biocontrol: can new technologies help?' in Bishop, A. C., Boersma, M. & Barnes, C. D. (eds), Proceedings of the 12th Australian Weeds Conference, Tasmanian Weeds Society, Hobart.

Dean, W. R. J., Siegfried, W. R. & MacDonald, I. A. W. (1990), 'The fallacy, fact, and fate of guiding behaviour in the greater honeyguide', Conservation Biology 4(1): 99–101.

Decker, W. & Burrowes, M. (1994), 'Forests and flying foxes: partners in survival', Ecos 81: 28–31.

Department of Conservation and Environment (1990), Remnant Native Grasslands and Grassy Woodlands of the Melbourne Area, Department of Conservation and Environment, Melbourne.

—— (1991), 'Dandenong Ranges National Park Management Plan', Department of Conservation and Environment, Melbourne.

Diamond, J. M. (1987), 'Did komodo dragons evolve to eat pygmy elephants?', Nature 326: 832.

Dickman, C. (undated), 'The Quokka. Leaflet', the Rottnest Island Authority.

Dixon, S. (1981), The Full Story of Flinders Chase, Kangaroo Island, South Australia, Field Naturalists' Society of South Australia, Adelaide.

Dorsey, J. H. (1982), 'Intertidal community offshore from the Werribie sewage-treatment farm: an opportunistic infaunal assemblage', Australian Journal of Marine and Freshwater Research 33: 45–54.

Dow, D. D. (1976), 'Indiscriminate interspecific aggression leading to almost sole occupancy of space by a single species of bird', Emu 77: 115–121.

Downing, A. & Oldfield, R. (2001–2002), 'Limestone mosses', Nature Australia 27(3): 54–61.

Driessen, M. M., Mallick, S. A. & Hocking, G. J. (1996), 'Habitat of the eastern barred bandicoot, Perameles gunnii, in Tasmania: an analysis of road-kills', Wildlife Research 23: 721–727.

Driscoll, P. V. (1998), 'Further assessment of bird numbers, movements and habitat conditions in the environs of Fisherman Islands', report prepared for the Port of Brisbane Corporation, June 1998.

Dufty, A. C. (1994), 'Habitat and spatial requirements of the eastern barred bandicoot (Perameles gunnii) at Hamilton, Victoria', Wildlife Research 21: 459–472.

Duncan, A., Baker, G. B. & Montgomery, N. (1999), The Action Plan for Australian Bats, Natural Heritage Trust, Canberra.

Dunn, K. L. & Eastwood, R. G. (1991), 'Range extension for the butterfly Tagiades japetus janetta Butler (Lepidoptera: Hesperiidae) in Queensland', Australian Entomologist 18(2): 91–93.

Dunn, R. (1989), 'Wild birds of Melbourne Zoo', Australian Bird Watcher 13: 44–49.

E

Early, J. H., Parrish, G. R. & Ryan, P. A. (1995), 'An invasion of Australian blue moon and blue tiger butterflies (Lepidoptera: Nymphalidae) in New Zealand', Records of the Auckland Institute Museum 32: 45–53.

Eby, P., Richards, G., Collins, L. & Parry-Jones, K. (1999), 'The distribution, abundance and vulnerability to population reduction of a nomadic nectarivore, the grey-headed flying-fox Pteropus poliocephalus in New South Wales, during a period of resource concentration', Australian Zoologist 31(1): 240–253.

Eco-Sure (1999), 'Ibis Management Program Annual Report. July 1999', Eco-Sure, Tweed Heads.

—— (2000), 'Ibis Management Program Annual Report. July 2000', Eco-Sure, Tugun.

Ehrlich, P. R. (1997), A World of Wounds: Ecologists and the Human Dilemna, Ecology Institute, Oldendorf/Luhe.

Eichler, J. (1999), 'The orange palm dart skipper Cephrenes augiades sperthias (Felder) in Melbourne', Victorian Naturalist 116(1):16–18.

Eidelson, M. (1997), The Melbourne Dreaming: A Guide to the Aboriginal Places of Melbourne, Aboriginal Studies Press, Canberra.

Ekert, P. A. & Bucher, D. J. (1999), 'Winter use of large-leafed privet Ligustrum lucidum (Family: Olaceae) by birds in suburban Lismore, New South Wales', Proceedings of the Linnean Society of New South Wales 121: 29–38.

Eldridge, M. (1998), 'Trouble in paradise?', Nature Australia 26(1): 24–31.

Ellstrand, N. C. & Schierenbeck, K. A. (2000), 'Hybridization as a stimulus for the evolution of invasiveness in plants?', Proceedings of the National Academy of Sciences 97(13): 7043–7050.

Elton (1930), Animal Ecology and Evolution, Oxford University Press, New York.

Environment and Natural Resources Committee (1995), Report on Problems in Victoria Caused by Long-billed Corellas, Sulphur- crested Cockatoos and Galahs, Parliament of Victoria Environment and Natural Resources Committee, Melbourne.

—— (1998) Report on Weeds in Victoria, Government Printer, Melbourne.

Ericson, P. G. P., Tyrberg, T., Kjellberg, A. S., Jonsson, L. & Ullen, I. (1997), 'The earliest record of house sparrows (Passer domesticus) in northern Europe', Journal of Archaeological Science 24: 183–190.

Evans, M. (1996), 'Home ranges and movement schedules of sympatric bridled nailtail and black-striped wallabies', Wildlife Research 23: 547–556.

Everist, S. L., Moore, R. M. & Strang, J. (1976), 'Galvanised burr (Bassia birchii) in Australia', Proceedings of the Royal Society of Queensland 87: 87–94.

Ewart, A. J. (1909), The Weeds, Poison Plants, and Naturalized Aliens of Victoria, Government Printer, Adelaide.

Ewart, A. J., Pitcher, F., Williamson, H. B. & Audas, J. W. (1913), 'Botanical report', Victorian Naturalist 29(12): 174–179.

F

Faithfull, I. G. (1995), 'Biology of Victorian native and introduced dung beetles (Coleoptera: Scarabaeinae and Aphodiinae)', honours thesis, School of Zoology, La Trobe University, Melbourne.

Fell, G. S. (1999), 'Mother nature doesn't know her name: reflections on a term', Contemporary Philosophy, 23(1): 11–15.

Fell, P. J. (1987), 'Forest ravens preying on fairy penguins', The Australian Bird Watcher 12(3): 97.

Fellagara, I. & Newman, L. (1996), 'Australia's coral killing snails', Wildlife Australia 33(2): 16–17.

Fensham, R. J. (1997), 'Aboriginal fire regimes in Queensland, Australia: analysis of the explorers' record', Journal of Biogeography 24: 11– 22.

Fensham, R. J. & Fairfax, R. J. (1996), 'The disappearing grassy balds of the Bunya Mountains, South-eastern Queensland', Australian Journal of Botany 44: 543–558.

—— (1997), 'The use of the land survey record to reconstruct pre- European vegetation patterns in the Darling Downs, Queensland, Australia', Journal of Biogeography 24: 827–836.

Fensham, R. J. & Holman, J. E. (1999), 'Temporal and spatial patterns in drought-related tree dieback in Australian savanna', Journal of Applied Ecology 36: 1035–1050.

Finch Hatton, H. (1885), Advance Australia: An Account of Eight Year's Work, Wandering and Amusement in Queensland, New South Wales, and Victoria, Allen, London.

Fisher, D. (1998), 'Behavioural ecology and demography of the bridled nailtail wallaby, Onchogalea fraenata', PhD thesis, Department of Zoology, University of Queensland, Brisbane.

Fisher, C. D., Lindgren, E. & Dawson, W. R. (1972), 'Drinking patterns and behaviour of Australian desert birds in relation to their ecology and abundance', Condor 74: 111–136.

Flannery, T. (1987), 'Australian wilderness: an impossible dream?' Australian Natural History 23(2): 180.

—— (1994), The Future Eaters, Reed, Melbourne.

Fleay, D. (1968), Nightwatchmen of Bush and Plain: Australian Owls and Owl-like Birds, Jacaranda, Brisbane.

Flood, J. (1983), Archaeology of the Dreamtime: The Story of Prehistoric Australia and its People, Angus & Robertson, Sydney.

Flood, N. R. & Peacock, A. (1997), 'Twelve month Australian rainfall (year from April to March) relative to historical relatives', (a map), Department of Natural Resources, Brisbane.

Flower, P., Hamley, P., Smith, G. C., Corben, C., Hobcroft, D. & Kehl, J. (1995), 'The black-breasted button-quail Turnix melanogaster (Gould)' in Queensland, Queensland Forest Research Institute, Brisbane.

Forshaw, J. M. (1989), Parrots of the World (third edition), Weldon Young, Sydney.

Francis, G. W. (1862), 'The acclimatisation of plants and animals', paper read before the Philosophical Society of Adelaide, 1862.

French, C. (1942), 'Native insects that have become pests', Victorian Naturalist 58: 167–171.

—— (1944), 'Records of native insects attacking introduced plants', Victorian Naturalist 61: 58–60.

Freshwater Fishers Management Advisory Committee (1996), Queensland Freshwater Fisheries, Discussion Paper No. 4, Queensland Fisheries Management Authority, Brisbane.

—— (1998), Queensland Freshwater Fisheries. Draft Management Plan & Regulatory Impact Statement, Queensland Fisheries Management Authority, Brisbane.

Frith, H. J. (1957), 'Food habits of the topknot pigeon', Emu 57: 341–345.

—— (1982), Pigeons and Doves of Australia, Rigby, Adelaide.

G

Gardner, R. O. & Early, J. W. (1996), 'The naturalisation of banyan figs (Ficus spp., Moraceae) and their pollinating wasps (Hymenoptera: Agaonidae) in New Zealand, New Zealand Journal of Botany 34: 103–110.

Garnett, S. (ed.) (1983), Threatened and Extinct Birds of Australia, RAOU Report No. 82, Royal Australasian Ornithologists Union and Australian National Parks and Wildlife Service, Melbourne.

Garnett, S., Britton, P. & Crowley, G. (2000), 'A northward extension of range of the glossy black-cockatoo Calyptorhynchus lathami', Sunbird 30(1): 18–22.

Garnett, S. T. & Crowley, G. M. (1997), 'The golden-shouldered parrot of Cape York: the importance of cups of tea to effective conservation' in Hale, P. & Lamb, D. (eds), Conservation Outside Nature Reserves, Centre for Conservation Biology, Brisbane.

—— (2000), The Action Plan for Australian Birds, Environment Australia, Canberra.

Garnett, S. T., Pedler, L. P. & Crowley, G. M. (1999), 'The nesting biology of the glossy black cockatoo Calyptorhynchus lathami on Kangaroo Island', Emu 99: 262–279.

Garnett, S., Whybird, O. & Spencer, H. (1999), 'The conservation status of the spectacled flying fox Pteropus conspicillatus in Australia', Australian Zoologist, 31(1): 38–54.

Gellatley, J. (1998), 'A Viva! Report on the Killing of Kangaroos for Meat. Revised and updated July 1998', posted on the Viva website (www. viva. org. uk).

Gibbs, G. (1999), 'Insects at risk', Forest & Bird 294: 32–35.

Gibson, J. D. (1979), 'Growth in the population of the silver gull on the Five Islands group, New South Wales', Corella 3: 103–104.

Gibson-Hill, C. A. (1950), 'Notes on the birds of the Cocos-Keeling Islands', Bulletin of the Raffles Museum 22: 212–269.

Giffard, R. (1996), 'The effects of kangaroo grazing on remnant native vegetation: A case study of Parra Wirra Recreation Park', unpublished report, Faculty of Health & Biomedical Science, University of Adelaide, Adelaide.

Gilbert, O. L. (1989), The Ecology of Urban Habitats, Chapman & Hall, London.

Giles, E. (1875), Travels in Central Australia, from 1872 to 1874, printed for the author by McCarron, Bird, Melbourne.

Gillbank, L. (1998), 'Of land and game: the role of the Field Naturalists Club of Victoria in the establishment of Wilsons Promontory National Park', Victorian Naturalist 115(6): 266–273.

Gillham, M. E. (1961), 'Modification of sub-antarctic flora on Macquarie Island by sea birds and sea elephants', Proceedings of the Royal Society of Victoria, 74: 1–11.

Gillham, M. E. (1963), 'Association of nesting sea-birds and vegetation types on islands of Cape Leeuwin, south-western Australia', Western Australian Naturalist 9: 29–46.

Gleadow, R. M. & Ashton, D. H. (1981), 'Invasion by Pittosporum undulatum of the forests of central Victoria. l. Invasion patterns and plant morphology', Australian Journal of Botany 29: 705–720.

Gould, J. (1865), Handbook to the Birds of Australia, John Gould, London.

—— (1973), Kangaroos (with modern commentaries by Joan M. Dixon), Macmillan, Melbourne.

—— (1974), Australian Marsupials and Monotremes (with modern commentaries by Joan M. Dixon), Macmillan, Melbourne.

—— (1976), Placental Mammals of Australia (with modern commentaries by Joan M. Dixon), Macmillan, Melbourne.

Grant, T. R. (1998), 'Current and historical occurrence of platypuses, Ornithorhynchus anatinus, around Sydney', Australian Mammalogy 20: 257–266.

Gray, M. & Michael, P. W. (1996), 'List of plants collected at the old Flemington Saleyards, Sydney, New South Wales', Plant Protection Quarterly 1(4): 135–143.

Green, K., Broome, L., Heinze, D. & Johnstone, S. (2001), 'Long distance transport of arsenic by migrating bogong moths from agricultural lowlands to mountain ecosystems', Victorian Naturalist 112(4): 112– 116.

Green, R. (1981), Battle for the Franklin: Conversations with the Combatants in the Struggle for South West Tasmania, Fontana & Australian Conservation Foundation; Melbourne.

Greenberg, R. (1990), 'Feeding neophobia and ecological plasticity: a test of the hypothesis with captive sparrows', Animal Behaviour 39: 375– 379.

Gregory, J. B. & Lucas, A. H. S. (1885), 'The Wilson's Promontory Overland. Part IV', Victorian Naturalist 2: 150–154.

Grey, G. (1841), Journals of Two Expeditions of Discovery in North-west and Western Australia during the years 1837, 38, and 39 (two volumes), T & W. Boone, London.

Grey, M. J., Clarke, M. F. & Loyn, R. H. (1997), 'Initial changes in the avian communities of remnant eucalypt woodlands following a reduction in the abundance of noisy miners, Manorina melanocephala', Wildlife Research 24: 631–648.

Grey, M. J., Clarke, M. F. & Loyn, R. H. (1998), 'Influence of the noisy miner Manorina melanocephala on avian diversity and abundance in remnant grey box woodland', Pacific Conservation Biology 4: 55–69.

Grice, D., Caughley, G. & Short, J. (1985), 'Density and distribution of emus', Australian Wildlife Research 12: 69–73.

Groves, R. H. (2001), 'Can some Australian plants be invasive?', Plant Protection Quarterly 16(3): 114–117.

Guilfoyle, W. R. (1911), Australian Plants Suitable for Gardens, Parks, Timber Reserves etc., Whitcomb & Tombs, Melbourne.

Gunn, R. C. (1851), 'On the introduction and naturalization of Petaurus sciureus in Tasmania', Papers & Proceedings of the Royal Society of Van Diemen's Land 6: 253–255.

H

Hall, L. S. & Richards, G. (2000), Flying Foxes: Fruit- and Blossom-Bats of Australia, University of New South Wales Press, Sydney.

Hall, L., Richards, G., McKenzie, N. & Dunlop, N. (1997), 'The importance of abandoned mines as habitat for bats' in Hale, P. & Lamb, D. (eds), Conservation Outside Nature Reserves, The Centre for Conservation Biology, University of Queensland, Brisbane.

Hamilton, F. M. (1959), 'Fork-tailed kites re-visit South-east Queensland', Emu 59: 39–41.

Hamlyn, A. & Thomas, M. (1995), 'A brief history of fish stocking in southern Queensland–Where are we at?' in Cadwallader, P. & Kerby, B. (eds), Fish Stocking in Queensland: Getting it Right!, proceedings of the symposium held in Townsville, Queensland, 11 November 1995, Queensland Fisheries Management Authority, Brisbane.

Hamlyn-Harris, R. (1927), 'Notes on the breeding places of two mosquitos in Queensland', Bulletin of Entomological Research 17: 411–414.

—— (1931), 'Mosquito breeding in tree cavities in Queensland' Bulletin of Entomological Research 22: 51–52.

Hardy, A. D. (1906), 'Excursion to Wilson's Promontory', Victorian Naturalist 22: 191–197.

—— (1911), 'Excursion to Kew', Victorian Naturalist, 27: 183–186.

Harrington, G. N. & Sanderson, K. D. (1994). 'Recent contraction of wet sclerophyll forest in the wet tropics of Queensland due to invasion by rainforest', Pacific Conservation Biology 1: 319–327.

Harrington, G. N., Wilson, A. D. & Young, M. D. (eds) (1984), Management of Australia's Rangelands. CSIRO, Melbourne.

Harris, A. N. & Poiner, I. R. (1991), 'Changes in species composition of demersal fish fauna of southeast Gulf of Carpentaria, Australia, after 20 years of fishing', Marine Biology 111: 503–519.

Harris, J. H. & Battaglene, S. C. (1989), 'Introduced and Translocated Fishes and their Ecological Effects', Bureau of Rural Resources Proceedings 8: 136–142.

Harris, T. (1953), Australian Plants for the Garden, Angus & Robertson, Sydney.

Heather, B. & Robertson, H. (1996), Field Guide to the Birds of New Zealand, Penguin, Auckland.

Heatwole, H. & Lowman, M. (1986), Dieback: Death of an Australian Landscape, Reed, Sydney.

Herremans, M. (1998), 'Conservation status of birds in Botswana in relation to land use', Biological Conservation 86: 139–160.

Higgins, P. J. (ed.) (1999), Handbook of Australia, New Zealand and Antarctic Birds. Volume 4: Parrots to Dollarbird, Oxford University Press, Melbourne.

Higgins, P. J. & Davies, S. J. J. F. (eds) (1996), Handbook of Australian, New Zealand and Antarctic Birds. Vol. 3. Snipe to Pigeons, Oxford University Press, Melbourne.

Hindwood, K. A. (1940), 'Birds of Lord Howe Island', Emu 40: 1–86.

Hindwood, K. A. (1944), 'Honeyeaters of the Sydney district (County of Cumberland), New South Wales', Australian Zoologist 10: 231–251.

Hindwood, K. A. (1955), 'Sea-birds and sewage', Emu 55: 212–216.

Hindwood, K. A. & McGill, A. R. (1958), The Birds of Sydney (County of Cumberland) New South Wales, The Royal Zoological Society of NSW, Sydney.

Hodgson, D. A., Johnston, N. M., Cuthbett, A. P. & Jones, V. J. (1997), 'Palaeolimnology of antarctic fur seal Arctocephalus gazella populations and implications for antarctic management', Biological Conservation 83(2): 145–154.

Hogan, A. (1995), 'A history of fish stocking in northern Queensland–where are we at?' in Cadwallader, P. & Kerby, B. (eds), Fish Stocking in Queensland: Getting it Right!, proceedings of the symposium held in Townsville, Queensland, 11 November 1995, Queensland Fisheries Management Authority, Brisbane.

Holdaway, R. N., Worthy, T. H. & Tennyson, A. J. D. (2001), 'A working list of breeding bird species of the New Zealand region at first human contact', New Zealand Journal of Zoology 28: 119–187.

Horn, P. L. (1989), 'Moa tracks: an unrecognised legacy from an extinct bird?', New Zealand

Journal of Ecology (supplement) 12: 45–50.

Horton (2000), The Pure State of Nature: Sacred Cows, Destructive Myths and the Environment, Allen & Unwin, Sydney.

Horwitz, P. (1990), 'The translocation of freshwater crayfish in Australia: potential impact, the need for control and global relevance', Biological Conservation 54: 291–304.

Hoser, R. T. (1996), 'Australian reptile habitats–a load of rubbish!', The Reptilian Magazine 4(5): 24–38.

Hoskin, E. S. (1991), The Birds of Sydney, Surrey Beatty, Sydney.

Hulsman, K. (1977), 'Breeding success and mortality of terns at One Tree Island, Great Barrier Reef', Emu 77: 49–60.

Hussey, B. M. J., Keighery, G. J., Cousens, R. D., Dodd, J. & Lloyd, S. G. (1997), Western Weeds: A Guide to the Weeds of Western Australia, Plant Protection Society of Western Australia, Perth.

Hutchison, M. J. (1988), 'The invasion of S. W. Australia by the orange palmdart Cephrenes augiades sperthias (Felder) Lepidoptera, Hesperiidae, and the subsequent increase in species associated with the fronds of the canary island date palm (Phoenix canariensis)', Western Australian Naturalist 17(4): 73–86.

Hutton, I. (1990), Birds of Lord Howe Island: Past and Present, Ian Hutton, Coffs Harbour.

Hynes, R. A. & Chase, A. K. (1982), 'Plants, sites and domicultures: Aboriginal influence upon plant communities in Cape York Peninsula', Archaeology in Oceania 17(1): 38–50.

I

Isack, H. A. & Reyer, H. U. (1980)', 'Honeyguides and honey gatherers: Interspecific communication in a symbiotic relationship', Science 243: 1343–1346.

Isbell, R. F. (1969), 'The distribution of black spear grass (Heteropogon contortus) in tropical Queensland', Tropical Grasslands 3(1): 35–41.

J

James, C. D., Landsbergh, J. & Morton, S. R. (1999), 'Provision of watering points in the Australian arid zone: a review of effects on biota', Journal of Arid Environments 41: 87–121.

James, H. A. (1892), Handbook of Australian Horticulture, Turner & Henderson, Sydney.

Jarman, H. (1973), 'The turquoise parrot', Australian Bird Watcher 4: 239– 250.

Jarman, P. J. & Johnson, K. A. (1977), 'Exotic mammals, indigenous mammals and land-use', Proceedings of the Ecological Society of Australia 10: 146–166.

Jasinska, E. J., Knott, B. & Poulter, N. (1993), 'Spread of the introduced yabby, Cherax sp.

(Crustacea: Decapoda: Parastacidae) beyond the natural range of freshwater crayfishes in Western Australia', Journal of the Royal Society of Western Australia 76: 67–69.

Jenkins, C. F. H. (1977), The Noah's Ark Syndrome, Zoological Gardens Board, Perth.

Johnstone, R. E. & Storr, G. M. (1998), Handbook of Western Australian Birds. Volume 1. Nonpasserines (Emu to Dollarbird), Western Australian Museum, Perth.

Jones, C. G., Heck, W., Lewis, R. E., Mungroo, Y., Slade, G. & Cade, T. (1994), 'The restoration of the Mauritius kestrel Falco punctatus population', Ibis 173–180.

Jones, C. G., Lawton, J. H. & Shachak, M. (1997), 'Positive and negative effects of organisms as physical ecosystem engineers', Ecology 78(7): 1946–1957.

K

Kershaw, J. A. (1913), 'Excursion to the national park, Wilson's Promontory', Victorian Naturalist 29(12): 163–173.

—— (1928), 'Notes on the national park, Wilson's Promontory', Victorian Naturalist 44: 300–302.

Kile, G. A. (1983), Armillaria root rot in eucalypt forests: aggravated endemic disease', Pacific Science 37(4): 459–464.

King, C. (1984), Immigrant Killers: Introduced Predators and the Conservation of Birds in New Zealand, Oxford University Press, Auckland.

Kingford, R. T. (1992), 'Maned ducks and farm dams: a success story', Emu 92: 163–169.

Kingsmill, W. (1918), 'Acclimatisation', Proceedings of the Royal Society of Western Australia, 5: 33–38.

Kirkpatrick, J. B. (1986), 'The viability of bush in cities–ten years of change in an urban grassy woodland', Australian Journal of Botany 34: 691–708.

Kirkpatrick, J. B. (1995), 'The characteristics, significance and management of the vascular plant species and vegetation of the Domain', report to the Hobart City Council, Unitas, Hobart.

Kirkpatrick, J. B. & Gilfedder, L. (1995), 'Maintaining integrity compared with maintaining rare and threatened taxa in remnant bushland in subhumid Tasmania', Biological Conservation 74: 1–8.

Kirkpatrick, J. B. & Gilfedder, L. (1998), 'Conservation of weedy natives: Two Tasmanian endangered herbs in the Brassicaceae', Australian Journal of Ecology 23: 466–473.

Kirkpatrick, J., Gilfedder, L. & Fensham, R. (1988), 'City Parks and Cemeteries: Tasmania's Remnant Grasslands and Grassy Woodlands', Tasmanian Conservation Trust, Hobart.

Kirschbaum, S. B. & Williams, D. G. (1991), 'Colonization of pasture by Kunzea ericoides in the Tidbinbilla Valley, ACT, Australia', Australian Journal of Ecology 16: 79–90.

Kloot, P. M. (1985), 'The spread of native Australian plants as weeds in South Australia and in other Mediterranean regions', Journal of the Adelaide Botanic Gardens 7(2): 145–157.

L

Lake, J. (1997), 'Super eucalypts back from Brazil', Australian Horticulture November: 14–17.

Lamont, D. (1997), 'Rainbow lorikeets: an avian weed in the west', Eclectus 3: 30–34.

Lamont, D. & Burbidge, A. (1996), 'Rainbow lorikeets: invaders in the suburbs', Landscope 12(1): 17–21.

Land Conservation Council (1991), Wilderness Special Investigation: Final Recommendations, Land Conservation Council, Melbourne.

Landsbergh, J., James, C. D., Morton, S. R., Hobbs, T. J., Stol, J., Drew, A. & Tongway, H. (1999), The Effects of Artificial Sources of Water on Rangeland Biodiversity, Biodiversity Technical Paper No. 3, Environment Australia, Canberra.

Landsberg, J., Morse, J. & Khanna, P. (1990), 'Tree dieback and insect dynamics in remnants of native woodlands on farms', Proceedings of the Ecological Society of Australia 16: 149–165.

Lawson, F. (1905), 'A glance at the birds of the Moore River (W. A.)', Emu 4: 132–137.

Le Souef, A. S. (1925), 'The Australian Native Animals' in Barrett, J. (ed.), Save Australia: A Plea for the Right Use of our Flora and Fauna, McMillan & Co., London.

Lefebvre, L., Gaxiola, A., Dawson, S., Timmermans, S., Rosza, L. & Kabai, P. (1998), 'Feeding innovations and forebrain size in Australian birds', Behaviour 135: 1077–1097.

Leichhardt, L. (1847), Journal of an Overland Expedition in Australia, from Moreton Bay to Port Essington, a Distance of Upwards of 3000 Miles, During the Years 1844–1845, T. & W. Boone, London.

Lewis, C. S. (1967), The Discarded Image: An Introduction to Medieval and Renaissance Literature, Cambridge University Press, Cambridge.

Lewis, F. (1954), 'The rehabilitation of the koala in Victoria', The Victorian Naturalist 70: 106–211.

Liddy, J. (1959), 'Notes on the black kite in north-west Queensland', Emu 59: 268–274.

Limpus, C. J. & Watts, C. H. S. (1983), 'Melomys rubicola, an endangered murid rodent endemic to the Grater Barrier Reef of Queensland', Australian Mammalogy 6(2): 77–79.

Littler, F. M. (1902), 'Bird Protection', Emu 1: 10.

Loaring, W. H. & Serventy, D. L. (1951), 'The birds of the Moore River Gorge country', Western Australian Naturalist 3: 107–116.

Long, J. L. (1981), Introduced Birds of the World, Reed, Sydney.

—— (1988), Introduced Birds and Mammals in Western Australia, Technical Series 1, Agriculture Protection Board of Western Australia, Perth.

Loos, T. (2001), 'Flying into trouble', Wildlife Australia 38(3): 26–28.

Low, T. (1989), Bush Tucker: Australia's Wild Food Harvest, Angus & Robertson, Sydney.

—— (1990), 'The Asian connection', Australian Natural History 23(5): 364–365.

—— (1993), 'Investigations into a blady past', Wildlife Australia 30(1): 18–20.

—— (1996–97), 'Trees of the future', Nature Australia 25(7): 46–53.

—— (1997–98), 'Thorny thoughts', Nature Australia 25(11): 22–23.

—— (1999), Feral Future: The Untold Story of Australia's Exotic Invaders, Penguin, Melbourne.

—— (2001), 'A challenge to our values: Australian plants as weeds', Plant Protection Quarterly 16(3): 133–135.

Loyn, R. H. (1987a), 'Effects of patch area and habitat on bird abundances, species numbers and tree health in fragmented Victorian forests' in Saunders, D. A., Arnold, G. W., Burbidge, A. A. & Hopkins, A. J. M. (eds), Nature Conservation: The Role of Remnants of Native Vegetation, Surrey Beatty & Sons, CSIRO and the Department of Conservation and Land Management, Sydney.

—— (1987b), 'The bird that farms the dell', Natural History 96(6): 54– 60.

Loyn, R. H. & French, K. (1991), 'Birds and environmental weeds in south- eastern Australia', Plant Protection Quarterly 6(3): 137–149.

Loyn, R. H., Lane, B. A., Chandler, C. & Carr, G. W. (1986), 'Ecology of orange-bellied parrots Neophema chrysogaster at their main wintering site', Emu, 86: 195–206.

Loyn, R. H., Runnalls, R. G., Forward, G. Y. & Tyers, J. (1983), 'Territorial bell miners and other birds affecting populations of insect prey', Science 221: 1411–1413.

Luck, G. W., Possingham, H. P. & Paton, D. C. (1999), 'Bird responses at inherent and induced edges in the Murray Mallee, South Australia. 1. Differences in abundance and diversity', Emu 99: 157–169.

Ludwig, D. F. (1989), 'Anthropic Ecosystems', Bulletin of the Ecological Society of America 70: 12–14.

Ludwig, J. A. & Tongway, D. J. (1995), 'Desertification in Australia: an eye to grass roots and landscapes', Environmental Monitoring and Assessment 37: 231–237.

Lunt, I. D. (1998), 'Two hundred years of land use and vegetation change in a remnant coastal woodland in southern Australia', Australian Journal of Botany 46: 629–647.

Lunt, I. D. & Morgan, J. W. (1999), 'Vegetation changes after 10 years of grazing exclusion and intermittent burning in a Themeda triandra (Poaceae) grassland reserve in south-eastern Australia', Australian Journal of Botany 47: 537–552.

Lynch, A. J. J., Barnes, R. W., Cambecedes, J. & Vaillancourt, R. E. (1998), 'Genetic evidence that Lomatia tasmanica (Proteaceae) is an ancient clone', Australian Journal of Botany 46: 25–33.

M

Macdonald, D. (1887?), Gum Boughs and Wattle Bloom, Gathered on Australian Hills and Plains, Cassell, London.

MacDonald, I. A. W. (1986), 'Range expansion in the pied barbet and the spread of alien tree species in southern Africa', Ostrich 57: 75–94.

Mack, R. N. (1991), 'The commercial seed trade: an early disperser of weeds in the United States', Economic Botany 45(2): 257–273.

Mackey, B. G., Lesslie, R. G., Lindenmeyer, D. B. & Nix, H. A. (1998), 'Wilderness and its place in nature conservation in Australia', Pacific Conservation Biology 4: 182–185.

Maddock, M. & Geering, D. (1994), 'Range expansion of the cattle egret', Ostrich 65: 191–203.

Main, B. Y. (1993), 'Redbacks may be dinki di after all: an early record from South Australia', Australian Arachnology 46: 3–4.

Major, R. E., Gowing, G. & Kendal, C. E. (1996), 'Nest predation in Australian urban environments and the role of the pied currawong, Strepera graculina', Australian Journal of Ecology 21: 399–409.

Mallick, S. A., Hocking, G. J. & Dreissen, M. M. (1997), 'Habitat requirement of the eastern barred bandicoot, Perameles gunnii, on agricultural land in Tasmania', Wildlife Research 24: 237–243.

Mann, D. D. (1811), The Present Picture of New South Wales, Booth, London.

Marchant, S. & Higgins, P. J. (eds) (1990), The Handbook of Australian, New Zealand and Antarctic Birds. Volume 1. Ratites to Ducks, Oxford University Press, Melbourne.

—— (1993), Handbook of Australia, New Zealand and Antarctic Birds. Volume 2. Raptors to Lapwings, Oxford University Press, Melbourne.

Markes, E. N. (1960), 'A history of the Queensland Philosophical Society and the Royal Society of Queensland from 1859 to 1911', Proceedings of the Royal Society of Queensland 71(2): 17–42.

Markus, N. (2001), 'Ecology and behaviour of Pteropus alecto in an urban environment', Ph. D. thesis, University of Queensland, Brisbane.

Marsden-Smedley, J. B. (1998), 'Changes in southwestern Tasmanian fire regimes since the early 1800s', Papers and Proceedings of the Royal Society of Tasmania, 132: 15–29.

Marsden-Smedley, J. B. & Catchpole, W. R. (1995), 'Fire modelling in Tasmanian buttongrass moorlands. l. Fuel characeristics', International Journal of Wildland Fire 5(4): 203–214.

Martin, A. A. & Tyler, M. J. (1978), 'The introduction into Western Australia of the frog Limnodynastes tasmaniensis Gunther', Australian Zoologist, 19(3): 321–325.

Martin, R. (1992–3), 'Of koalas, tree-kangaroos and man', Australian Natural History 24(3): 22–31.

Martin, R. & Handasyde, K. (1999), The Koala: Natural History, Conservation and Management, University of New South Wales Press, Sydney.

Martin, T. J., Brewer, D. T. & Blaber, S. J. M. (1995), 'Factors affecting distribution and abundance of small demersal fishes in the Gulf of Carpentaria, Australia', Marine and Freshwater Research 46: 909– 920.

Matthiessen, J. N. & Hayles, L. (1983), 'Seasonal changes in characteristics of cattle dung as a resource for an insect in southwestern Australia', Australian Journal of Ecology 8: 9–16.

McAlpin, S. (2001), 'Great desert skink', Nature Australia 27(1): 24–25.

McComb, J. A., Stukely, M. & Bennett, I. J. (1994), 'Future ecosystems – use of genetic resources', Journal of the Royal Society of Western Australia 77: 179–180.

McCoughlin, L. C. (2000), 'Estuarine wetlands distribution along the Parramatta River, Sydney, 1788–1940: implications for planning and conservation', Cunninghamia 6(3): 579–610.

McCulloch, E. M. & Noelker, F. (1974), 'Bell-miners in the Melbourne area', Victorian Naturalist 91: 288–303.

McDonagh, T. J. (1992), 'Quokka bites: The first report of bites from an Australian marsupial', Medical Journal of Australia 157: 746–747.

McEvey, A. (1974), John Cotton's Birds of the Port Phillip District of New South Wales 1843–1849, Collins, Sydney.

McGhee, K. (1995), 'Crown-of-thorns', Australian Natural History 24(12): 30–37.

McGill, A. R. (1958), 'Reports', Emu 58: 45.

McGrath, C. (2001), 'The flying fox case', Environmental and Planning Law Journal 18(6): 540.

McIlwee, A. (1999), 'Northern bettong', Nature Australia 26 (6): 22–23.

McIntyre, S. & Barrett, S. C. H. (1985), 'A comparison of weed communities of rice in Australia and California', Proceedings of the Ecological Society of Australia 14: 237–250.

McIntyre, S., Ladiges, P. Y. & Adams, G. (1988), 'Plant species-richness and invasion by exotics in relation to disturbance of wetland communities on the Riverine Plain, NSW', Australian Journal of Ecology 13: 361–373.

McKay, R. & Johnson, J. (1990), 'The freshwater and estuarine fishes' in Davie, P., Stock, E. & Choy, D. L. (eds), The Brisbane River: A Source-Book for the Future, Australian Littoral Society & Queensland Museum, Brisbane.

McKeown, K. C. (1952), Australian Spiders: Their Lives and Habits, Angus & Robertson, Sydney.

McKibbon, B. (1990), The End of Nature, Penguin, London.

McKinney, M. L. & Lockwood, J. L. (1999), 'Biotic homogenization: a few winners replacing many losers in the next mass extinction', Trends in Ecology and Evolution 14 (11): 450–453.

McKnight, D. & McKnight, B. (1991), 'Welcome swallows operating electronic doors', Australian Bird Watcher 14(3): 81.

McManus, T. J., Russell, R. C., Wells, P. J., Clancy, J. G., Fennell, M. & Cloonan, M. J. (1992), 'Further studies on the epidemiology and effects of Ross River virus in Tasmania' in Uren, M. F. & Kay, M. H. (eds), Arbovirus Research in Australia, proceedings of the 6th symposium, CSIRO & Queensland Institute of Medical Research, Brisbane.

McNally, J. (1957), 'A field survey of a koala population', Proceedings of the Royal Zoological Society of New South Wales 18–27.

McNeely, J. A. (2000), Global Strategy for Addressing the Problem of Invasive Alien Species, IUCN, Gland (Switzerland).

Menkhorst, P. W. (ed.) (1995), Mammals of Victoria: Distribution, Ecology and Conservation, Oxford University Press, Melbourne.

Menkhorst, P. W. & Dixon, J. M. (1985), 'Influxes of the grey-headed flying- fox Pteropus poliocephalus (Chiroptera, Pteropodidae) to Victoria in 1981 and 1982', Australian Mammalogy 8: 117–121.

Menkhorst, P. W., Kerry, K. R. & Hall, E. F. (1988), 'Seabird Islands No. 181. Mud Islands, Port Phillip Bay, Victoria', Corella 12(3): 72–77.

Menkhorst, P., Middleton, D. & Walters, B. (1998), 'Managing over-abundant koalas (Phascolarctos cinereus) in Victoria: a brief history and some potential new directions', Occasional Papers of the Marsupial CRC 1: 19–29.

Menkhorst, P. W. & Seebeck, J. H. (1990), 'Distribution and conservation status of bandicoots in Victoria' in Seebeck, J. H., Brown, P. B., Wallis, R. I. & Kemper, C. M. (eds), Bandicoots and Bilbies, Surrey Beatty & Sons, Sydney.

Meredith, L. A. (1844), Notes and sketches of New South Wales during a residence in that colony from 1839 to 1844, John Murray, London.

Michael, D. N. (1991), 'Leadership's shadow: the dilemna of denial', Futures 23(1): 67–79.

Midgley, S. H. (1968), 'A study of the Nile perch in Africa (and consideration as to its suitability for Australian tropical inland waters)', Winston Churchill Memorial Trust Fellowship Report No. 3.

Miller, D. J. (1989), 'Introductions and extinction of fish in the African Great Lakes', Trends in Ecology and Evolution 4(2): 56–59.

Mills, K. (1997), 'Expansion of the range of the crested pigeon', Australian Birds 31(1): 12–20.

Milne, G. D. (1993), 'Native rat plague in the Central Highlands', Information Series Q193012, Department of Primary Industries, Brisbane.

Ministerial Council on Forestry, Fisheries and Aquaculture (1999), National Policy for the Translocation of Live Aquatic Organisms–Issues, Principles and Guidelines for Implementation, Bureau of Rural Sciences, Canberra.

Morris, A. (1992), 'Book Review: The Birds of Sydney', Australian Birds 26(2): 86–87.

Morrissy, N. M. (1978), 'The past and present distribution of marron Cherax tenuimanus (Smith) in Western Australia', Fisheries Research Bulletin of Western Australia 22: 1–38.

Morton, S. R. & Martin, A. A. (1979), 'Feeding ecology of the barn owl, Tyto alba, in arid southern Australia', Australian Wildlife Research 6: 191–204.

Mosley, G. (ed.) (1978), Australia's Wilderness: Conservation Progress and Plans, proceedings of the first National Wilderness Conference, Australian Academy of Science, Canberra, 21–23 October, 1977.

Mould, M. S. (1990), Australian Cicadas, New South Wales University Press, Sydney.

Mound, L. A. (1998), 'Thysanoptera from Lord Howe Island', Australian Entomologist 25(4): 113–120.

Mueller, F. von (1870), 'On the application of phytology to the industrial purposes of life. A popular discourse delivered at the Industrial Museum of Melbourne, on 3 November 1870', reprinted in Couper, E. (ed.), Forest Culture and Eucalyptus Trees, Cubery and Company, San Francisco.

—— (1870), 'The objects of a botanic garden in relation to Industries', lecture delivered at the Industrial and Technological Museum, Melbourne, 23 November 1871.

Mullet, T. L. (2001), 'Effects of the native environmental weed Pittosporum undulatum Vent. (sweet pittosporum) on plant biodiversity', Plant Protection Quarterly 16(3): 117–121.

Munday, B. & Stewart, N. (1999), 'Fragile mascot', Wildlife Australia 36(3): 32–34.

N

Nash, R. (1973), Wilderness and the American Mind, Yale University Press, New Haven.

National Parks & Wildlife Service (South Australia) (1989), 'Belair Recreation Park Management Plan', Department of Environment & Planning, Adelaide.

Newsome, A. E. (1975), 'An ecological comparison of the two arid-zone kangaroos of Australia, and their anomalous prosperity since the introduction of ruminant stock to their environment', Quarterly Review of Biology 50: 389–424.

Nicholls, W. H. (1936), 'A new tobacco plant–a natural hybrid', Victorian Naturalist 53: 64–65.

Noble, J. C. (1993), 'Relict surface-soil features in semi-arid mulga (Acacia aneura) woodlands', Rangelands Journal 15(1): 48–70.

Noble, J. C. (1999), 'Fossil features of mulga Acacia aneura landscapes: possible imprinting by extinct Pleistocene fauna', Australian Zoologist 31(2): 396–402.

Norton, D. A. & Smith, M. S. (1999), 'Why might roadside mulgas be better mistletoe hosts?', Australian Journal of Ecology 24: 193–198.

Noske, R. A. (1998), 'Breeding biology, demography and success of the rufous-banded honeyeater, Conopophila albogularis, in Darwin, a monsoonal tropical city', Wildlife Research 25: 339–356.

O

O'Dwyer, T. W., Buttermer, W. A. & Priddel, D. M. (2000), 'Inadvertent translocation of amphibians in the shipment of agricultural produce into New South Wales: its extent and conservation implications', Pacific Conservation Biology 6: 40–45.

Ogutu-Ohwayo, R. (1987), 'Introduction of the Nile perch–a warning to Australia', Search 18(4): 205–207.

O'Hare, N. K. & Dalrymple, G. H. (1997), 'Wildlife in southern Everglades wetlands invaded by melaleuca (Melaleuca quinquenervia)', Bulletin of the Florida Museum of Natural History 41(1): 1–68.

Ohmart, C. P. & Edwards, P. B. (1991), 'Insect herbivory on eucalypts', Annual Review of Entomology 36: 637–657.

Old, K. M., Kile, G. A. & Ohmart, C. P. (eds) (1981), Eucalypt Dieback in Forests and Woodlands, CSIRO, Melbourne.

Oliver, W. R. B. (1930), New Zealand Birds, Reed, Wellington.

O'Neill, G. (1996), 'Winning back the macadamia', Ecos 88: 15–19.

Olsen, P. (1998), 'Australia's raptors: diurnal birds of prey and owls', Wingspan 8(3): l–XVl (supplement no. 2).

Olsen, P. & Allen, T. (1997), 'The trials of quarry-nesting peregrine falcons', Australian Bird Watcher 17: 87–90.

Opperman, J. J. & Merenlender, A. M. (2000), 'Deer herbivory as an ecological constraint to restoration of degraded riparian corridors', Restoration Ecology 8(1): 41–47.

Ornithological Society of New Zealand (1990), Checklist of the Birds of New Zealand (third edition), Random Century, Auckland.

Ottaway, J. R., Carrick, R. & Murray, M. D. (1985), 'Dispersal of silver gulls, Larus novaehollandiae Stephens, from breeding colonies in South Australia', Australian Wildlife Research 12: 279–298.

Ottaway, J. R., Carrick, R. & Murray, M. D. (1988), 'Reproductive ecology of silver gulls, Larus novaehollandiae Stephens, in South Australia', Australian Wildlife Research 15: 541–560.

Otway, N. M., Gray, C. A., Craig, J. R., McVea, T. A. & Ling, J. E. (1996), 'Assessing the impacts of deepwater sewage outfalls on spatially and temporally-variable marine communities', Marine Environmental Research 41(1): 45–71.

Otway, N. M., Sullings, D. J. & Lenehan, N. W. (1996), 'Trophically-based assessment of the impacts of deepwater sewage disposal on a demersal fish community', Environmental Biology of Fishes 46: 167–183.

Owen-Smith, N. & Danckwerts, J. E. (1997), 'Herbivory' in Cowling, R. M., Richardson, D. M. & Pierce, S. M. (eds), Vegetation of Southern Africa, Cambridge University Press, Cambridge.

P

Parris, H. S. (1948), 'Koalas on the lower Goulbourn', The Victorian Naturalist 64: 192–193.

Pavey, C. R. (1993), 'The distribution and conservation status of the powerful owl Ninox strenua in Queensland' in Olsen, P. (ed.), Australian Raptor Studies, Royal Australian Ornithologists Union, Melbourne.

Pavey, C. R. & Burwell, C. J. (1995), 'Fawn leafnosed-bat' in Strahan, R. (ed.), The Mammals of Australia, Reed Books, Sydney.

Peake, P., Ward, L. A. & Carr, G. W. (1996), 'Grey-headed flying-foxes at the Royal Botanic gardens, Melbourne: Final Report', Ecology Australia Pty Ltd, Melbourne.

Pearce, J., Menkhorst, P. & Burgman, M. A. (1995), 'Niche overlap and competition for habitat between the helmeted honeyeater and the bell miner', Wildlife Research 22: 633–646.

Pearce, M. H., Malajkzuc, N. & Kile, G. A. (1986), 'The occurrence and effects of Armillaria luteobubalina in the karri (Eucalyptus diversicolor F. Muell.) forests of Western Australia', Australian Forestry Research 16: 243–259.

Pearson, D. (2000), 'Endangered!: Great desert skink', Landscope 16(2): 36.

Pescott, E. E. (1912), 'Australian flowers for Australian gardens', F. W. Niven, Melbourne.

Pescott, E. E. (1916), The Native Flowers of Victoria, George Robertson & Company, Melbourne.

Peterson, N. (1979), 'Aboriginal uses of Australian Solanaceae' in Hawkes, J. G. (ed.), The Biology and Taxonomy of the Solanaceae, Academic Press, London.

Phillipps, H. (1994), 'Overtidying the outback', Australian Natural History 24(10): 80.

Pickering, H. & Whitmarsh, D. (1998), 'Artifical reeds and fisheries exploitation: a review of the attraction versus production debate, the influence of design and its significance for policy', Fisheries Research 31: 39–59.

Pickering, J. & Norris, C. A. (1996), 'New evidence concerning the extinction of the endemic murid Rattus macleari from Christmas Island, Indian Ocean', Australian Mammalogy 19: 19–25.

Pigott, J. P. (2001), 'Transcontinental invasions of vascular plants in Australia, an example of natives from south-west Western Australia weedy in Victoria', Plant Protection Quarterly 16(3): 121–123.

Pitcher, F. (1910), 'Victorian vegetation in the Melbourne Botanic Gardens', The Victorian Naturalist 26: 164–171.

Pitt, G. B. (1997), 'Digging up the past', Growing Idea (Greening Australia, Brisbane), summer 1997: 12–13.

Pizzey, G. (1980), A Field Guide to the Birds of Australia, Angus & Robertson, Sydney.

—— (1997), The Field Guide to the Birds of Australia (new edition), Angus & Robertson, Sydney.

Poore, G. C. B. & Kudenon, J. D. (1978), 'Benthos around an outfall of the Werribie sewage-treatment farm, Port Phillip Bay, Victoria', Australian Journal of Marine and Freshwater Research 29: 157–167.

Possingham, H., Barton, M., Boxall, M., Dunstan, J., Gibbs, J., Greig, J., Inns, B., Munday, B., Paton, D., Vickery, F. & St. John, B. (1996), 'Koala Management Task Force: Final Report', Adelaide.

Post, W., Cruz, A. & McNair, D. B. (1993), 'The North American invasion pattern of the shiny cowbird', Journal of Field Ornithology 64(1): 32– 41.

Potts, T. H. (1882), Out in the Open: A Budget of Scraps of Natural History, Gathered in New Zealand, Lyttelton Times, Christchurch.

Priddel, D. & Carlile, N. (1995), 'Mortality of adult Gould's petrels Pterodroma leucoptera leucoptera at the nesting site on Cabbage Tree Island, New South Wales', Emu 95: 259–264.

Priddel, D. & Carlile, N. (1999), 'Reclaiming a petrel's paradise', Nature Australia 26(4): 60–63.

Priddel, D., Carlile, N. & Wheeler, R. (2000). 'Eradication of European rabbits (Oryctolagus cuniculus) from Cabbage Tree Island, NSW, Australia, to protect the breeding habitat of Gould's petrel (Pterodroma leucoptera leucoptera)', Biological Conservation 94: 115–125.

Pusey, B. J., Bird, J., Kennard, M. J. & Arthington, A. H. (1997), 'Distribution of the Lake Eachham rainbowfish in the Wet Tropics region, North Queensland', Australian Journal of Zoology 45: 75–84.

Pyke, G. H. (1999), 'Green and golden bell frog', Nature Australia 26(4): 50–59.

Pyke, G. H. & White, A. W. (2001), 'A review of the biology of the green and golden bell frog Litoria aurea', Australian Zoologist 31(4): 563– 598.

R

Raghu, S. (1998), 'Geographical distribution, seasonal abundance and habitat preference of fruit fly species (Diptera: Tephritidae) in south-east Queensland, with special references to Bactrocera tryoni (Froggatt) and Bactrocera neohumeralis (Hardy)', Master of Science thesis, Griffith University, Brisbane.

Ratcliffe, F. (1948), Flying Fox and Drifting Sand, Angus & Robertson, Sydney.

Ratcliffe, F. N. (1932), 'Notes on the fruit bats (Pteropus sp.) of Australia', Journal of Animal Ecology 1: 32–57.

Raven, R. & Gallon, J. (1987), 'The redback spider' in Covacevich, J., Davie, P. & Pearn, J. (eds), Toxic Plants & Animals: A Guide for Australia, the Queensland Museum, Brisbane.

Recher, H. R. (1999), 'The state of Australia's avifauna: a personal opinion and prediction for the new millennium', Australian Zoologist 31(1): 11–27.

Regel, R., Lehmeyer, T., Heath, D., Carr, S., Sanderson, K. & Lane, M. (1996), 'Small mammal survey in Belair National Park', South Australian Naturalist 70: 25–30.

Reilly, P. N. & Garrett, W. J. (1973), 'Nesting of fairy martins in culverts', Emu 73: 188–189.

Roberts, G. J. (1982), 'Apparent baiting behaviour by a black kite', Emu 82: 53–54.

Robin, A. F. (1965), 'The better protection of our native fauna and flora. Publication No. 5', the Field Naturalists' Society of South Australia, Adelaide.

Robinson, A. C. (1978), 'The koala in South Australia' in Bergin, T. J. (ed.), The Koala, Zoological Parks Board of New South Wales, Sydney.

Robinson, A. C. (1989), 'Island management in South Australia' in Burbidge, A. (ed.), Australian and New Zealand Islands: Nature Conservation Values and Management, Department of Conservation and Land Management, Perth.

Robinson, D. & Traill, B. J. (1996), 'Conserving woodland birds in the wheat and sheep belts of southern Australia', RAOU Conservation Statement No. 10, Royal Australasian Orinthologists Union, Melbourne.

Robinson, N. A., Sherwin, W. B. & Brown, P. R. (1991), 'A note on the status of the eastern barred bandicoot, Perameles gunnii, in Tasmania', Wildlife Research 18: 451–457.

Root, T. L. & Weckstein, J. D. (1994), 'Changes in distribution patterns of select wintering North American birds from 1901 to 1989', Studies in Avian Biology 15: 191–201.

Rose, D. B. (1996), Nourishing Terrains: Australian Aborginal Views of Landscape and Wilderness, Australian Heritage Commission, Canberra.

Rose, S. & Fairweather, P. G. (1997), 'Changes in floristic composition of urban bushland invaded by Pittosporum undulatum in northern Sydney, Australia', Australian Journal of Botany 45: 123–149.

Ross, G. A., Egan, K. & Priddel, D. (1999), 'Hybridization between little tern Sterna albifrons and fairy tern S. nereis in Botany Bay, New South Wales', Corella 23: 33–36.

Rothstein, S. I. (1994), 'The cowbird's invasion of the far west: history, causes and consequences experienced by host species', Studies in Avian Biology 15: 301–315.

Rousevell, D., Brothers, N. & Holdsworth, M. (1985), 'The status and ecology of the Pedra Branca skink Pseudemoia palfreymani' in Grigg, G., Shine, R. & Ehmann, H. (eds), Biology of Australasian Frogs and Reptiles, Royal Zoological Society of New South Wales, Sydney.

Rowland, S. J. (2001), 'Record of the banded grunter Amniataba percoides (Teraponidae) from the Clarence River, New South Wales', Australian Zoologist 31(4): 603–607.

Russell, H. S. (1888), The Genesis of Queensland: An Account of the First Exploring Journeys to and over the Darling Downs, Turner & Henderson, Sydney.

Russell, R. C. & Dwyer, D. E. (2000), 'Arboviruses associated with human disease in Australia', Microbes and Infection 2: 1693–1704.

Ryan, D. J., Ryan, J. R. & Starr, B. J. (1995), The Australian Landscape: Observations of Explorers and Early Settlers, Murrumbidgee Management Committee, Wagga Wagga.

S

Saunders, D. A. & Ingram, J. A. (1995), Birds of Southwestern Australia: An Atlas of Changes in the Distribution and Abundance of the Wheatbelt Avifauna, Surrey Beatty & Sons, Sydney.

Schodde, R., Fullagar, P. & Hermes. N. (1983), A Review of Norfolk Island Birds: Past and Present, Australian National Parks and Wildlife Service, Canberra.

Schodde, R. & Mason, I. J. (1999), The Directory of Australian Birds: Passerines, CSIRO, Canberra.

Schulz, M. (1997), 'Bats in bird nests in Australia: a review', Mammal Review 28: 69–76.

Scott, J. K., Yeoh, P. B. & Woodburn, T. L. (2000), 'Apion miniatum (Coleoptera: Apionidae) and the control of Emex australis (Polygonaceae): conflicts of interest and non target effects', Proceedings of the X International Symposium on Biological Control of Weeds, Montana State University, Bozeman.

Seebeck, J. (1997), 'Creeping mistletoes Muellerina eucalyptoides in suburban Melbourne', Victorian Naturalist 114(3): 130–134.

Seebeck, J. & Mansingh, I. (1998), 'Mammals introduced to Wilsons Promontory', Victorian Naturalist 115(6): 350–356.

Serena, M. (1996), 'Metropolitan monotremes', Nature Australia 25(6): 28–32.

Serventy, V. (1990), 'The conservation history of the koala with special reference to the work of the Wild Life Preservation Society of Australia and the state Gould League' in Lunney, D., Urquhart, C. A. & Reed, P. (eds), Koala Summit: Managing Koalas in New South Wales, NSW National Parks and Wildlife Service, Sydney.

Sewell, S. R. & Catterall, C. P. (1999), 'Bushland modification and styles of urban development: their effects on birds in south-east Queensland', Wildlife Research 25: 41–63.

Shapcott, A. (1998), 'The genetics of Ptychosperma bleeseri, a rare palm from the Northern Territory, Australia', Biological Conservation 85: 203–209.

Sharland (1944), 'The lyrebird in Tasmania', Emu 44: 64–71.

Shaughnessy, P. D. (1999), The Action Plan for Australian Seals, Environment Australia, Canberra.

Shaw, N. H. (1957), 'Bunch spear grass dominance in burnt pastures in south-eastern Queensland', Australian Journal of Agricultural Research 8: 325–334.

Shephard, C. (2001), 'Nielsen Park She-oak', Nature Australia 27(3): 22– 23.

Shepherd, G. E. (1912), 'Swallows nesting on railway train', Emu 11: 211– 212.

Short, J., Bradshaw, S. D., Giles, J., Prince, R. I. T. & Wilson, G. R. (1992), 'Reintroduction of macropods (Masupialia: Macropodoidea) in Australia–a review', Biological Conservation 62: 189–204.

Short, J. & Turner, B. (1994), 'A test of the vegetation mosaic hypothesis: a hypothesis to explain the decline and extinction of Australian mammals', Conservation Biology 8(2): 439–449.

Short, J., Turner, B., Parker, S. & Twiss, J. (1994), 'Reintroduction of endangered mammals to mainland Shark Bat: a progress report' in Serena, M. (ed.), Reintroduction Biology of Australian and New Zealand Fauna, Surrey Beatty & Sons, Sydney.

Sibley, C. G. & Ahlquist, J. E. (1986), 'Reconstructing bird phylogeny by comparing DNAs', Scientific American Feb. 68–78.

Sinclair, E. & Morris, K. (1995–96), 'Where have all the quokkas gone?' Landscope, 11(2): 49–53.

Singer, R. J. & Burgman, M. A. (1999), 'The regeneration ecology of Kunzea ericoides (A. Rich). J. Thompson at Coranderrk Reserve, Healesville', Australian Journal of Ecology 24: 18–24.

Skira, J. (1984), 'Breeding distribution of the brown skua on Macquarie Island', Emu 84: 248–249.

Smith, G. C. (1991), 'Kleptoparasitic silver gulls Larus novaehollandiae on the northern Great Barrier Reef Queensland', Corella 15(2): 41–44.

—— (1992), 'Silver gulls and emerging problems from increasing abundance', Corella 16(2): 39–46.

Smith, N. J. & Smith, D. (2000a), 'Systematic insecticidal control of the flatid Janella australiae Kirkaldy, a pest on Pandanus in Southeast Queensland', General and Applied Entomology 29: 21–25.

—— (2000b), 'Studies on the flatid Janella australiae Kirkaldy causing dieback on Pandanus tectorius var. pedunculatus (A. Br.) Domin on the Sunshine and Gold Coasts in Southeast Queensland', General and Applied Entomology 29: 11–20.

Smith, P. & Smith, J. (1994), 'Historical change in the bird fauna of western New South Wales: ecological patterns and conservation implications' in Lunney, D., Hand, S., Reed, P. & Butcher, D. (1994), Future of the Fauna of Western New South Wales, Royal Zoological Society of New South Wales, Sydney.

Smith, P. E. (1977), 'A value analysis of wilderness', Search 8(9): 311–317.

Smithers, C. N. & Disney, H. J. de S. (1969), 'The distribution of terrestrial and freshwater birds on Norfolk Island', Australian Zoologist 15(2): 127–138.

Smyth, R. B. (1878), Aborigines of Victoria, Government Printer, Melbourne.

Spencer, P. & Moro, D. (2001), 'Mixing mala', Nature Australia 27(1): 84.

Sproule, A. N., Broughton, S. & Monzu, N. (1992), 'Queensland Fruit Fly Eradication Campaign', Department of Agriculture, Perth.

Stanbury, P. (1978), Australia's Animals: Who Discovered Them?, the Macleay Museum, University of Sydney, Sydney.

Steele, J. G. (1972), The Explorers of the Moreton Bay District 1770–1830, University of Queensland Press, Brisbane.

Stokes, G. (1983), 'The New Left and the Counter Culture' in Wintrop, N. (ed.), Liberal Democratic Theory and Its Critics, Broom Helm, London.

Stokes, T., Sheils, W. & Dunn, K. (1984), 'Birds of the Cocos (Keeling) Islands, Indian Ocean', Emu 84: 23–28.

Stone, C. (1996), 'The role of psyllids (Hemiptea: Psyllidae) and bell miners (Manorina melanophrys) in canopy dieback of Sydney blue gum (Eucalyptus saligna Sm.)', Australian Journal of Ecology 21: 450–458.

Storr, G. M. (1991), 'Birds of the south-western division of Western Australia', Records of the Western Australian Museum, supplement 35.

Storr, G. M. & Johnstone, R. E. (1988), 'Birds of the Swan Coastal Plain', Records of the Western Australian Museum, supplement 28.

Strahan, R. (1995), The Mammals of Australia (revised edition), Australian Museum/Reed Books, Sydney.

Sturt, C. (1849), Narrative of an Expedition into Central Australia (two volumes), T. & W. Boone, London.

Summers-Smith (1988), The Sparrow: A Study of the Genus Passer, T. & A. D. Poyser, Calton (UK).

Sutton, C. S. (1910), 'Excursion to Studley Park', Victorian Naturalist 27: 124.

Swarbrick, J. (1986), 'History of the lantanas in Australia and origins of the weedy biotypes', Plant Protection Quarterly 1(3): 115–121.

Sylvan, R. (1998), Transcendental Metaphysics: From Radical to Deep Pluralism, White Horse Press, Cambridge.

Symonds, S. (1999), Healesville Sanctuary: A Future for Australia's Wildlife, Australian Scholarly Publishing, Melbourne.

T

Tanner, Z. (2000), 'Ecological impacts of the superb lyrebird in Tasmania', Honours thesis, University of Tasmania, Hobart.

Taylor, I. R. & Kirsten, I. (1999), 'Barking owls: woodland survivors', Wingspan 9(4): 8–13.

Taylor, M. (1992), Birds of the Australian Capital Territory: An Atlas, Canberra Ornithologists Group and National Capital Planning Authority, Canberra.

Temby, I. (1995), 'Perception of wildlife as pests: you can teach an old dogma new tricks' in Bennett, A., Backhouse, G. & Clark, T. (eds), People and Nature Conservation: Perspectives on Private Land Use and Endangered Species Recovery, Royal Zoological Society of New South Wales, Sydney.

Temby, I. D. & Emison, W. B. (1986), 'Foods of the long-billed corella', Australian Wildlife Research 13: 57–63.

Tench, W. (1961), Sydney's First Four Years: Being a Reprint of a Narrative of the Expedition to Botany Bay and a Complete Account of the Settlement at Port Jackson, Angus and Robertson, Sydney.

Tenison-Woods, J. E. (1881), 'On some introduced plants of Australia and Tasmania', Papers & Proceedings, & Reports, of the Royal Society of Tasmania for 1880, 44–45.

Thompson, G. (1996-7), 'Goannas in the graveyard', Nature Australia 25(7): 30–37.

Thompson, J. (1990), 'A reassessment of the importance of Moreton Bay to migrant waders', Sunbird 20(3): 83–88.

Thomson, D. F. (1935), Birds of Cape York Peninsula, Government Printer, Melbourne.

Thoreau, H. D. (1960), Walden, or, Life in the Woods and On the Duty of Civil Disobedience, the New American Library, New York.

Thornton, T. (1999), 'Just another sunbird', Queensland Ornithological Society Newsletter 30(1): 10.

Todd, J. J. & Horwitz, P. H. J. (1990), 'Spreading insects through firewood collection in Tasmania', Australian Forestry 53(3): 154–159.

Tracey, J., Saunders, G., Jones, G., West, P. & van de Ven, Remy (2001), 'Fluctuations in bird species, abundance and damage to wine crops: a complex environment for evaluating management strategies', 12th Australian Vertebrate Pest Conference, Melbourne.

Trott, P. (1995), 'A rare habitat feels the squeeze', Ecos 84: 27–31.

Tyler, M. J. (1976), Frogs, Collins, Sydney.

Tyler, M. J. (1999), Australian Frogs: A Natural History, Hew Holland, Sydney.

Tyler, M. J. & Watson, G. F. (1998), 'Additional habitats for frogs created by human alterations to the Australian environment', Australian Biologist 11(4): 144–146.

Tyndale-Biscoe, H. (1997), 'Culling koalas with kindness', Search 28(8): 250–251.

W

Wace, N. M. (1968), 'Australian red-backed spiders on Tristan da Cunha', Australian Journal of Science 31(5): 189–190.

Wace, N. M. (1977), 'Assessment of dispersal of plant species–the carborne flora of Canberra', Proceedings of the Ecological Society of Australia 10: 168–186.

Wallace, H. M. & Trueman, S. J. (1995), 'Dispersal of Eucalyptus torelliana seeds by the resin-collecting stingless bee, Trigona carbonaria', Oecologia 104: 12–16.

Ward, S. (1998), 'Feathertail gliders', Nature Australia 25(12): 24–31.

Wardle, P. (1991), Vegetation of New Zealand, Cambridge University Press, Cambridge.

Warnecke, R. M. (1978), 'The status of the koala in Victoria' in Bergin, T. J. (ed.), The Koala, Zoological Parks Board of New South Wales, Sydney.

Wassenberg, T. J. & Hill, B. J. (1987), 'Feeding by the sand crab Portunus pelagicus on material discarded from prawn trawlers in Moreton Bay, Australia', Marine Biology 95: 387–383.

Watson, T. M. (1998), 'Ecology and behaviour of Aedes notoscriptus (Skuse): implications for arbovirus transmission in southeast Queensland', Ph. D. thesis, University of Queensland, Brisbane.

Watson, T. M., Saul, A. & Kay, B. H. (2000), 'Aedes notoscriptus (Diptera: Culicidae) survival and dispersal estimated by mark-release-recapture in Brisbane, Queensland, Australia', Journal of Medical Entomology 37(3): 380–384.

Whisson, D. (1996), 'The effect of two agricultural techniques on populations of the canefield rat (Rattus sordidus) in sugarcane crops of north Queensland', Wildlife Research 25: 589–604.

White, A. W. & Pyke, G. H. (1996), 'Distribution and conservation status of the green and golden bell frog Litoria aurea in New South Wales', Australian Zoologist 30(2): 177–189.

White, S. A. (1925), 'The movement for protection of fauna in South Australia' in Barrett, J. (ed.), Save Australia: A Plea for the Right Use of Our Flora and Fauna, MacMillan & Co., London.

Williams, A. A. E. (1991), 'New southern records of the yellow palmdart Cephrenes trichopepla (Lower) (Lepidoptera: Hesperiidae) in Western Australia', Australian Entomological Magazine 18(1): 43– 44.

Wilson, E. (1986), Discovering the Domain, Royal Botanic Gardens and Hale & Iremonger, Sydney.

Wilson, F. (1960), A Review of the Biological Control of Insects and Weeds in Australia and Australian New Guinea, Commonwealth Agricultural Bureaux, Bucks, England.

Wilson, S. (1999), Birds of the ACT: Two Centuries of Change, Canberra Ornithologists Group, Canberra.

Wilson, S. K. & Knowles, D. G. (1988), Australia's Reptiles: A Photographic Reference to the Terrestrial Reptiles of Australia, Collins, Sydney.

Winkel, P. (1998), 'Proserpine Rock-wallaby', Nature Australia 26(3): 20–21.

Woinarski, J. C. Z. & Wykes, B. J. (1983), 'Decline and extinction of the helmeted honeyeater at Cardinia Creek', Biological Conservation 27: 7–21.

Wolschke-Bulmahn, J. (1996), 'The mania for native plants in Nazi Germany' in Dion, M. & Rockman, A. (eds), Concrete Jungle: A Pop Media Investigation of Death and Survival in Urban Ecosystems, Juno Books, New York.

Woodall, P. F. (1995), 'Results of the QOS garden bird survey, 1979–80, with particular reference to south-east Queensland', Sunbird 25(1): 1–17.

Woodall, P. F. (1996), 'Limits to the distribution of the house sparrow Passer domesticus in suburban Brisbane, Australia', Ibis 138(2): 337–339.

Worthington Wilmer, J., Moritz, C., Hall, L. & Toop, J. (1994), 'Extreme population structuring in the threatened ghost bat, Macroderma gigas: evidence from Mitchondrial DNA', Proceedings of the Royal Society of London B 257: 193–198.

Wu, J. & Loucks, O. L. (1995), 'From balance of nature to hierarchical patch dynamics: a paradigm shift in ecology', The Quarterly Review of Biology 70(4): 439–466.

Y

Yugovic, J. (1998), 'Vegetation dynamics of a bird-dominated island ecosystem: Mud Islands, Port Phillip Bay, Australia', Ph. D. thesis, Department of Biological Sciences, Monash University, Melbourne.

Z

Zeller, R. (1998), Queensland's Fisheries Habitats, Department of Primary Industries, Brisbane.

序言参考资料

Edworthy, A. (2015), 'What's Killing the Endangered Forty-spotted Pardalote?', Tasmanian Geographic 31, www. tasmaniangeographic. com/whats-killing-pardalote/

Heinsohn, R., Webb, M., Lacy, R., et al. (2015), 'A severe predator-induced population decline predicted for endangered, migratory swift parrots (*Lathamus discolor*)', Biological Conservation 186: 75–82.

Ives, C., Lentini, P., Threlfall, C., et al. (2016), 'Cities are hotspots for threatened species', Global Ecology and Biogeography 25(1): 117–126.

Johnson, C., Banks, S., Barrett, N., et al. (2011), 'Climate change cascades: Shifts in oceanography, species' ranges and subtidal marine community dynamics in eastern Tasmania', Journal of Experimental Marine Biology and Ecology 400(1–2) SI: 17–32.

Low, T. (2008), Climate Change and Invasive Species: A Review of Interactions, Biological Diversity Advisory Committee, Canberra.

Parris K. & Hazell D. (2005), 'Biotic effects of climate change in urban environments: the case of the Grey-headed Flying-fox (*Pteropus poliocephalus*) in Melbourne', Biological Conservation 124(2): 267–76.

Roberts, B., Catterall, C., Eby, P., et al. (2012), 'Latitudinal range shifts in Australian flying-foxes: A re-evaluation', Austral Ecology 37(1): 12–22.

Sheldon, F. and Walker, K., (1993), 'Pipelines as a refuge for freshwater snails', Regulated Rivers: Research & Management 8: 295–299.

Starr, C., & Leung, L. (2006), 'Habitat use by the Darling Downs population of the grassland earless dragon', Journal of Wildlife Management 70(4): 897–903.

van der Ree, R., McDonnell, M., Temby, I., Nelson, J. & Whittingham, E. (2006), 'The establishment and dynamics of a recently established urban camp of *Pteropus poliocephalus* outside their geographic range', Journal of Zoology 268: 177–85.

Whisson, D., Dixon, V., Taylor, M., et al. (2016), 'Failure to respond to food resource decline has catastrophic consequences for koalas in a high-density population in Southern Australia', PLOS ONE 11(1): e0144348.

Williams, N., McDonnell, M., Phelan, G., et al. (2006), 'Range expansion due to urbanization: Increased food resources attract grey-headed flying-foxes (*Pteropus poliocephalus*) to Melbourne', Austral Ecology 31, 190–8.

译后记

《自然新解》的翻译是北京大学英语系翻译硕士专业与北京三联书店的通力合作完成的一项成果。这本书原书名为《新自然：澳大利亚野生环境中的优胜劣汰》(*The New Nature: Winners and Losers in Wild Australia*)，作者蒂姆·劳（Tim Low）是澳大利亚生物学家，撰写过多部关于自然及自然保护的书籍，其中包括《歌声悦耳：澳大利亚鸟类如何改变世界》(*Where Song Began: Australia's Birds and How They Changed the World*）和《野性未来：澳大利亚外来入侵物种不为人知的故事》(*Feral Future: The Untold Story of Australia's Exotic Invaders*)。在《自然新解》这一本中，作者描述了自己对自然的独特观察和理解，即自然并非特指没有人类介入的荒野，而应包括很多动植物与人类互相依存的地方。根据蒂姆·劳的观察和研究，许多动植物喜欢与人类比邻而居，作者在书中提供了大量生动有趣的例子，让读者爱不释卷，耳目一新。

本书的翻译工作由我和北京大学英语系翻译硕士2020级的刘伟和毛怡灵同学合作完成，是我们专业学位教育与行业相结合的一次有益尝试。我们在此对三联书店综合分社社长王竞和本书编辑丁立松的大力支持表示衷心的感谢！

林庆新

2025年1月 于北京西二旗

新知
文库

01 《证据：历史上最具争议的法医学案例》[美]科林·埃文斯 著　毕小青 译

02 《香料传奇：一部由诱惑衍生的历史》[澳]杰克·特纳 著　周子平 译

03 《查理曼大帝的桌布：一部开胃的宴会史》[英]尼科拉·弗莱彻 著　李响 译

04 《改变西方世界的 26 个字母》[英]约翰·曼 著　江正文 译

05 《破解古埃及：一场激烈的智力竞争》[英]莱斯利·罗伊·亚京斯 著　黄中宪 译

06 《狗智慧：它们在想什么》[加]斯坦利·科伦 著　江天帆、马云霏 译

07 《狗故事：人类历史上狗的爪印》[加]斯坦利·科伦 著　江天帆 译

08 《血液的故事》[美]比尔·海斯 著　郎可华 译　张铁梅 校

09 《君主制的历史》[美]布伦达·拉尔夫·刘易斯 著　荣予、方力维 译

10 《人类基因的历史地图》[美]史蒂夫·奥尔森 著　霍达文 译

11 《隐疾：名人与人格障碍》[德]博尔温·班德洛 著　麦湛雄 译

12 《逼近的瘟疫》[美]劳里·加勒特 著　杨岐鸣、杨宁 译

13 《颜色的故事》[英]维多利亚·芬利 著　姚芸竹 译

14 《我不是杀人犯》[法]弗雷德里克·肖索依 著　孟晖 译

15 《说谎：揭穿商业、政治与婚姻中的骗局》[美]保罗·埃克曼 著　邓伯宸 译　徐国强 校

16 《蛛丝马迹：犯罪现场专家讲述的故事》[美]康妮·弗莱彻 著　毕小青 译

17 《战争的果实：军事冲突如何加速科技创新》[美]迈克尔·怀特 著　卢欣渝 译

18 《最早发现北美洲的中国移民》[加]保罗·夏亚松 著　暴永宁 译

19 《私密的神话：梦之解析》[英]安东尼·史蒂文斯 著　薛绚 译

20 《生物武器：从国家赞助的研制计划到当代生物恐怖活动》[美]珍妮·吉耶曼 著　周子平 译

21 《疯狂实验史》[瑞士]雷托·U. 施奈德 著　许阳 译

22 《智商测试：一段闪光的历史，一个失色的点子》[美]斯蒂芬·默多克 著　卢欣渝 译

23 《第三帝国的艺术博物馆：希特勒与“林茨特别任务”》[德]哈恩斯－克里斯蒂安·罗尔 著　孙书柱、刘英兰 译

24 《茶：嗜好、开拓与帝国》[英]罗伊·莫克塞姆 著　毕小青 译

25 《路西法效应：好人是如何变成恶魔的》[美]菲利普·津巴多 著　孙佩妏、陈雅馨 译

26《阿司匹林传奇》[英] 迪尔米德·杰弗里斯 著　暴永宁、王惠 译

27《美味欺诈：食品造假与打假的历史》[英] 比·威尔逊 著　周继岚 译

28《英国人的言行潜规则》[英] 凯特·福克斯 著　姚芸竹 译

29《战争的文化》[以] 马丁·范克勒韦尔德 著　李阳 译

30《大背叛：科学中的欺诈》[美] 霍勒斯·弗里兰·贾德森 著　张铁梅、徐国强 译

31《多重宇宙：一个世界太少了？》[德] 托比阿斯·胡阿特、马克斯·劳讷 著　车云 译

32《现代医学的偶然发现》[美] 默顿·迈耶斯 著　周子平 译

33《咖啡机中的间谍：个人隐私的终结》[英] 吉隆·奥哈拉、奈杰尔·沙德博尔特 著　毕小青 译

34《洞穴奇案》[美] 彼得·萨伯 著　陈福勇、张世泰 译

35《权力的餐桌：从古希腊宴会到爱丽舍宫》[法] 让－马克·阿尔贝 著　刘可有、刘惠杰 译

36《致命元素：毒药的历史》[英] 约翰·埃姆斯利 著　毕小青 译

37《神祇、陵墓与学者：考古学传奇》[德] C. W. 策拉姆 著　张芸、孟薇 译

38《谋杀手段：用刑侦科学破解致命罪案》[德] 马克·贝内克 著　李响 译

39《为什么不杀光？种族大屠杀的反思》[美] 丹尼尔·希罗、克拉克·麦考利 著　薛绚 译

40《伊索尔德的魔汤：春药的文化史》[德] 克劳迪娅·米勒－埃贝林、克里斯蒂安·拉奇 著　王泰智、沈惠珠 译

41《错引耶稣：〈圣经〉传抄、更改的内幕》[美] 巴特·埃尔曼 著　黄恩邻 译

42《百变小红帽：一则童话中的性、道德及演变》[美] 凯瑟琳·奥兰丝汀 著　杨淑智 译

43《穆斯林发现欧洲：天下大国的视野转换》[英] 伯纳德·刘易斯 著　李中文 译

44《烟火撩人：香烟的历史》[法] 迪迪埃·努里松 著　陈睿、李欣 译

45《菜单中的秘密：爱丽舍宫的飨宴》[日] 西川惠 著　尤可欣 译

46《气候创造历史》[瑞士] 许靖华 著　甘锡安 译

47《特权：哈佛与统治阶层的教育》[美] 罗斯·格雷戈里·多塞特 著　珍栎 译

48《死亡晚餐派对：真实医学探案故事集》[美] 乔纳森·埃德罗 著　江孟蓉 译

49《重返人类演化现场》[美] 奇普·沃尔特 著　蔡承志 译

50《破窗效应：失序世界的关键影响力》[美] 乔治·凯林、凯瑟琳·科尔斯 著　陈智文 译

51《违童之愿：冷战时期美国儿童医学实验秘史》[美] 艾伦·M. 霍恩布鲁姆、朱迪斯·L. 纽曼、格雷戈里·J. 多贝尔 著　丁立松 译

52《活着有多久：关于死亡的科学和哲学》[加] 理查德·贝利沃、丹尼斯·金格拉斯 著　白紫阳 译

53《疯狂实验史Ⅱ》[瑞士]雷托·U. 施奈德 著 郭鑫、姚敏多 译

54《猿形毕露：从猩猩看人类的权力、暴力、爱与性》[美]弗朗斯·德瓦尔 著 陈信宏 译

55《正常的另一面：美貌、信任与养育的生物学》[美]乔丹·斯莫勒 著 郑嬿 译

56《奇妙的尘埃》[美]汉娜·霍姆斯 著 陈芝仪 译

57《卡路里与束身衣：跨越两千年的节食史》[英]路易丝·福克斯克罗夫特 著 王以勤 译

58《哈希的故事：世界上最具暴利的毒品业内幕》[英]温斯利·克拉克森 著 珍栎 译

59《黑色盛宴：嗜血动物的奇异生活》[美]比尔·舒特 著 帕特里曼·J. 温 绘图 赵越 译

60《城市的故事》[美]约翰·里德 著 郝笑丛 译

61《树荫的温柔：亘古人类激情之源》[法]阿兰·科尔班 著 苜蓿 译

62《水果猎人：关于自然、冒险、商业与痴迷的故事》[加]亚当·李斯·格尔纳 著 于是 译

63《囚徒、情人与间谍：古今隐形墨水的故事》[美]克里斯蒂·马克拉奇斯 著 张哲、师小涵 译

64《欧洲王室另类史》[美]迈克尔·法夸尔 著 康怡 译

65《致命药瘾：让人沉迷的食品和药物》[美]辛西娅·库恩等 著 林慧珍、关莹 译

66《拉丁文帝国》[法]弗朗索瓦·瓦克 著 陈绮文 译

67《欲望之石：权力、谎言与爱情交织的钻石梦》[美]汤姆·佐尔纳 著 麦慧芬 译

68《女人的起源》[英]伊莲·摩根 著 刘筠 译

69《蒙娜丽莎传奇：新发现破解终极谜团》[美]让-皮埃尔·伊斯鲍茨、克里斯托弗·希斯·布朗 著 陈薇薇 译

70《无人读过的书：哥白尼〈天体运行论〉追寻记》[美]欧文·金格里奇 著 王今、徐国强 译

71《人类时代：被我们改变的世界》[美]黛安娜·阿克曼 著 伍秋玉、澄影、王丹 译

72《大气：万物的起源》[英]加布里埃尔·沃克 著 蔡承志 译

73《碳时代：文明与毁灭》[美]埃里克·罗斯顿 著 吴妍仪 译

74《一念之差：关于风险的故事与数字》[英]迈克尔·布拉斯兰德、戴维·施皮格哈尔特 著 威治 译

75《脂肪：文化与物质性》[美]克里斯托弗·E. 福思、艾莉森·利奇 编著 李黎、丁立松 译

76《笑的科学：解开笑与幽默感背后的大脑谜团》[美]斯科特·威姆斯 著 刘书维 译

77《黑丝路：从里海到伦敦的石油溯源之旅》[英]詹姆斯·马里奥特、米卡·米尼奥-帕卢埃洛 著 黄煜文 译

78《通向世界尽头：跨西伯利亚大铁路的故事》[英]克里斯蒂安·沃尔玛 著　李阳 译

79《生命的关键决定：从医生做主到患者赋权》[美]彼得·于贝尔 著　张琼懿 译

80《艺术侦探：找寻失踪艺术瑰宝的故事》[英]菲利普·莫尔德 著　李欣 译

81《共病时代：动物疾病与人类健康的惊人联系》[美]芭芭拉·纳特森-霍洛威茨、凯瑟琳·鲍尔斯 著　陈筱婉 译

82《巴黎浪漫吗？——关于法国人的传闻与真相》[英]皮乌·玛丽·伊特韦尔 著　李阳 译

83《时尚与恋物主义：紧身褡、束腰术及其他体形塑造法》[美]戴维·孔兹 著　珍栎 译

84《上穷碧落：热气球的故事》[英]理查德·霍姆斯 著　暴永宁 译

85《贵族：历史与传承》[法]埃里克·芒雄-里高 著　彭禄娴 译

86《纸影寻踪：旷世发明的传奇之旅》[英]亚历山大·门罗 著　史先涛 译

87《吃的大冒险：烹饪猎人笔记》[美]罗布·沃乐什 著　薛绚 译

88《南极洲：一片神秘的大陆》[英]加布里埃尔·沃克 著　蒋功艳、岳玉庆 译

89《民间传说与日本人的心灵》[日]河合隼雄 著　范作申 译

90《象牙维京人：刘易斯棋中的北欧历史与神话》[美]南希·玛丽·布朗 著　赵越 译

91《食物的心机：过敏的历史》[英]马修·史密斯 著　伊玉岩 译

92《当世界又老又穷：全球老龄化大冲击》[美]泰德·菲什曼 著　黄煜文 译

93《神话与日本人的心灵》[日]河合隼雄 著　王华 译

94《度量世界：探索绝对度量衡体系的历史》[美]罗伯特·P. 克里斯 著　卢欣渝 译

95《绿色宝藏：英国皇家植物园史话》[英]凯茜·威利斯、卡罗琳·弗里 著　珍栎 译

96《牛顿与伪币制造者：科学巨匠鲜为人知的侦探生涯》[美]托马斯·利文森 著　周子平 译

97《音乐如何可能？》[法]弗朗西斯·沃尔夫 著　白紫阳 译

98《改变世界的七种花》[英]詹妮弗·波特 著　赵丽洁、刘佳 译

99《伦敦的崛起：五个人重塑一座城》[英]利奥·霍利斯 著　宋美莹 译

100《来自中国的礼物：大熊猫与人类相遇的一百年》[英]亨利·尼科尔斯 著　黄建强 译

101《筷子：饮食与文化》[美]王晴佳 著　汪精玲 译

102《天生恶魔？：纽伦堡审判与罗夏墨迹测验》[美]乔尔·迪姆斯代尔 著　史先涛 译

103《告别伊甸园：多偶制怎样改变了我们的生活》[美]戴维·巴拉什 著　吴宝沛 译

104《第一口：饮食习惯的真相》[英]比·威尔逊 著　唐海娇 译

105《蜂房：蜜蜂与人类的故事》[英]比·威尔逊 著　暴永宁 译

106《过敏大流行：微生物的消失与免疫系统的永恒之战》[美]莫伊塞斯·贝拉斯克斯－曼诺夫 著 李黎、丁立松 译

107《饭局的起源：我们为什么喜欢分享食物》[英]马丁·琼斯 著 陈雪香 译 方辉 审校

108《金钱的智慧》[法]帕斯卡尔·布吕克内 著 张叶、陈雪乔 译 张新木 校

109《杀人执照：情报机构的暗杀行动》[德]埃格蒙特·R. 科赫 著 张芸、孔令逊 译

110《圣安布罗焦的修女们：一个真实的故事》[德]胡贝特·沃尔夫 著 徐逸群 译

111《细菌：我们的生命共同体》[德]汉诺·夏里修斯、里夏德·弗里贝 著 许嫚红 译

112《千丝万缕：头发的隐秘生活》[英]爱玛·塔罗 著 郑嬿 译

113《香水史诗》[法]伊丽莎白·德·费多 著 彭禄娴 译

114《微生物改变命运：人类超级有机体的健康革命》[美]罗德尼·迪塔特 著 李秦川 译

115《离开荒野：狗猫牛马的驯养史》[美]加文·艾林格 著 赵越 译

116《不生不熟：发酵食物的文明史》[法]玛丽－克莱尔·弗雷德里克 著 冷碧莹 译

117《好奇年代：英国科学浪漫史》[英]理查德·霍姆斯 著 暴永宁 译

118《极度深寒：地球最冷地域的极限冒险》[英]雷纳夫·法恩斯 著 蒋功艳、岳玉庆 译

119《时尚的精髓：法国路易十四时代的优雅品位及奢侈生活》[美]琼·德让 著 杨冀 译

120《地狱与良伴：西班牙内战及其造就的世界》[美]理查德·罗兹 著 李阳 译

121《骗局：历史上的骗子、赝品和诡计》[美]迈克尔·法夸尔 著 康怡 译

122《丛林：澳大利亚内陆文明之旅》[澳]唐·沃森 著 李景艳 译

123《书的大历史：六千年的演化与变迁》[英]基思·休斯敦 著 伊玉岩、邵慧敏 译

124《战疫：传染病能否根除？》[美]南希·丽思·斯特潘 著 郭骏、赵谊 译

125《伦敦的石头：十二座建筑塑名城》[英]利奥·霍利斯 著 罗隽、何晓昕、鲍捷 译

126《自愈之路：开创癌症免疫疗法的科学家们》[美]尼尔·卡纳万 著 贾颋 译

127《智能简史》[韩]李大烈 著 张之昊 译

128《家的起源：西方居所五百年》[英]朱迪丝·弗兰德斯 著 珍栎 译

129《深解地球》[英]马丁·拉德威克 著 史先涛 译

130《丘吉尔的原子弹：一部科学、战争与政治的秘史》[英]格雷厄姆·法米罗 著 刘晓 译

131《亲历纳粹：见证战争的孩子们》[英]尼古拉斯·斯塔加特 著 卢欣渝 译

132《尼罗河：穿越埃及古今的旅程》[英]托比·威尔金森 著 罗静 译

133《大侦探：福尔摩斯的惊人崛起和不朽生命》[美] 扎克·邓达斯 著　肖洁茹 译

134《世界新奇迹：在20座建筑中穿越历史》[德] 贝恩德·英玛尔·古特贝勒特 著　孟薇、张芸 译

135《毛奇家族：一部战争史》[德] 奥拉夫·耶森 著　蔡玳燕、孟薇、张芸 译

136《万有感官：听觉塑造心智》[美] 塞思·霍罗威茨 著　蒋雨蒙 译　葛鉴桥 审校

137《教堂音乐的历史》[德] 约翰·欣里希·克劳森 著　王泰智 译

138《世界七大奇迹：西方现代意象的流变》[英] 约翰·罗谟、伊丽莎白·罗谟 著　徐剑梅 译

139《茶的真实历史》[美] 梅维恒、[瑞典] 郝也麟 著　高文海 译　徐文堪 校译

140《谁是德古拉：吸血鬼小说的人物原型》[英] 吉姆·斯塔迈耶 著　刘芳 译

141《童话的心理分析》[瑞士] 维蕾娜·卡斯特 著　林敏雅 译　陈瑛 修订

142《海洋全球史》[德] 米夏埃尔·诺尔特 著　夏嫱、魏子扬 译

143《病毒：是敌人，更是朋友》[德] 卡琳·莫林 著　孙薇娜、孙娜薇、游辛田 译

144《疫苗：医学史上最伟大的救星及其争议》[美] 阿瑟·艾伦 著　徐宵寒、邹梦廉 译　刘火雄 审校

145《为什么人们轻信奇谈怪论》[美] 迈克尔·舍默 著　卢明君 译

146《肤色的迷局：生物机制、健康影响与社会后果》[美] 尼娜·雅布隆斯基 著　李欣 译

147《走私：七个世纪的非法携运》[挪] 西蒙·哈维 著　李阳 译

148《雨林里的消亡：一种语言和生活方式在巴布亚新几内亚的终结》[瑞典] 唐·库里克 著　沈河西 译

149《如果不得不离开：关于衰老、死亡与安宁》[美] 萨缪尔·哈灵顿 著　丁立松 译

150《跑步大历史》[挪] 托尔·戈塔斯 著　张翎 译

151《失落的书》[英] 斯图尔特·凯利 著　卢葳、汪梅子 译

152《诺贝尔晚宴：一个世纪的美食历史（1901—2001）》[瑞典] 乌利卡·索德琳德 著　张婍 译

153《探索亚马孙：华莱士、贝茨和斯普鲁斯在博物学乐园》[巴西] 约翰·亨明 著　法磊 译

154《树懒是节能，不是懒！：出人意料的动物真相》[英] 露西·库克 著　黄悦 译

155《本草：李时珍与近代早期中国博物学的转向》[加] 卡拉·纳皮 著　刘黎琼 译

156《制造非遗：〈山鹰之歌〉与来自联合国的其他故事》[冰] 瓦尔迪马·哈夫斯泰因 著　闾人 译　马莲 校

157《密码女孩：未被讲述的二战往事》[美] 莉莎·芒迪 著　杨可 译

158《鲸鱼海豚有文化：探索海洋哺乳动物的社会与行为》[加]哈尔·怀特黑德[英]卢克·伦德尔 著　葛鉴桥 译

159《从马奈到曼哈顿——现代艺术市场的崛起》[英]彼得·沃森 著　刘康宁 译

160《贫民窟：全球不公的历史》[英]艾伦·梅恩 著　尹宏毅 译

161《从丹皮尔到达尔文：博物学家的远航科学探索之旅》[英]格林·威廉姆斯 著　珍栎 译

162《任性的大脑：潜意识的私密史》[英]盖伊·克拉克斯顿 著　姚芸竹 译

163《女人的笑：一段征服的历史》[法]萨宾娜·梅尔基奥尔－博奈 著　陈静 译

164《第一只狗：我们最古老的伙伴》[美]帕特·希普曼 著　卢炜、魏琛璐、娄嘉丽 译

165《解谜：向18种经典谜题的巅峰发起挑战》[美]A. J. 雅各布斯 著　肖斌斌 译

166《隐形：不被发现的历史与科学》[美]格雷戈里·J. 格布尔 著　林庆新等 译

167《自然新解》[澳]蒂姆·洛 著　林庆新、刘伟、毛怡灵 译